W0061185

Reinhard Eichelbeck

Das Darwin-Komplott

Aufstieg und Fall eines
pseudowissenschaftlichen
Weltbildes

RIEMANN VERLAG
ONE EARTH SPIRIT

Umwelthinweis:
**Dieses Buch wurde auf 100 % Recycling-Papier gedruckt,
das mit dem blauen Engel ausgezeichnet ist.**
Die Einschrumpffolie (zum Schutz vor Verschmutzung) ist aus
umweltfreundlicher und recyclingfähiger PE-Folie.

Der Riemann Verlag
ist ein Unternehmen der Verlagsgruppe Bertelsmann

1. Auflage
© 1999 der Originalausgabe
C. Bertelsmann Verlag GmbH
Redaktion: Ralf Lay
DTP-Satz: Barbara Rabus
Druck und Bindung:
Graphischer Großbetrieb Pößneck GmbH
Printed in Germany
ISBN 3-570-50002-0

Für meine Frau Lieselotte und meinen Sohn Michael
und ferner für all jene Wissenschaftler,
die immer wieder auf die Fehler und Schwächen des
Darwinismus hingewiesen haben und nicht gehört wurden:
Louis Agassiz, St. George Mivart, Karl Snell, Hans Driesch,
Otto Schindewolf, Richard Goldschmidt, Joachim Illies,
Pierre Grassé, Bruno Vollmert, Ferdinand Schmidt,
Antonio Lima-de-Faria, Mae-Wan Ho, Peter Saunders u. v. a.

»Zwei Dinge werden die Männer niemals verstehen: das Geheimnis der Schöpfung und den Hut einer Frau.«   Coco Chanel

»Ich bilde mir wirklich nicht ein (...) den Gipfel der Naturerkenntnis erklommen zu haben. Vielmehr behalte ich immer das unbefriedigende Gefühl, daß ein großer Faktor in der ›Weltordnung‹, eine Ursache in der Entwicklung immer noch ganz unbekannt ist.«   Ernst Haeckel

»The mechanism of evolution is not known.«   Antonio Lima-de-Faria

Inhalt

I. Zeit für ein neues Weltbild
Ein einleitendes Pamphlet

»Wie konnte eine Lehre, die allen wesentlichen Fragen aus dem Weg ging, in Biologenkreisen allgemeine Anerkennung finden und von der Öffentlichkeit als Evangelium akzeptiert werden?« Arthur Koestler

Wenn man den Planeten betrachtet, auf dem wir leben, so fällt als erstes die ungeheure Fülle und Vielfalt von Lebewesen auf, die ihn bevölkern: mehr als zehn Millionen Tierarten und an die zwei Millionen Pflanzenarten, dazu unzählige Pilze, Bakterien und einfachste Einzeller. Alle nur denkbaren Lebensräume sind besetzt – in der Erde, auf der Erde und über der Erde, im Wasser und in der Luft, sogar im Inneren anderer Geschöpfe. In einer Handvoll Ackererde finden sich mehr Lebewesen, als es Menschen auf der Erde gibt. Im Eis, in Salzstöcken und in heißen Quellen, in den Treibstofftanks von Flugzeugen und im Kühlwasser von Kernreaktoren – überall ist Leben.

Aber es war einmal eine Zeit – das ist allerdings mehr als drei Milliarden Jahre her –, da gab es dieses Leben noch nicht auf der Erde. Da war sie wüst und leer, ein toter Klotz aus Stein in der weiten Wüste des Alls. Doch dann kamen Lebewesen – woher, das wissen wir nicht – und begannen den toten Stein zu gestalten. Es waren erst sehr einfache Lebensformen, winzige Mikroben, die zwei, vielleicht auch drei oder sogar noch mehr Milliarden Jahre lang ackerten, um die Voraussetzung für höheres Leben zu schaffen. Ob sie das zufällig getan haben, absichtlich oder auf Befehl – darüber streiten sich noch die Experten. Als die Bühne des Lebens dann für ihren Auftritt vorbereitet war, traten wie auf Stichwort kompliziertere Lebewesen auf. Ob sie das zufällig getan haben, absichtlich oder auf Befehl – auch hier sind sich die Experten darüber nicht einig. Dann erschienen noch kompliziertere Lebewesen, und noch kompliziertere, und es wurden immer mehr. Ob sie das zufällig getan haben ... Und sie krochen aus dem Wasser, besiedelten das Land und schufen die Grundlage für neues Leben, aus dem weiteres Leben sproß – immer so weiter und immer mehr, bis die heutige Fülle und Vielfalt erreicht war.

Die Erde in ihrer jetzigen Gestalt ist ein Produkt der Lebewesen und ihrer jahrmilliardenlangen Arbeit. Sie haben dabei die Erde verändert, und sie haben sich selbst verändert – wie und warum, das wissen wir nicht.

Es gibt kein gesichertes Wissen darüber, wie und wo das Leben entstand und wie und warum es die heute vorhandene Gestalt bekam – es gibt nur Annahmen und Mythen, Märchen und Hypothesen. In unserem abendländischen Kulturkreis stehen sich hier vor allem zwei konträre Auffassungen gegenüber: Die eine ist die biblische Schöpfungslehre, nach der alle Lebewesen einzig und unveränderlich von Gott geschaffen wurden, die andere ist die darwinistische Evolutionslehre, nach der sich die Lebewesen aus einer einfachen Urform durch Veränderung, Anpassung und Auslese zu der heutigen Form entwickelten. Die eine wird als Offenbarungswahrheit betrachtet, die andere als wissenschaftlich gesicherte Theorie, aber bei näherer Betrachtung zeigt sich – es sind beides Schöpfungsmythen.

Im Jahre 1984 – ich war damals Redakteur beim Norddeutschen Rundfunk – hatte man mir für meine Sendereihe »Die Erde, der Himmel und die Dinge dazwischen« zwei Sendetermine von jeweils 45 Minuten an aufeinanderfolgenden Sonntagen im August zugewiesen. Nachdem ich eine Weile hin und her überlegt hatte, was ich mit diesen Terminen anfangen sollte, kam ich auf die Idee, etwas über die Evolution zu machen. Das Thema interessierte mich, ich hatte gerade den englischen Biologen Rupert Sheldrake interviewt, der durch seine Wiederentdeckung der »morphogenetischen Felder« Aufregung verursachte, und es hatte den Anschein, als ob sich auf dem Gebiet der Evolutionslehre etwas bewegte. Außerdem hielt ich das Ganze für eine leichte Übung. Über Evolution war ja alles Wesentliche bekannt – dachte ich! Also brauchte man nur eine Handvoll Professoren zu befragen, einen Paläontologen beim Knochengraben zu filmen, ein paar schöne Tieraufnahmen von der BBC zu kaufen, und die ganze Geschichte war im Kasten.

Als ich dann aber begann, mich ernsthaft mit dem Thema zu beschäftigen, stellte ich zu meinem Entsetzen fest, daß die Grundfragen der Evolution keineswegs geklärt, die Wissenschaftler sich durchaus nicht einig und Prinzipien wie »Mutation« und »Selektion« höchst umstritten sind, ja, daß das gesamte darwinistische Denkmodell schon seit Jahren ernsthaft in Frage gestellt wird. Und zwar nicht nur, wie die »Darwinisten« gern behaupten, von sogenannten »Kreationisten«, also Anhängern der biblischen Schöpfungslehre, sondern auch von Wissenschaftlern ganz unterschiedlicher Disziplinen – von Biologen, Medizinern, Paläontologen, Biochemikern und Genetikern.

Mir fiel ferner auf, daß das darwinistische Denkmodell von falschen Voraussetzungen ausgeht, in sich zum Teil unstimmig und unlogisch ist, in einigen wichtigen Punkten nicht mit den Erfahrungstatsachen übereinstimmt und alles andere als »bewiesen« ist, obwohl dies immer wieder behauptet wird. Ebenso augenfällig war, daß in wissenschaftlichen Artikeln, in denen ein Sachverhalt geschildert wird, der nicht mit dem darwinistischen Denkmodell zu erklären ist, am Anfang jeweils ein grundsätzliches Bekenntnis zum »Darwinismus« steht und am Ende die Versicherung, daß das Denkmodell damit keineswegs in Frage gestellt sei.

Anfang Juni 1985 besuchte ich die Dahlem-Konferenz über Evolution in Berlin und hatte dabei das Gefühl, auf einer Leichenfeier zu sein, bei der die Trauergäste sich gegenseitig versichern, daß der teure Verblichene noch sehr lebendig sei. Nach außen hin demonstrierte man Einigkeit, hinter verschlossenen Türen hingegen wurde heftig kontrovers diskutiert. Am Ende aber stand, wie gehabt, ein offizielles Bekenntnis zum »Darwinismus«.

Ich sammelte Informationen, sprach mit vielen Wissenschaftlern, las zahlreiche Bücher und Artikel – und der »Darwinismus« zerbröselte unter meinen Händen wie ein zu trocken gebackener Napfkuchen. Ich kam immer mehr zu der Ansicht, daß er einfach ein Unfug ist – aber ich hatte nicht den Mut, das auch zu sagen. Ich stellte eine Auswahl der wesentlichsten Kritikpunkte zusammen, moderierte sie moderat und brachte das Ganze über den Sender. Die Reaktion darauf war ebenso moderat wie die Moderation.

Ein Jahr später lud mich die ETH Zürich zu einem Sommerseminar ein, auf dem ich Teile der Sendung vorführte und kommentierte. Es waren wohl an die 200 Personen anwesend, hauptsächlich Professoren und Studenten, die mit meiner Sicht der Dinge keineswegs einverstanden waren. Es gab eine heftige Diskussion, aber keiner konnte meine Argumente widerlegen. Ich verließ Zürich in dem Bewußtsein, daß ich auf dem richtigen Weg war, und ich wollte das Thema gern weiter bearbeiten, wenn möglich, in Buchform. Aber zwei Verlage, zu denen ich Kontakt hatte, winkten ab – zu uninteressant.

Ich verließ den NDR und ging zum ZDF, um die Sendereihe »Einblick« zu übernehmen. Andere Projekte kamen, ich verließ das ZDF wieder, machte als freier Journalist Hörfunk und Fernsehen über alle möglichen Themen und sammelte nebenbei weiter Informationen zum Thema Evolution. Ich entdeckte die »Kunstformen der Natur« und begann Pflanzen und Tiere zu fotografieren, überwiegend Blumen und Insekten: Ich sammelte Symmetrien auf Hunderten von Dias und studierte die gemeinsame Formensprache der Lebewesen.

Und eines Tages hatte ich dann das Gefühl, daß ich genug gesammelt hatte und daß die Zeit reif sei für einen weiteren Publikationsversuch. Das war Anfang 1998, und wie der »Zufall« so spielt, ergab sich beinahe von selbst die Möglichkeit, dieses Buch zu schreiben, in dem ich zeigen möchte, was der Naturforscher Louis Agassiz (1807–1873) schon 1860 erkannt hat: Der »Darwinismus« ist ein »wissenschaftlicher Mißgriff, unlauter hinsichtlich der Fakten, unwissenschaftlich in den Methoden und schädlich in der Tendenz«.

Worum geht es?

Im Jahr 1859 veröffentlichte der Engländer Charles Robert Darwin (1809–1882), examinierter Theologe und Naturforscher aus Leidenschaft, ein Buch, das den deutschen Titel »Über die Entstehung der Arten durch natürliche Zuchtwahl oder die Erhaltung der begünstigten Rassen im Kampfe ums Dasein« erhalten sollte. Es war ein Buch über die Abstammung der Lebewesen von gemeinsamen Vorfahren und ihre Entwicklung von einfachen zu komplizierteren Formen.

Diese Vorstellung ist uns heute geläufig, aber zu Darwins Zeiten galt sie als Ketzerei. Das anerkannte schulwissenschaftliche Denkmodell beruhte damals auf der biblischen Schöpfungslehre, nach der alle Arten von Lebewesen einmalig und unveränderlich geschaffen worden waren – und zwar nach der »Allgemeinen Welthistorie« von 1744 im Jahre 4305, einer früheren Berechnung von Bischof Ussher zufolge am 18. Oktober 4004 vor Christus. Und als man immer häufiger Überreste von versteinerten Lebewesen fand, die ganz offensichtlich nicht mit den heute lebenden Arten übereinstimmten, erklärte man dies damit, daß jene Kreaturen in der Sintflut untergegangen seien.

Der Begriff der »Art« ist in der Biologie einer jener verbalen Verkleidungskünstler, die immer wieder in anderer Kostümierung auftreten. Auch Darwin war sich hinsichtlich der Frage, was das Wesen einer Art ist, »ziemlich unsicher, nicht selten widersprach er sich selbst«[1]. Heute versteht man unter einer »Art« (oder »Spezies«) eine Gruppe von Individuen, die in ihren wesentlichen Merkmalen übereinstimmen und sich miteinander fortpflanzen können. Der Artbegriff bildet die Grundeinheit der systematischen Einteilung der Pflanzen und Tiere in einzelne Gruppen. Diese wird zwar als »natürliches System« bezeichnet, ist aber nichtsdestoweniger vom Menschen entworfen und in verschiedenen Details umstritten. Die Lebewesen selbst tragen leider keine eingestanzte Herkunftsbezeichnung auf der Unterseite …

Unsere sommerlichen Lieblingsfeinde gehören beispielsweise zur *Art* der Gemeinen Stechmücke innerhalb der *Gattung* der Echten Stechmücken von der *Familie* der Stechmücken in der *Ordnung* der Zweiflügler aus der *Klasse* der Insekten vom *Stamm* der Gliederfüßer in der *Abteilung* Eigentliche Vielzeller im *Reich* der Tiere. Außerdem gibt es noch etliche Untergruppierungen, Unterordnungen, Unterfamilien, Unterarten oder Rassen usw. Das System verändert sich immer wieder einmal, ob es bei der Drucklegung dieses Buches noch stimmt, dafür kann ich nicht garantieren.

Die Idee von der gemeinsamen Abstammung und der Veränderlichkeit der Arten lag in der zweiten Hälfte des 18. und der ersten Hälfte des 19. Jahrhunderts sozusagen in der Luft, und eine ganze Reihe von Wissenschaftlern, Dichtern und Denkern hatten sich schon damit beschäftigt: Immanuel Kant, Caspar Friedrich Wolff, Johann Wolfgang von Goethe, Erasmus Darwin, Lorenz Oken, Gottfried Reinhold Treviranus, Jean-Baptiste de Lamarck, Étienne Geoffroy Saint-Hilaire, Matthias Jakob Schleiden und etliche andere mehr.

Darwin übernahm einige der Ideen seiner Vordenker, verknüpfte sie mit der Sozialphilosophie seines Landsmannes Thomas Robert Malthus und stellte folgende Grundsätze auf:

1. Alle Lebewesen sind miteinander verwandt und stammen von (einem?) gemeinsamen Vorfahren ab.
2. Die Entstehung unterschiedlicher Arten beruht auf zufälligen Veränderungen, sogenannten »Modifikationen«, die zu Lebewesen mit neuen Merkmalen und Eigenschaften geführt haben.
3. Da alle Lebewesen sich ungehemmt vermehren, weil ihnen »keine vorsichtige Enthaltung vom Heiraten«[2] möglich ist und dadurch ein gewaltiger »Bevölkerungsüberschuß« entsteht, herrscht in der Natur ein heftiger Krieg (»war of nature«), ein ständiger »Kampf ums Dasein« (»struggle for life«) bzw. um Nahrung und Lebensraum. Dieser Kampf ist besonders heftig zwischen Angehörigen der gleichen oder einer nahe verwandten Art, und er erzeugt einen starken »Selektionsdruck«.
4. Wenn nun eine der obengenannten »Modifikationen« einen Vorteil im Kampf ums Dasein mit sich bringt, werden die betreffenden Individuen sich durchsetzen, sich stärker vermeh-

ren und die schwächeren Artgenossen verdrängen: »Die Stärksten siegen, und die Schwächsten erliegen.«[3]

5. Diesen Vorgang nannte Darwin »natural selection« (wir sagen heute »natürliche Auslese« oder »Selektion«), später verwendete er alternativ dafür auch den von Herbert Spencer übernommenen Begriff »survival of the fittest« (»Überleben des Tüchtigsten«). Dieser Prozeß bildet, indem er über sehr lange Zeiträume hinweg schrittweise kleinste Verbesserungen akkumuliert, die Grundlage der Evolution.

6. Für die Fälle, in denen wir bei Lebewesen Merkmale finden, die zwar schön, aber offensichtlich im »Kampf ums Dasein« eher hinderlich sind (der Pfauenschwanz zum Beispiel), führte Darwin den Begriff der »sexuellen Selektion« ein. Sie beruht darauf, daß den weiblichen Tieren bunte und bizarre Männer offenbar lieber sind und sie deshalb bei der Paarung bevorzugt werden.

Diese Sichtweise der Evolution, gewöhnlich »Darwinismus« genannt, hat sich im Verlauf unseres Jahrhunderts als das mehrheitlich anerkannte naturwissenschaftliche Denkmodell durchgesetzt – obwohl sie von Anfang an umstritten war und es immer noch ist. Dies illustriert schon das folgende Potpourri widersprüchlicher Aussagen zum Thema, die von namhaften Wissenschaftlern getroffen wurden:

»Darwin liefert die einzig gangbare Lösung für das unergründliche Problem unserer Existenz, die bisher vorgebracht worden ist.« (R. Dawkins, 1978)

»Weder Darwin noch irgendein Darwinist hat bisher eine effektive kausale Erklärung der adaptiven Entwicklung eines einzigen Organismus oder Organs geliefert.« (K. Popper, 1974)

»Die natürliche Zuchtwahl wirkt nur, indem sie aus den geringen aufeinanderfolgenden Veränderungen Nutzen zieht, sie kann nie einen plötzlichen Sprung machen, sondern schreitet in kurzen und sicheren, wenn auch langsamen Schritten vorwärts.« (C. Darwin, 1859)

»Der erste Vogel kroch aus einem (abgewandelten) Reptilei. Es gilt durchaus der Satz ›Natura facit saltus‹, die Natur macht doch Sprünge!« (O. Schindewolf, 1950)

»Der reine Zufall, nichts als der Zufall, die absolute blinde Freiheit als Grundlage des wunderbaren Gebäudes der Evolution – diese zentrale Erkenntnis der modernen Biologie ist heute nicht mehr nur eine unter anderen möglichen oder wenigstens denkbaren Hypothesen, sie ist die einzig vorstellbare, die sich mit den Beobachtungs- und Erfahrungstatsachen deckt.« (J. Monod, 1970)

»Die Annahme, daß die Evolution der so wundervoll angepaßten biologischen Mechanismen nur von der Selektion zufälliger Varianten abhing, von denen jede durch einen blinden Glückstreffer erzeugt wurde, ist ebensowenig überzeugend wie die Hoffnung, durch wahlloses Aufeinanderwerfen von Ziegelsteinen ein Haus zu bauen, das ganz unseren Wünschen entspricht.« (C. H. Waddington, 1952)

»Auf dem Gebiet der Evolution hat die Genetik die grundlegenden Fragen beantwortet, und die Evolutionsbiologen können sich nun anderen Problemen zuwenden.« (J. Huxley, 1954)

»Es ist praktisch gewiß, daß Entdeckungen kommen werden, die unsere Vorstellungen von den Einzelheiten des Evolutionsprozesses radikal verändern werden.« (F. Crick, 1979)

»Je älter ich werde, desto mehr festigt sich in mir die Überzeugung, daß das gesamte stammesgeschichtliche Werden durch die beiden großen Konstrukteure des Artenwandels Mutation und Selektion verursacht ist.« (K. Lorenz, 1975)

»Das neue Paradigma [...] lehnt insbesondere den fundamentalen Glaubenssatz des Neodarwinismus ab, daß die natürliche Selektion von Zufallsvariationen sowohl nötig als auch hinreichend ist, um die gesamte Evolution zu erklären.« (M.-W. Ho/P. T. Saunders, 1984)

»[Ich bin] fest davon überzeugt, daß das Grundproblem der Evolution durch die Darwinsche Theorie tatsächlich eine gedanklich völlig befriedigende Lösung gefunden hat.« (E. Mayr, 1975)

»Wir sind weit davon entfernt, die Ursachen der biologischen Evolution zu verstehen und ihren Mechanismus zu begreifen.« (A. Lima-de-Faria, 1988)

»Eine Hypothese, die noch nicht einmal 100 Jahre alt ist und die in den wenigen Jahrzehnten seither selbst zahlreiche Wandlungen durchgemacht hat, als Lösung aller Evolutionsprobleme anzubieten ist in meinen Augen mehr als anmaßend.« (F. Schmidt, 1985)

Was also stimmt nicht mit diesem Denkmodell, das auf den obengenannten sechs Grundsätzen beruht? Hier eine kurze Übersicht:

Punkt eins, daß alle Lebewesen miteinander verwandt sind, ist eine Behauptung, die sich nicht nachprüfen läßt. Sie verwenden zwar alle die gleichen Grundbausteine für den Aufbau ihrer Zellen, kopieren ihre Erbinformation nach dem gleichen Prinzip, und Proteine sind bei unterschiedlichen Lebewesen zum Teil erstaunlich ähnlich oder sogar identisch. Doch die Frage der Abstammung muß mit Vorsicht behandelt werden, denn sie ist immer noch durchaus rätselhaft. Sicher kann man sagen, daß wir von Eltern abstammen, die wiederum von Eltern abstammen – usw. bis zurück zu den ersten Menschen. Diese wiederum müssen von Vormenschen abstammen, die von Vorsäugetieren abstammen, die von Vorreptilien abstammen, die von Voramphibien abstammen, die von Vorfischen abstammen, die von »Vorwasauchimmer« abstammen – bis hinunter zum Urschleim oder noch weiter. Nach aller Erfahrung entsteht alles Lebendige aus dem Lebendigen, und die Kette des Lebens darf nicht unterbrochen werden. Wie aber hat man sich die Übergänge vorzustellen – von »Wasauchimmer« zu Fisch, von Fisch zu Fleisch und schließlich zu Mensch?

Diese Frage ist bislang ungeklärt. Der »Stammbaum« des Lebens, den Darwins Nachdenker entworfen haben, ist jedenfalls eine Fiktion. Die Äste haben keine Verbindung zum Stamm, von den »Übergangsformen«, die diese Verbindung herstellen könnten, wurden bislang nur sehr wenige gefunden, und um die Frage, ob es sich dabei wirklich um Übergangsformen handelt, streiten sich die Gelehrten. Dies gilt vor allem im Bereich der sogenannten »Makroevolution«, wo es um die Entwicklung höherer stammesgeschichtlicher Kategorien geht, wie zum Beispiel Familien, Ordnungen oder Klassen. Der Mangel an Zwischenformen (»missing links«) im Fossilbericht, den schon Darwin beklagte und mit der Unvollkommenheit der geologischen Urkunden erklärte, hat sich als Regel erwiesen und nicht als Ausnahme.

Der Urvogel »Archaeopteryx« ist viele fehlende Zwischenstufen von seinen angeblichen Sauriervorfahren entfernt und immerhin noch etliche von seinen späteren Nachfahren, den modernen Vögeln. Und von jenem mysteriösen »Archaeobelix«, der die Menschen mit ihren affigen Vettern verbinden soll, fehlt immer noch jede Spur. Vom Standpunkt der Logik aus erscheint es aber weder sinnvoll noch »wissenschaftlich«, einen Indizienbeweis zu führen aufgrund von Indizien, die noch nicht vorliegen – mit dem Hinweis, daß sich diese Indizien eines Tages wohl noch finden werden. Der renommierte Paläontologe Otto Schindewolf meinte dementsprechend, »daß die stammesgeschichtlichen Vorstellungen Darwins bzw. des dogmatischen Darwinismus das Pferd beim Schwanz aufgezäumt haben«.

Was den zweiten Punkt angeht, so haben die »Darwinisten« des 20. Jahrhunderts den Begriff »Modifikation« durch genetische »Mutation« und »Rekombination« ersetzt. Darunter verstehen sie zufällige, chaotische Übertragungsfehler bei der Zusammenstellung oder Weitergabe von Erbinformation, wobei sozusagen einzelne »Buchstaben«, »Wörter« oder ganze »Sätze« vergessen, hinzugefügt, ausgetauscht oder vervielfältigt wurden. Solche Fehler hätten zu Verbesserungen geführt, die »selektionsfähig« waren.

Daß neue Eigenschaften und Merkmale von Lebewesen mit Veränderungen in den Erbanlagen zu tun haben, ist eine allgemeine, aber nach wie vor unbewiesene Annahme, weil bis heute nicht geklärt ist, wie überhaupt genetische Information in phänotypische Merkmale und Erscheinungsformen umgesetzt wird. Die Problematik wird beispielsweise bei der Frage deutlich, warum die gleiche Art von Zellen mit der gleichen Art von Genen an der linken Seite unseres Kopfes ein linkes und an der rechten Seite ein rechtes Ohr produziert. Und die heute bekannten Tatsachen führen für den logisch Denkenden zwangsläufig zu der Annahme, daß die Gene zumindest nicht allein für Merkmale und Eigenschaften verantwortlich sein können – daß es über ihnen noch eine »höhere Instanz« geben muß.

Die grundsätzlichen Fragen der Genregulation und Genexpression sind nach wie vor nicht restlos geklärt. Es gibt keinen klar erkennbaren Zusammenhang zwischen der genetischen Struktur, dem Genotyp, und dem äußeren Erscheinungsbild, dem Phänotyp. Unklar ist zum Beispiel, wieso einerseits Lebewesen trotz großer Unterschiede in der Erbinformation kaum voneinander zu unterscheiden sind, wie einige Salamander, während andere, obwohl ihre Strukturgene zu über 99 Prozent übereinstimmen, eine sehr unterschiedliche Gestalt zeigen, etwa Gorillas und Menschen.

Während einerseits die Annahme, daß »Mutationen« für die Veränderung von Merkmalen und Eigenschaften verantwortlich sind, nicht bewiesen ist, weiß man andererseits inzwischen aber mit Sicherheit, daß viele »Mutationen« in dieser Beziehung *keine* Auswirkung haben. Und daß »Mutationen« rein zufällig (»random mutations«) sind, ist ein Glaubensbekenntnis, aber keine wissenschaftliche Aussage.

Davon abgesehen ist es jedoch auch vom logischen Standpunkt aus ganz und gar unsinnig, anzunehmen, daß zufällige *Fehler* zu Verbesserungen, zu ganz neuen Formen führen und daß aus chaotischen Störungen kompliziertere und höhere Ordnungssysteme entstehen. Normalerweise – so formulierte es der Physiker Erwin Schrödinger – »entsteht Ordnung aus Ordnung«. Und dieser Satz wird durch all unsere Erfahrungen bestätigt.

Anzunehmen, daß die Ordnung in einem System durch die Einführung von Unordnung erhöht wird, ist hingegen ebenso sinnvoll wie die Vermutung, daß ein Raum um so kälter wird, je mehr ich ihn heize. Es wird wohl niemand davon ausgehen, daß sich ein Kleinwagen in eine Luxuslimousine verwandelt, wenn man ihn mit Vollgas gegen eine Mauer fährt. Kein Mensch wird ernsthaft erwarten, daß ein Klavierkonzert von Mozart dadurch besser wird, daß ein betrunkener Schreiber, der die Partitur kopiert, Noten oder ganze Takte wegläßt oder willkürlich neue hinzufügt. Und daran ändert sich auch nichts, wenn er es hunderttausend Jahre lang tut. Niemand wird annehmen, das Flugzeug sei zufällig dadurch entstanden, daß der Konstrukteur beim Abzeichnen eines Autobauplans nur oft genug Fehler gemacht hat, die sich zufällig und unbemerkt so lange angesammelt haben, bis das Auto sich dann plötzlich als Flugzeug in die Luft erheben konnte.

Die »natürliche Auslese«, die dann die »zufälligen Veränderungen« sozusagen sortieren und selektieren soll, war bei Darwin eine schöpferische Instanz. Wenn man sein Denkmodell näher betrachtet, dann stellt sich heraus, daß er hier einen Schöpfungsmythos entworfen hat, bei dem Mutation und Selektion die Rolle Gottes übernommen haben. Ob er sich dessen bewußt war, ist fraglich – aber dieser Sachverhalt wird jedenfalls durch seine Ausdrucksweise deutlich. So schreibt er beispielsweise über das Wirken der Selektion: »Man kann sagen, die natürliche Zuchtwahl sei täglich und stündlich durch die ganze Welt beschäftigt, eine jede, auch die geringste Abänderung zu prüfen, sie zu verwerfen, wenn sie schlecht, und sie zu erhalten und vermehren, wenn sie gut ist. Still und unmerklich ist sie überall und allezeit, wo sich die Gelegenheit darbietet, mit der Vervollkommnung eines jeden organischen Wesens in bezug auf dessen organische und unorganische Lebensbedingungen beschäftigt.«[4]

Die natürliche Auslese erscheint hier wie der »liebe Gott« in anderem Kostüm und anderer Maske. Spätere »Darwinisten« haben – vielleicht um diesen Makel zu tilgen – die Selektion definiert als die »Summe der Umweltbedingungen«. Allerdings: Umweltbedingungen selektieren nicht – sie liefern lediglich Rahmenbedingungen, die verschiedene Möglichkeiten zulassen oder verhindern. Aber diese Rahmenbedingungen entscheiden nicht darüber, welche Möglichkeiten verwirklicht werden.

Wenn ich mit dem Auto von Hamburg nach München fahre, habe ich mich an die Verkehrsregeln zu halten. Aber diese Regeln entscheiden nicht darüber, wann, wie, welche Strecke und wie lange ich fahre. Ich kann über Frankfurt fahren oder über Köln, ich kann, wenn ich will, auch einen Umweg machen über Paris oder Prag, ich kann irgendwo eine Stunde Rast einlegen oder eine halbe Tag, ich kann die Fahrt unterbrechen, heiraten und Kinder zeugen und erst nach fünfzehn Jahren weiterfahren: Ich kann, ohne gegen die Verkehrsregeln zu verstoßen, die Reise auf hunderterlei verschiedene Weise gestalten – die Verkehrsregeln werden mich weder daran hindern noch dazu veranlassen.

Und in der Natur ist es genauso. Die Schwerkraft hindert eine Raupe daran, zu fliegen – doch sie hindert sie nicht daran, sich in einen Schmetterling zu verwandeln. Sie zwingt sie aber auch nicht dazu.

»Darwinistische« Wissenschaftler haben in Selektionsexperimenten gemischte Gruppen aus hellen und dunklen Moskitofischen sowohl in helle als auch in dunkle Wasserbecken gesetzt und, als sich herausstellte, daß die hellen Fische im dunklen und die dunklen Fische im hellen Aquarium häufiger von Vögeln gefressen wurden, dies als einen Beweis für die Richtigkeit des Prinzips der »natürlichen Selektion« betrachtet. Wenn man die Komplexität der Lebensbeziehungen in der Natur auf derart banale Experimente reduziert und solche Binsenweisheiten als Beweise akzeptiert, dann betreibt man Wissenschaft auf Kindergartenniveau. Und solche »Binsenbeweisheiten« gibt es im »Darwinismus« zuhauf.

Man sollte »Voraussetzungen« nicht mit »Ursachen« verwechseln, »Beschreibungen« nicht mit »Erklärungen« und »Glaubenssätze« nicht als »wissenschaftliche Fakten« verkaufen. Die »Darwinisten« tun dies aber unentwegt – teils unbewußt, teils mit Absicht – und nehmen dadurch an einer großangelegten Verdummungskampagne teil, die ich, siehe Titel, als »Darwin-Komplott« bezeichnet habe.

Bei einem Lebewesen wie dem Schmetterling zum Beispiel, aber auch bei den sogenannten »großen Übergängen« von Fischen zu Amphibien, von Amphibien zu Reptilien, von Reptilien zu Vögeln und Säugetieren bieten die Prinzipien von »Zufallsmutation« und »natürlicher Selektion« keine besonders schlüssige oder einleuchtende Erklärung. Der genetische Bauplan für den Schmetterling muß bereits in der Raupe vorhanden sein – aber wie kommt er dorthin? Unzählige mutierte Gene (wenn man annimmt, daß Gene für die Bildung von Merkmalen verantwortlich sind, was bislang noch keineswegs erwiesen ist) müßten sich hier in Übereinstimmung und Abstimmung miteinander zu einem fertigen Bauplan angesammelt haben – und ein »Selektionsvorteil« besteht erst, wenn der Bauplan in neue phänotypische Merkmale, das heißt in ein voll ausgebildetes, funktionierendes Lebewesen, umgesetzt wurde. Dies kann aber erst dann geschehen, wenn der Bauplan komplett ist. Lebensfähige Zwischenformen sind nicht bekannt, ja es gibt nicht einmal theoretische Darstellungen, wie sie aussehen könnten.

Daß ein »blinder Zufall« etwas derartig Kompliziertes und sinnvoll Geordnetes leisten könnte, erscheint extrem unwahrscheinlich, um nicht zu sagen: unglaublich. Die »natürliche Selektion« kann auf der genetischen Ebene auch nicht mithelfen – es sei denn, man betrachtet sie als eine schöpferische Instanz.

In der Tat haben Darwins Nachfolger angesichts dieses Dilemmas immer wieder auf ein »Schöpfungsvokabular« zurückgegriffen, mit dem sie blinden, zufälligen Kräften durch ihren Sprachgebrauch Intelligenz, Entscheidungsvermögen und schöpferische Fähigkeiten verleihen. Mutation und Selektion sind dann die großen »*Konstrukteure* der Evolution« (K. Lorenz), die »Natur macht *geniale* Erfindungen« (M. Eigen) oder »*bastelt* Neues aus alten Teilen« (F. Jacob). Das Leben wird als »das große Wunder einer *Schöpfung*« bezeichnet, und die Evolution ist dann der »Mechanismus dieser *Schöpfung*« (M. Eigen). Die Natur »*probiert aus*«, das Leben »*entwickelt*«, und »Zufall und Notwendigkeit *gestalten die Evolution*« (C. Bresch). Ich habe bislang noch nicht ein einziges darwinorientiertes wissenschaftliches Buch oder einen entsprechenden Artikel entdecken können, in dem nicht früher oder später derartiges »Schöpfungsvokabular« auftaucht.

Und es verschwinden zwar nicht die Irrtümer, aber doch immerhin die Widersprüchlichkeiten des »Darwinismus« weitgehend, wenn man eine schöpferische Instanz annimmt, die Mutation und Selektion als Werkzeuge benutzt, um damit Evolutionsstrategie zu betreiben. Diese schöpferische Instanz, die der »Darwinismus« in Gestalt des alten Mannes mit dem weißen Bart zur Vordertür hinausgetrieben hat, wurde durch die Hintertür der Sprache, durch die Verwendung von »Schöpfungsvokabular«, wieder hereingelassen. Und auch hierin zeigt sich, daß der »Darwinismus« kein wissenschaftliches Denkmodell ist, sondern ein verkappter Schöpfungsmythos.

Mit diesem Sachverhalt konfrontiert, behaupten die »Darwinisten« gern, ihre Ausdrucksweise sei ja »metaphorisch« gemeint – »suivant en cela le père de leur doctrine«, um eine Formulierung des französischen Biologen Pierre Grassé zu benutzen –, wobei sie damit dem Vater ihrer Doktrin nacheifern. Der hat das nämlich genauso gemacht. Aber Metaphern gehören in die Dichtkunst, in der Naturwissenschaft sind sie fehl am Platze.

Seit Beginn dieses Jahrhunderts gibt es den »Neodarwinismus«. Das ist ein »Darwinismus« ohne »Vererbung erworbener Eigenschaften« – ein Begriff, den Lamarck geprägt, und den Darwin zum Teil übernommen hatte. »Lamarckismus« gilt im »Neodarwinismus« als schwere Sünde – daß Darwin selbst häufig lamarckistische Vorstellungen geäußert hat, wird dabei entweder schamhaft verschwiegen oder zu einer beiläufigen Entgleisung heruntergeredet.

August Weismann, der »Erfinder« des »Neodarwinismus«, hat seinen Labormäusen über 22 Generationen lang immer wieder die Schwänze abgeschnitten, und da dennoch immer wieder Mäuse mit Schwänzen geboren wurden, kam er zu der Auffassung, das Prinzip der »Vererbung erworbener Eigenschaften« widerlegt zu haben. Aber Schwanzamputation ist ja nun weiß Gott keine erworbene Eigenschaft; und Weismann hätte, wenn überhaupt seine Mäuseverstümmelungen einen Sinn hätten haben sollen, prüfen müssen, ob die Wundheilung sich bei späteren Generationen möglicherweise beschleunigt hat. Die Frage der »Vererbung erworbener Eigenschaften« ist immer noch umstritten, und auch heute gibt es noch eine Reihe von Wissenschaftlern, die sie aufgrund ihrer Forschungsergebnisse bejahen.

Der »Neodarwinismus« ging in den vierziger Jahren in die sogenannte »Synthetische Theorie des Neodarwinismus« über. Dies ist eine Richtung, in der die Darwinschen Grundsätze dann endgültig verwässert und ins Nebulös-Belanglose hinwegdefiniert wurden. Darwins »Kampf ums Dasein«, der ja tatsächlich in der Natur so nicht stattfindet, wurde unter den Teppich gekehrt, die »Zufallsmutation«, deren verbessernde Wirkung trotz aller Bemühungen nicht nachgewiesen werden konnte, durch »genetische Rekombination« ersetzt (was veränderte Merkmale noch weniger erklärt) und Evolution definiert als »Veränderung der Genfrequenz in Populationen«. Das ist ebenso hilfreich für das Verständnis der »Entstehung der Arten«, wie es die Aussage »Literatur ist Veränderung der Buchstabenfrequenz in Wörtern« für die Entstehung von Büchern wäre. Um das Fehlen der »fehlenden Zwischenglieder« zu verharmlosen, wurde die Evolution in kleine, isolierte Gruppen von Artgenossen verlegt, die so schnell und gründlich aus der Art geschlagen sind, daß man von ihnen keine Überreste mehr findet. Und damit beförderte man die Inzucht bzw. das Dorfdeppentum zu einem entscheidenden Evolutionsfaktor.

Um das Maß des Unsinns voll zu machen, wurde der schon immer nicht sehr präzise Begriff der »fitness« nun als »Fortpflanzungserfolg« definiert. Darwin hatte gesagt: Die Fittesten siegen im Kampf ums Dasein und hinterlassen die meisten Nachkommen, und die »synthetischen Neodarwinisten« sagen: Die Fittesten sind die mit den meisten Nachkommen. Beides zusammengenommen ergibt: Die mit den meisten Nachkommen hinterlassen die meisten Nachkommen. Eine Aussage, die in der Tat nicht widerlegt werden kann.

Wenn man »fitness« als Stärke definiert, ist »survival of the fittest« eine Selbstmordstrategie: Der »Fitteste« frißt alle anderen auf, dann muß er selbst verhungern. Wäre die Evolution nach diesem Prinzip verfahren, hätte sie bereits auf der Stufe urtümlicher Bakterien ihr Ende gefunden. Wenn man »fitness« als Fortpflanzungserfolg definiert, ist »survival of the fittest« die Ideologie der Krebszelle: sich um jeden Preis vermehren – ohne Rücksicht auf die Umgebung. Tödlich ist beides, aber Gott sei Dank gibt es außer der Krebszelle nur noch ein Lebewesen auf unserem Planeten, daß sich in diesem Sinne »darwinistisch« verhält: nämlich den Menschen. Und auf beide kann die Evolution, wie die Geschichte der vergangenen drei Milliarden Jahre zeigt, auch ganz gut verzichten.

Im übrigen ging Darwin von falschen Voraussetzungen aus, als er annahm, daß es in der Natur keine »Geburtenkontrolle« gibt. »Überbevölkerung« und »Kampf ums Dasein« finden, so wie er es angenommen hat, nicht statt. Kooperation ist in der Natur mindestens ebenso wichtig, vermutlich wichtiger als Konkurrenz. Dafür gibt es unzählige Belege.

Vor allem auch die Tatsache, daß die Evolution ja nichts Geringeres geleistet hat als den Aufbau und Ausbau eines ganzen Planeten. Ein gigantisches, konstruktives Schöpfungswerk. Und ein Krieg, ein »war of nature«, ein ständiger gnadenloser »Kampf ums Dasein« kann so etwas nicht: Krieg baut nicht auf, Krieg zerstört – das sagen uns alle unsere Erfahrungen.

Da kein gnadenloser Kampf herrscht, gibt es auch keinen gnadenlosen »Selektionsdruck« – und damit entfällt der »Überlebensvorteil« von kleinsten Veränderungen. Daß komplexe neue Organe oder Merkmale – wie zum Beispiel der Vogelflügel aus einem Saurierbein – durch allmähliche Akkumulation solcher kleinster Veränderungen über lange Zeiträume hinweg entstehen, ist höchst unwahrscheinlich, und es gibt dafür keine Beweise – weder in der Gegenwart noch in der Vergangenheit –, ja nicht einmal überzeugende Beispiele, wie so etwas theoretisch ablaufen könnte.

Am Beispiel der Giraffe läßt sich das leicht demonstrieren. Sie soll ja ihren langen Hals, nach darwinistischer Auffassung, unzähligen kleinen zufälligen Veränderungen zu verdanken haben, von denen jede einen Vorteil im »Kampf ums Dasein« bedeutete. Laut Darwin »werden im Naturzustande, als die Giraffe entstand, diejenigen Individuen, welche am höchsten abweiden und in Zeiten der Hungersnöte im Stande waren, selbst nur einen oder zwei Zoll höher hinaufzureichen als die anderen, oft erhalten worden sein [...] denn diejenigen Individuen, welche irgendeinen Teil oder mehrere Teile ihres Körpers etwas mehr als gewöhnlich verlängert hatten, werden allgemein leben geblieben sein [...] während in demselben Punkte weniger begünstigte Individuen dem Aussterben am meisten ausgesetzt waren.« Dabei wird »die Konkurrenz um das Abweiden höherer Zweige der Akazien und anderer Bäume zwischen Giraffen und Giraffen und nicht zwischen diesen und anderen huftragenden Säugetieren bestehen«.[5]

Das hört sich im ersten Augenblick gar nicht mal so schlecht an – nur: Wenn dem so gewesen wäre, hätten die Jungtiere, die ja erheblich kürzere Hälse haben als die erwachsenen, als erste aussterben müssen. Und als nächstes dann die weiblichen Giraffen, deren Hals durchschnittlich um etwa 60 Zentimeter kürzer ist als der der männlichen. Daß sich unter diesen Umständen die Giraffen als solche – und nicht nur ihre langen Hälse – überhaupt entwickeln konnten, ist ein Wunder. Aber davon hat die »natürliche Selektion«, die bei den »Darwinisten« ja allenthalben nach dem Toyota-Prinzip verfährt (»Nichts ist unmöööglich!«), ohnehin eine ganze Kollektion in ihrem Zauberhut.

Neben den Irrtümern gibt es bei Darwin auch einige Widersprüche. Während er einerseits eine »natürliche Selektion« annimmt, die nur die Stärksten überleben läßt, bemüht er andererseits, um Schönheit zu erklären, die zum Teil auf Kosten der Zweckmäßigkeit geht (beim Pfau zum Beispiel), eine »geschlechtliche Selektion«. Er versäumt aber zu erklären, wer oder was die »natürliche Selektion« bremst, solange die »geschlechtliche Selektion« am Werke ist – und umgekehrt. Wenn beides tatsächlich, wie behauptet, blinde Kräfte sein sollen, ist hier wiederum eine höhere schöpferische Instanz gefordert, die beide steuert und mal der einen, mal der anderen den Vorzug gibt.

Widersprüchlich ist ferner Darwins Vorstellung, daß die »natürliche Selektion« zum einen stets um die »Vervollkommnung« der Lebewesen bemüht ist, er zum anderen aber, wenn es darum geht, Unvollkommenheiten zu erklären, meint, daß es keinen »Zwang zur Vollkommenheit« gäbe. Er spricht einerseits davon, daß die »natürliche Selektion« die Lebewesen dazu zwingt, sich zu verändern und anzupassen, wenn sie überleben wollen – andererseits gibt er zu, daß es Lebewesen gibt, die sich seit endlosen Zeiten nicht oder nur unwesentlich verändert haben – und daß die »natürliche Selektion« dies zuläßt. Auch hier verlangt er von einer blinden und ungelenkten Kraft ein Unterscheidungsvermögen, das Intelligenz voraussetzt.

Wie es dazu kommt, daß einige Lebewesen sich seit vielen Millionen von Jahren kaum verändert haben, während es andererseits im gleichen Zeitraum enorme Änderungen gab, kann der »Darwinismus« nicht befriedigend erklären. Es ist jedenfalls höchst unlogisch, die gleiche blinde und unbewußte Kraft sowohl für Veränderung als auch für Erhaltung verantwortlich zu machen. Das wäre etwa so, wie wenn man in der Schwerkraft sowohl die Ursache dafür sieht, daß ein Apfel zu Boden fällt, als auch dafür, daß ein Flugzeug fliegen kann. Oder ein Auto verlangt, bei dem das Gaspedal gleichzeitig die Bremse ist.

Ungeklärt ist auch die Frage der sogenannten »konvergenten Evolution«, der Ausbildung funktionsgleicher Merkmale bei ganz unterschiedlichen Lebewesen, die nicht näher miteinander verwandt sind. Es ist zwar möglich, aber keineswegs notwendig, daß ähnliche Umweltbedingungen auch ähnliche Merkmale hervorrufen. Man kann auf die gleiche Frage durchaus unterschiedliche Antworten geben, und das zeigt sich auch immer wieder in der Natur. Wenn aber der Seidenspinner und eine Muschel im Roten Meer (die nicht miteinander verwandt sind) beide Seidenfäden produzieren, deren Aufbau nahezu identisch ist, dann läßt sich das weiß Gott nicht durch ähnliche Umweltbedingungen erklären. Und durch die Metapher »Zufall« schon gar nicht.

Entgegen allen Beteuerungen seiner Anhänger sind die Grundaussagen des »Darwinismus« keineswegs gesichert oder bewiesen. Darwin selbst hat das noch zugegeben. Er schrieb an einen seiner Enkel: »Ich glaube an die natürliche Selektion, nicht weil ich in irgendeinem speziellen Fall beweisen kann, daß sie eine Spezies in eine andere verwandelt hat, sondern weil das (wie mir scheint) eine Reihe von Tatsachen der Klassifikation, der Embryologie, der Morphologie, der rudimentären Organe, der geologischen Abfolge und Verteilung ordnet und erklärt.«[6]

Und trotz aller Bemühungen der »Darwinisten« gibt es – außer in ihren Wunschträumen, die sie allerdings teilweise als wissenschaftliche Wahrheiten verkaufen – auch heute immer noch keine Beweise für das darwinistische Denkmodell. Im Gegenteil, sowohl die Logik als auch die bekannten Fakten sprechen eher dagegen als dafür. Und eine Aussage wie »Die naturwissenschaftliche Theorie der Abstammungslehre und die von Darwin entdeckten Faktoren der Artenwandlung – erbliche Variabilität durch Mutationen, Selektion der geeigneten Varianten, divergente Entwicklung voneinander isolierter Rassen und Arten –, dies alles ist vollgültig bewiesen, so gut bewiesen wie irgendeine physikalische oder chemische Theorie«[7] ist schlicht und einfach falsch, so falsch wie das ganze Denkmodell selbst.

Der »Darwinismus« ist nur im ersten Augenblick einleuchtend, solange man nicht darüber nachdenkt oder ins Detail geht. Bei näherer Beschäftigung mit der Komplexität der Lebewesen, mit der technischen Genialität ihrer Organe und der subtilen Vielfalt ihrer Verhaltensweisen wird jedem, der nicht völlig der »Darwinomanie« verfallen ist, deutlich, daß dieses Denkmodell die Evolution nicht zu erklären vermag.

Ich kann mir nicht vorstellen, daß den Lobhudlern des »Darwinismus« dies entgangen ist, und unterstelle ihnen daher, daß sie ihn wider besseres Wissen propagieren. Auf der Suche nach einer Bezeichnung für dieses Verhalten, zu dem sich eine ganze Reihe namhafter Naturwissenschaftler zusammengefunden hat, bin ich wie gesagt auf den Ausdruck »Darwin-Komplott« gekommen: Es handelt sich dabei im wesentlichen um eine großangelegte Verdummungskampagne, die mit einigen klar erkennbaren

Strategien arbeitet und deren verbale Immissionen in den vergangenen Jahrzehnten vom Fernsehen bis zur Boulevardzeitung, vom Schulbuch bis zur Sonntagspredigt alle möglichen Publikationsebenen kontaminiert haben. Dabei benutzt man zum Beispiel die üblichen Desinformationsstrategien wie:

- *maßlose Übertreibung,* vor allem, was die Gene und ihre Fähigkeiten angeht,
- *unzulässige Vereinfachung* oder *falsche Beispiele,* wenn man Gensequenzen als Worte darstellt und zufallsmutationierendes Genscrabble spielt,
- *abenteuerliche Hochrechnungen,* wenn man zum Beispiel aus unbeabsichtigten Veränderungen der Augenfarbe von Fruchtfliegen in Mutationsexperimenten den Beweis ableitet, daß Zufallsmutationen auch Fische in Amphibien oder Reptilien in Vögel verwandeln können,
- *Falschaussagen und Lügen,* wenn man zum Beispiel »wir wissen« sagt, wo man »wir vermuten« sagen müßte, von »Tatsachen« spricht, obwohl es nur »Annahmen« sind, von »Beweisen« und »Widerlegungen« redet, wenn es sich nur um »mögliche Erklärungen« handelt, oder wenn es heißt: »Die grundlegenden darwinistischen Prinzipien gelten heute unangefochtener denn je«[8].
- die *Verwendung von »Zauberwörtern«,* die man nach Bedarf so einsetzt, daß sich mit ihnen alles erklären läßt – wie zum Beispiel »Mutation«, »genetische Rekombination«, »Selektion«, »Anpassung« –, oder die Erfindung von Fremdwörtern, die bedeutend klingen, aber abstrakte und hypothetische Konstrukte sind: »Genpool« oder »Gendrift«, »adaptive Radiation«, »allopatrische Speziation« usw.

Dann gehört natürlich auch die Diffamierung von Gegnern oder Dissidenten dazu, die »unwissend, dumm oder geisteskrank«[9] sind, während man andererseits Modernität und Denkfähigkeit für die Anhänger der eigenen Sache reserviert: »In Wahrheit aber ist jeder moderne Denker – jeder moderne Mensch, der eine Weltsicht hat, außer er hängt einem Schöpfungsglauben an und glaubt an die buchstäbliche Wahrheit eines jeden Wortes in der Bibel – letztendlich Darwinist.«[10] Dazu kommen noch:

- die »*Sandmännchenstrategie*«, wo man so lange um den heißen Brei herumredet und unsachliche Beispiele aufeinandertürmt, bis keiner mehr weiß, worum es eigentlich geht, und dann Schlußfolgerungen präsentiert, die aus der Luft gegriffen sind,
- die »*Ich-meine-ja-Katze-wenn-ich-Hund-sage-Strategie*«, wo man Begriffe anders benutzt, als sie definiert sind, und sich heraus- redet, wenn man dabei erwischt wird – oder gleich in Kapitel 1 feststellt: »Wörter sind unsere Diener, nicht unsere Herren. Es kann sehr sinnvoll sein, für unterschiedliche Zwecke Wörter in unterschiedlichen Bedeutungen zu benutzen.«[11] Zu diesem Verfahren gesellt sich gern
- die »*Anführungszeichenstrategie*«, die darin besteht, daß man Wörter, die man nicht so meint, wie sie definiert sind, in An- führungszeichen setzt. Zum Beispiel: Die Natur »erfindet« oder die Evolution »experimentiert« usw. Das ist sehr bequem, und man kann sich damit hervorragend in die eigene Tasche lügen. Nahe verwandt mit dieser ist auch
- die »*Iß-den-Kuchen-und-behalte-ihn-trotzdem-Strategie*«. Man wirft den Schöpfer aus dem Denkmodell heraus und holt ihn durch die Hintertür des »Schöpfungsvokabulars« wieder her- ein. Man leugnet jede Absichtlichkeit und Zielbezogenheit in der Evolution und benutzt das Wort »selektieren«, das »gezielt

auswählen« bedeutet. Man spricht von »probabilistischer Selektion«, das heißt übersetzt »zufällige gezielte Auswahl«. Und dergleichen mehr. Allgemein verbreitet ist ferner

- die »*Das-Auto-ist-der-Fahrer-Strategie*«, auch bekannt als »*Die-Axt-ist-der-Zimmermann-*« oder »*Die-Geige-ist-der-Musikant-Strategie*« – besonders beliebt, wenn es um die phantastischen Fähigkeiten der Gene geht, die ja, nüchtern betrachtet, nichts weiter als Moleküle sind, denen man normalerweise weder Intelligenz noch planvolles Handeln zubilligt: »Sie sind in dir und in mir, sie schufen uns, Körper und Geist, und ihr Fortbestehen ist der letzte Grund unserer Existenz. Sie haben einen weiten Weg hinter sich, diese Replikatoren. Heute tragen sie den Namen Gene, und wir sind ihre Überlebensmaschinen.«[12] Und dann wäre da noch

- die »*Der-Karren-zieht-das-Pferd-Strategie*«. Sie besteht darin, daß man eine Sache, die bewiesen werden soll – das Wirken der »natürlichen Selektion« zum Beispiel –, bereits als bewiesen voraussetzt und dann nicht mehr fragt, *ob* ein Merkmal oder eine Eigenschaft durch Selektion entstehen konnte, sondern einfach hypothetische Beispiele konstruiert, *wie* sie es gemacht haben könnte. Einige Seiten danach werden sie dann vom Konjunktiv in den Indikativ befördert, wenige Kapitel später heißt es: »Wie wir zuvor bereits gezeigt haben ...« Und in einer Publikation liest man dann: »Wie der Kollege X in seinem Buch Y bewiesen hat ...«

Ich denke, damit sind die wesentlichen Strategien des »Darwin-Komplotts« beschrieben. Man findet sie allerdings nicht nur hier – sie sind auch sonst in unserer Gesellschaft sehr beliebt, in Wissenschaft, Politik, Wirtschaft und Kultur, überall da, wo es darum geht, schmutziges Wasser für reinen Wein zu verkaufen.

Ich bin mir darüber im klaren, daß ich einigen Wissenschaftlern unrecht tue, wenn ich sie pauschal in das »Darwin-Komplott« mit einbeziehe oder in den großen Topf der »Darwinisten« werfe. Denn jeder hat irgendwo seine eigene, individuelle Position, und es gibt viele geradezu gradualistische Abstufungen, vom fünfprozentigen bis zum hundertfünfzigprozentigen »Darwinisten«. Es muß sich also niemand persönlich angesprochen fühlen durch diese Bezeichnung, die ich ja auch in Anführungszeichen setze, ebenso wie den Begriff »Darwinismus«, um dadurch deutlich zu machen, daß ich sie (um mit Darwin zu reden) »in einem weiten und metaphorischen Sinne« benutze. Und auch deshalb, weil der moderne »Darwinismus« mit der ursprünglichen Darwinschen Lehre nicht mehr viel zu tun hat.

Ich sage »der Bequemlichkeit halber« (um noch einmal mit Darwin zu reden) häufig auch dann »Darwinismus«, wenn ich der Genauigkeit halber »Neodarwinismus« oder »Synthetische Theorie des Neodarwinismus« sagen müßte. Der kleinste gemeinsame Nenner des Wortes entspricht der Definition von Ernst Mayr: »Wenn wir heute von Darwinismus sprechen, meinen wir Evolution durch natürliche Auslese.«[13]

Wenn ich von »Darwinismus« spreche, meine ich ein lebendes Fossil, ein Relikt aus der Postkutschenzeit, das schon lange reif ist fürs Museum. Ein Denkmodell, nicht einmal eine Theorie, das die Forschung lähmt und den Fortschritt der Wissenschaft blockiert, eine Doktrin, die, selbst ein Irrtum, die Menschen in die Irre geführt hat – und immer noch führt. Begriffe wie »Mythos« oder »Doktrin« wurden übrigens auch von namhaften Naturwissenschaftlern auf den »Darwinismus« angewendet, zum Beispiel von Pierre Grassé und Antonio Lima-de-Faria.

Daß Darwin »Darwinist« war, kann man ihm verzeihen. Die Zeit war reif für ein mechanistisches Evolutionsmodell als Ausgleich für die jahrhundertelange Überbetonung des Übernatürlichen. Seit Descartes galt das Tier als eine Maschine, und seit Lamettrie auch der Mensch. Und die Maschinen des 19. Jahrhunderts waren Kraft-und-Stoff-Maschinen, sie setzten Materie in Energie um, und die Energie dann auf mechanischem Wege in Arbeit.

Das Komplizierteste, was Darwin kannte, waren mechanische Geräte und Dampfmaschinen. Mit den einfachen Lichtmikroskopen, die den Wissenschaftlern zur Verfügung standen, konnte man gerade eben erkennen, daß Pflanzen und Tiere aus Zellen bestanden, Einzelheiten waren nur schwer zu unterscheiden. Darwin wußte nur einen winzigen Bruchteil von dem, was wir heute wissen. Und er war, wie alle Menschen, von den Vorlieben und Abneigungen, den Urteilen und Vorurteilen seiner Zeit geprägt. Aber es waren andere Zeiten als heute.

Darwin sah um sich herum »das plumpe, verschwenderische, stümperhaft niedrige und entsetzlich grausame Wirken der Natur«[14]. Wir sehen heute, dank jahrzehntelanger intensiver Forschung, dank Elektronenmikroskop und dreidimensionalen Computeranimationen, die Natur anders. Wir bewundern ihre Intelligenz, ihre Ökonomie, ihre wohlorganisierten Ökosysteme, ihre genialen Erfindungen und Technologien, die wir zu begreifen und, so gut es geht, nachzuahmen versuchen.

Wir haben ein anderes Bild der Natur, weil wir von anderen Maschinen umgeben sind. Wir arbeiten mit Informationsmaschinen und -geräten, bei denen die »Software« ebenso wichtig ist wie die »Hardware« und die Energie – oder »Kraft und Stoff«, um es mit den Worten des 19. Jahrhunderts zu sagen.

Darwin hatte keine Ahnung davon, was Software ist; Information war für ihn noch kein Thema. Aber wir sehen die Lebewesen in der Natur und uns selbst heute nicht mehr als mechanische

Maschinen, sondern als informationsverarbeitende Systeme. Für unsere Zeit ist eine rein materialistisch-mechanistische Betrachtung der Natur und des Lebens nicht mehr angemessen.

Die heutige Naturwissenschaft ist materialistisch orientiert – nicht aus Notwendigkeit, sondern aus Tradition. Traditionen sind manchmal nützlich, manchmal sind sie eine Zwangsjacke oder zumindest ein Hemmschuh – vor allem, wenn es um neue Denkmodelle geht. Viele Wissenschaftler haben eine Heidenangst vor allem, was sich jenseits der Grenzen von Physik und Chemie befindet. Schon allein das Wort »Metaphysik« bringt ihren Adrenalinspiegel in den roten Bereich. Aber wenn man diesen Begriff einmal nüchtern ansieht und nicht mit Okkultismusängsten befrachtet, dann wird deutlich, daß er auch etwas bezeichnet, womit wir heute ganz selbstverständlich umgehen: nämlich das, was wir als Information oder »Software« bezeichnen. Information ist immer »metachemikalisch« in bezug auf den Informationsträger, »Software« immer »metaphysikalisch« in bezug auf die »Hardware«.

Information läßt sich durch Physik und Chemie nicht messen, nicht beschreiben und schon gar nicht erklären. Was nützen mir Ohm und Volt, Watt und Dezibel, wenn es darum geht, ein Fernseh- oder Computerprogramm zu beschreiben? Aber sie ist deshalb nicht weniger wirklich und nicht weniger wirksam. Und eine Wissenschaft, die am Beginn des Informationszeitalters immer noch ausschließlich Kraft und Stoff gelten läßt, ist auf dem Stand von vorvorgestern. Aber nicht aus Notwendigkeit, sondern – ja aus was? Aus Angst? Aus Trägheit? Aus Gewohnheit? Gewohnheiten kann man ändern. Trägheit kann man überwinden, Angst ist therapierbar. Wissenschaft könnte ja zur Abwechslung auch einmal »fröhlich« sein. So wie es Friedrich Nietzsche vorgeschlagen hat, der meinte: »Daß allein eine Weltinterpretation im Rechte sei [...] die Zählen, Rechnen, Wägen, Sehn und Greifen und nichts weiter zuläßt, das ist eine Plumpheit und Naivität – gesetzt, daß es keine Geisteskrankheit, kein Idiotismus ist.«[15]

Wir stehen an der Schwelle des 3. Jahrtausends, wir waren auf dem Mond und fliegen in absehbarer Zeit zum Mars, wir surfen glasfaserverkabelt im globalen Informationspool und lassen unsere Autos von computergesteuerten Industrierobotern bauen – und wir schleppen immer noch ein Evolutionsmodell aus dem Dampfmaschinenzeitalter mit uns herum. Aber wir haben andere Perspektiven und auch andere Probleme als das Dampfmaschinenzeitalter, und wir brauchen andere Denkmodelle, um sie zu lösen.

Wir brauchen neue Denkmodelle, die auch diese dritte Komponente, die Information, mit einbeziehen. Wir brauchen außerdem Denkmodelle, die nicht Konfrontation und Kampf betonen, sondern Kooperation und Symbiose. Diese Aspekte sind in der Natur wesentlich wichtiger.

Der »Darwinismus« – das sehen wir inzwischen immer deutlicher – hat uns zu einer falschen Einschätzung der Natur verleitet. Er hat sozialneurotische Unarten des Menschen – Egoismus, Aggressivität, Rücksichtslosigkeit, Geilheit, die alten Macho-Untugenden, möglichst viele Nachkommen und möglichst viele tote Feinde zu hinterlassen – als naturgegeben, ja sogar als Grundprinzipien der Evolution dargestellt.

Er hat damit Denken und Handeln der Menschen in den vergangenen hundert Jahren in eine falsche Richtung gelenkt. Er hat die Übermensch-Untermensch-Ideologie der Nazis und anderer »Rassisten« ebenso beeinflußt, wie die ausbeuterische und unökologische Haltung gegenüber der Natur. Er hat an die Stelle einer höheren Ordnung Chaos und Zufall gesetzt und sie zu

»schöpferischen Instanzen« hochstilisiert. Er hat dadurch Wissenschaftler ebenso wie Politiker zu Handlungen und Maßnahmen inspiriert, die, ohne Beachtung der Konsequenzen in einem größeren Zusammenhang, alles Machbare und Mögliche ausprobieren – besonders fatal im Bereich der Atom-, Waffen- und Gentechnologie.

Der »Darwinismus« hat das Vertrauen der Menschen in eine höhere Ordnung untergraben und ihre paranoiden Sozialneurosen verstärkt – ihre Angst vor der »feindlichen« Natur, vor den »feindlichen« Nachbarn, vor den »feindlichen« Bakterien, Viren, Pollen, Unkräutern usw. Er hat uns zu einem Krieg gegen die Natur verleitet, der schon längst zu einem Krieg gegen uns selbst geworden ist. Und niemand hat einen Vorteil von diesem Krieg, außer denen, die die Waffen dafür liefern und dabei Milliardenprofite einfahren.

Er hat die Gemüter von Generationen von Schulkindern verseucht, denen man eingebleut hat, sie müßten entweder stärker oder angepaßter sein als ihre Mitmenschen, um erfolgreich zu sein. Kooperation, Kreativität, Spontaneität, Freude wurden als unpassende Erfolgshindernisse in den Hintergrund gedrängt. Die antidarwinistischen Trends in der Evolution – zum Beispiel Schönheit, Bewußtheit und Liebesfähigkeit –, die vom Urschleim bis zum Menschen doch eindeutig mehr zugenommen haben als Giftigkeit und Aggressivität, wurden weitgehend übersehen.

Die »darwinistische« Sicht der Natur ist falsch – dafür gibt es eine Fülle von Beispielen und Belegen. Bei genauer Betrachtung findet man wie gesagt nur zwei Arten von Lebewesen auf unserem Planeten, die sich durch und durch »darwinistisch« verhalten: Das eine ist der Mensch, das andere die Krebszelle. Beide vermehren sich völlig hemmungslos und ohne Rücksicht auf das größere Ganze, von dem sie ein Teil sind. Der Mensch ist wie ein Krebsgeschwür im Organismus der Erde, und wenn er so weitermacht, zerstört er seine eigenen Existenzgrundlagen. Dies ist der wohl beste Beweis gegen den »Darwinismus«. Müssen wir ihn wirklich bis zu Ende führen?

Es wird Zeit, zur Vernunft zu kommen. Es wird Zeit, wieder Ehrlichkeit und intellektuelle Redlichkeit in den wissenschaftlichen Sprachgebrauch einzuführen. Es wird Zeit, den »Darwinismus« zu den Akten zu legen, und ein realistisches Bild der Natur an seine Stelle zu setzen. Ein ganzheitliches und ökologisches Bild, das vor allem dem Prinzip der Kooperation den Rang einräumt, der ihm von Rechts wegen zusteht: den der entscheidenden und wesentlichsten Grundlage der Evolution. Die Evolution ist zu wichtig, als daß man sie den »Darwinisten« überlassen könnte.

Wir brauchen neue und konstruktive Denkmodelle, die uns helfen, die Fehler der Vergangenheit rückgängig zu machen, soweit es geht, und zukünftige nach Möglichkeit zu vermeiden. Dies könnte eine Frage des Überlebens sein – nicht für die Evolution, die hat schon Schlimmeres überstanden als den Menschen, aber für uns und unsere Zivilisation.

II. Aufstieg und Fall: Die Karriere eines Irrtums

Eine Tragödie in 5 Akten[16]

> *»Ob dies alles aber wirklich stattgefunden hat, kann nur danach beurteilt werden, daß man zusieht, wieweit die Hypothese mit den allgemeinen Erscheinungen der Natur übereinstimmt und sie erklärt.«*
>
> Charles Darwin, »Über die Entstehung der Arten«

> *»Eine Theorie, die Ergebnisse voraussagt, welche im hundertprozentigen Gegensatz zu den beobachteten Tatsachen stehen, ist zweifellos fehlerhaft.«*
>
> G. R. Taylor, 1983

1. Zueignung

»Wo der mystische Glaube anfängt, hört die echte Wissenschaft auf.«   Ernst Haeckel

»Heute kann man die Evolutionstheorie ungefähr ebenso anzweifeln wie die Lehre, daß sich die Erde um die Sonne dreht ...«, schreibt Richard Dawkins in seinem Buch »Das egoistische Gen«. Und unter Evolution versteht er, wie die Mehrheit seiner naturwissenschaftlichen Kollegen auch, natürlich die »darwinistische« Evolutionstheorie. Er hält sie, ebenfalls wie die Mehrheit der Naturwissenschaftler, für genauso bewiesen wie das heliozentrische Weltbild. Aber das ist der »Darwinismus« keineswegs. Im Gegenteil – er ist nicht nur bis heute unbewiesen, sondern auch in sich widersprüchlich und teilweise unlogisch, er geht von falschen Voraussetzungen aus, und er steht in einigen wichtigen Punkten im Gegensatz zu den bekannten Erfahrungstatsachen. Kurz: Er ist nur eine fragwürdige Hypothese, ein Schöpfungsmythos, in dem »Mutation« und »Selektion« die Rolle Gottes übernommen haben und an den zu glauben überdies eine Opferung des gesunden Menschenverstandes verlangt. Ein als rational zu bezeichnendes oder gar wissenschaftliches Denkmodell ist er indessen nicht.

Unter »Mythos« versteht man laut Fremdwörterduden a) eine Sage, Erzählung o. ä. aus der Vorzeit eines Volkes, die sich besonders mit Göttern, Dämonen, Entstehung der Welt, Erschaffung des Menschen befaßt; b) eine Person, Sache, Begebenheit, die (aus meist verschwommenen, irrationalen Vorstellungen heraus) glorifiziert wird, legendären Charakter hat; und c) eine falsche Vorstellung – ein »Ammenmärchen«. Alle drei Definitionen treffen auf den »Darwinismus« zu. Er beschäftigt sich zwar nicht mit der Entstehung der Welt, aber immerhin mit der Entstehung des Lebens und seiner Entwicklung. Mit der Erschaffung des Menschen befaßt er sich auch, wie gesagt macht er allerdings nicht den Gott der Bibel dafür verantwortlich, sondern zwei Götter namens »Mutation« und »Selektion«, die – so der Verhaltensforscher Konrad Lorenz – »großen Konstrukteure der Evolution«.

Ob der »Darwinismus« eine Sage ist, darüber kann man diskutieren. Aber ganz sicherlich ist er eine Fabel – im Sinne Newtons, der der Meinung war: »Diejenigen, welche ihre Spekulationen auf Hypothesen gründen, werden, auch wenn sie danach aufs strengste nach mechanischen Gesetzen fortschreiten, eine Fabel – vielleicht eine elegante und schöne –, aber doch nur eine Fabel aufbauen.« Und Darwin baute seine Beschreibung von der Entwicklung des Lebens nicht auf Tatsachen auf, sondern auf Hypothesen (worauf ihn sein alter Freund und Mentor Henslow schon 1859 hinwies).

Der »Darwinismus« ist ferner ganz zweifellos eine Sache, die glorifiziert wird – und zwar durchaus, wenn man die Argumente seiner Anhänger aus der Nähe betrachtet, »aus meist verschwommenen, irrationalen Vorstellungen heraus«. Und letzten Endes ist er – nach heutigen Erkenntnissen – offensichtlich eine falsche Vorstellung, die man, in Anbetracht der Naivität der »Beweisführung« und einzelner Formulierungen, mit einiger Berechtigung als eine Art »Ammenmärchen« bezeichnen kann: »Als Mutter Natur das Chitin erfand: Vor vielen Millionen Jahren war es, als die Natur, an Würmern experimentierend, die hervorragende Verwendbarkeit dieses Werkstoffs entdeckte ...«[17]

Der Philosoph Karl Jaspers (1883–1969) schrieb: »Wissenschaft hat drei unerläßliche Merkmale: Sie ist methodische Erkenntnis, ist zwingend gewiß und allgemeingültig.«[18] Der »Darwinismus« beruht nicht auf Erkenntnis, sondern auf Spekulation, er ist alles andere als gewiß, und was die Allgemeingültigkeit angeht, so erfüllt er auch hier nicht die Forderungen Jaspers'. »Einmütigkeit«, so schrieb er, »ist das Kennzeichen der Allgemeingültigkeit. Wo Einmütigkeit aller Denkenden durch die Zeiten hindurch nicht erzielt wird, da ist die Allgemeingültigkeit fraglich.« Und selbst wenn man die Gegner des »Darwinismus« beiseite läßt und nur seine Befürworter betrachtet, so findet man bei ihnen alles andere als Einmütigkeit.

Daß der »Darwinismus« kein wissenschaftliches Denkmodell ist, ergibt sich auch aus den Kriterien, die Heinrich Hertz (1857 bis 1894), der Entdecker der elektromagnetischen Wellen, in der Einleitung zu seinem Buch »Prinzipien der Mechanik« für solche Denkmodelle gegeben hat: Sie müssen erstens »zulässig« sein, das heißt den Gesetzen des logischen Denkens entsprechen; sie müssen zweitens »richtig« sein, das heißt mit den beobachtbaren oder bekannten Erfahrungstatsachen übereinstimmen; und sie müssen schließlich »zweckmäßig« sein, das heißt in irgendeiner Weise brauchbarer und nützlicher als andere Denkmodelle.

Der »Darwinismus« scheitert bei diesem wissenschaftstheoretischen Triathlon in allen drei Disziplinen. Er ist innerlich widersprüchlich und verstößt in einigen seiner Überlegungen gegen die Regeln der Logik, er wird durch die bekannten Tatsachen teils nicht bestätigt, teils regelrecht widerlegt, und er war und ist, was seine gesellschaftspolitischen Folgen angeht, nicht nur nicht nützlich, sondern sogar schädlich. Deshalb vor allem – und nicht so sehr, weil er falsch ist – wird es höchste Zeit, daß wir den »Darwinismus« in den historischen Papierkorb für ausgediente Denkmodelle befördern, wo schon das geozentrische

Weltbild, die Phlogistontheorie und die »Urzeugungslehre« auf ihn warten.

Eine wissenschaftliche Aussage, die mehr zu sein beansprucht als eine Hypothese, muß auf meßbaren und reproduzierbaren Fakten beruhen – und der Ablauf der Evolution ist weder exakt meßbar noch reproduzierbar, was Darwin immerhin noch zugegeben hat. Ernst Haeckel, einer der großen Wegbereiter Darwins im 19. Jahrhundert, schrieb: »So wenig aber die Culturgeschichte der Völker, so wenig kann jemals die Entwicklungsgeschichte der Organismen Gegenstand ›exacter‹ Forschung werden. Die Entwicklungsgeschichte ist ihrer Natur nach eine historische Naturwissenschaft ...«[19] Und auch Ernst Mayr (geb. 1904), der zum harten Kern der »Darwinisten« gehört, gibt zu: »Evolution läßt sich nicht [...] beobachten wie physikalische Erscheinungen, etwa ein fallender Stein oder kochendes Wasser oder irgendein anderer Vorgang von kurzer Dauer.«[20]

Eine wissenschaftliche Theorie muß in der Lage sein, Vorhersagen zu machen, »die sich anhand von Beobachtungen überprüfen lassen«, schreibt der englische Physiker Stephen Hawking.[21] »Wenn diese mit den Vorhersagen übereinstimmen, ist die Theorie damit noch nicht bewiesen, aber sie überlebt und macht weitere Vorhersagen, die dann wieder überprüft werden. Stimmen die Beobachtungen nicht mit den Vorhersagen überein, gibt man die Theorie auf. So zumindest sollte es sein.« Und so wird es in der Wissenschaft gewöhnlich auch gehandhabt. Außer beim »Darwinismus«.

Er sagt voraus, daß nur die Stärksten, die am besten Angepaßten und die Fruchtbarsten überleben – doch ein Blick auf die Realität zeigt, daß diese Vorhersage falsch ist. In bezug auf die Geschichte des Lebens sagt der »Darwinismus« voraus, daß es unzählige Zwischenformen gegeben haben muß, die die einzelnen Typen von Lebewesen miteinander verbinden. Ein Blick auf die versteinerten Zeugnisse der Evolution, auf den »Fossilbericht«, zeigt aber, daß diese Vorhersage falsch ist. Was die Struktur der Erbsubstanz angeht, sagt der »Darwinismus« voraus, daß die Gene um so unterschiedlicher sein müssen, je mehr sich die äußeren Eigenschaften und Merkmale von Lebewesen unterscheiden. Die Erkenntnisse der neueren Genforschung zeigen jedoch das Gegenteil. Ich werde später auf diese Beispiele noch genauer eingehen und weitere anführen.

Die Diskrepanz zwischen den Vorhersagen und der Realität beeindruckt die »Darwinisten« nicht so besonders – sie halten standhaft an ihrem Glauben fest. Und auch dies belegt, daß der »Darwinismus« kein wissenschaftliches Denkmodell ist, sondern ein Mythos.

2. Vorspiel auf dem Theater: Von der Urzeit bis zu Darwin

> »Die Wahrheit war immer eine Tochter
> der Zeit.«   Leonardo da Vinci

Nun ist ein Mythos an sich nichts Schlechtes. Es hat in der Geschichte der Menschheit unzählige Mythen gegeben, noch keine Zeit und keine Kultur konnte bislang darauf verzichten. Im Mythos versucht der Mensch, seine innere Realität mit seiner äußeren Realität in Übereinstimmung zu bringen. Er versucht, sein Leben in eine größere Perspektive einzuordnen, die über die kurze Spanne, die ihm zwischen Geburt und Tod verbleibt, hinausreicht. Und er versucht, diese beiden großen Wendepunkte seiner Existenz zu verstehen, zu erkennen oder wenigstens zu ahnen, was davor geschah und was danach geschehen wird. Er möchte sich als Teil eines größeren Ganzen verstehen, des Kosmos, der Natur, der Schöpfung, der Evolution – wie immer man es nennen mag –, in dem er sich geborgen und aufgehoben fühlen kann angesichts der Bedrohlichkeit einer oft als feindlich empfundenen Umwelt.

In seinen Schöpfungsmythen spiegelte der Mensch aber nicht nur seine Sehnsucht nach einer höheren Ordnung wider, sondern auch seine jeweilige gesellschaftliche Situation. In der Frühzeit, als das Matriarchat herrschte und die Frau im Mittelpunkt stand, wurde Schöpfung mit Gebärung gleichgesetzt. Der Schöpfer war eine Göttin, Schöpfung war ein weibliches Geschäft.

Ein alter griechischer Schöpfungsmythos[22] beispielsweise erzählt, wie Eurynome, die Göttin aller Dinge, sich nackt aus dem

Chaos erhob und auf den Wellen tanzte, nachdem sie das Meer vom Himmel getrennt hatte. Sie tanzte mit dem Nordwind Ophion, der die Gestalt einer Schlange angenommen hatte und sich mit ihr paarte. Dann verwandelte sich Eurynome in eine Taube, ließ sich auf den Wellen nieder und legte das »Weltei«. Sie befahl Ophion, sich siebenmal um dieses Ei zu winden und es auszubrüten. Als es schließlich aufsprang, fielen alle Dinge heraus: die Sonne, der Mond, die Sterne und Planeten, die Erde mit Bergen und Flüssen, mit Bäumen und allen lebenden Wesen.

Eurynome, die große Mondgöttin, wurde auch in Palästina – damals Kanaan – verehrt, unter dem Namen Iahu – »erhabene Taube«. Als die Israeliten ihr Gelobtes Land eroberten, übernahmen sie die kanaanitische Göttin, nannten sie JHWH und bildeten sie – so der Historiker Will Durant[23] – »in ihren eigenen Vorstellungen zu einer gestrengen, kriegerischen, ja sogar halsstarrigen Gottheit um, indem sie alle möglichen ihnen unpassend scheinende Züge ausschalteten«. Und natürlich zu einer männlichen.

Als das Matriarchat endete und die Männer die Macht übernahmen, wurden die Göttinnen und Mütter zu Vätern und Göttern der Schöpfung. Und weil von den beiden großen Mysterien des Lebens, Geburt und Tod, die Geburt zwangsläufig den Frauen vorbehalten ist, blieb den Männern nur der Tod als Mittel der Schöpfung. Die große Muttergöttin, die ja nun überflüssig ist und ein gutes Opfer abgibt, wird in den neuen Mythen zuerst in ein bedrohliches Ungeheuer verwandelt, dann erschlagen und in Stücke gehauen, und am Ende wird aus ihrem zerstückelten Leib die Welt erschaffen.

In einem babylonischen Schöpfungsmythos, dem »Enuma Elisch«, wird die Göttin Tiamat (eine sumerische Eurynome), die ursprünglich alles gebar, zu einem Ungeheuer, das alle anderen

Götter vernichten will. Allein der göttliche Held Marduk wagt es, sich ihr entgegenzustellen. Er besiegt sie nach heftigem Kampf und spaltet sie in zwei Hälften. Aus der einen macht er den Himmel, aus der anderen die Erde. Anschließend – da die Autoren des Mythos wohl einsahen, daß Zerstörung allein nicht schöpferisch ist – betätigt er sich als Handwerker und knetet aus Erde und Blut den Menschen. Die »Darwinisten«, die »struggle for life« und »survival of the fittest« – beides destruktive Prinzipien – zu den Göttern ihres Schöpfungsmythos machten, haben da noch eine Erkenntnis nachzuholen.

Marduks ägyptischer Kollege Ptah war schon etwas fortschrittlicher und benutzte für seine Schöpfungsarbeit eine Töpferscheibe. Und der chinesische Schöpfergott P'an Ku trägt auf einigen Abbildungen einen Hammer, mit dem er die Erde zusammengeschmiedet hat. Dieses Motiv des Gottes als Schmied – Deus faber – findet sich auch im indischen Rigweda: »Als der Herr des Gebetes wie ein Schmied den Kosmos zusammengeschmiedet hat, in den ältesten Zeiten der Götter, da entstand von dem, was nicht ist, das, was nun ist.«[24]

Und so ist es kein Wunder, daß der Mensch ein Homo faber ist, da ja ein Deus faber – das Vorbild aller Ingenieure, Gentechniker und Hobbyköche – ihn nach seinem Bilde erschaffen hat.

Als die Juden aus der Babylonischen Gefangenschaft zurückgekehrt waren, machten sie sich daran, ihre Geschichte und ihre religiösen Gesetze aufzuschreiben. Offenbar kein leichtes Unternehmen, denn es dauerte vom 5. bis zum 2. Jahrhundert vor Christus – aber immerhin wurde das Ergebnis zum Buch der Bücher, zur Bibel, zum Weltbestseller Nummer eins. Kernstück ist die Thora, bestehend aus den Fünf Büchern Mose, deren erstes, die Genesis, den jüdischen Schöpfungsmythos enthält. Aufgrund besonderer Umstände – man könnte sie das »Christus-

Komplott« nennen – wurde er im Laufe der folgenden 2000 Jahre zum führenden, ja sogar alleinseligmachenden Schöpfungsmythos der abendländischen Welt.

Er brauchte allerdings fast die Hälfte dieser Zeit, um sich durchzusetzen – aber dann hatte er sich so gründlich etabliert, daß jemand, der daran zu zweifeln wagte, sich damit in wesentlich größere Lebensgefahr brachte als ein Zweifler am »Darwinismus« in den sechziger und siebziger Jahren unseres Jahrhunderts.

»Am Anfang schuf Gott Himmel und Erde. Und die Erde war wüst und leer, und es war finster auf der Tiefe, und der Geist Gottes schwebte auf dem Wasser. Und Gott sprach: es werde Licht! Und es ward Licht. Und Gott sah, daß das Licht gut war. Da schied Gott das Licht von der Finsternis und nannte das Licht Tag und die Finsternis Nacht. Da wurde aus Abend und Morgen der erste Tag.« So steht es bei Moses, der in einem Buch über »Die 100 einflußreichsten Persönlichkeiten der Menschheitsgeschichte« auf Platz 15 liegt. Immerhin noch einen Rang vor Charles Darwin, der nur Platz 16 erreichte.

In den folgenden sechs Tagen schuf Gott dann Himmel und Erde, Land und Meer, Gras, Kraut und Bäume, Sonne, Mond und Sterne, Fische und Vögel, Vieh, Gewürm und Tiere auf Erden und schließlich, zu guter Letzt (oder sollte man sagen: zu schlechter Letzt?) das »Enfant terrible« der Schöpfung (oder sollte man sagen: der Evolution?) – den Menschen. Und er schuf sie als Mann und Weib und Vegetarier, denn: »Ich habe auch gegeben allerlei Kraut, das sich besamt, auf der ganzen Erde und allerlei fruchtbare Bäume, die sich besamen, zu eurer Speise«, sprach der Herr. Kein Wort von Beefsteak, Hamburger oder Grillhendl.

Lange Zeit waren die Menschen – zumindest die meisten – im Abendland mit diesem Schöpfungsmythos zufrieden. Alles war ein für allemal geschaffen, hatte seinen Platz, war geregelt.

»Die Religion ist der Ort, wo ein Volk sich die Definition dessen gibt, was es für das Wahre hält«, schrieb der deutsche Philosoph Georg Wilhelm Friedrich Hegel. Heute müßte man an die Stelle von »Religion« wohl »Wissenschaft« setzen. Aber – wie schon Leonardo da Vinci sagte –: »Die Wahrheit war immer eine Tochter der Zeit.« Jedes Denkmodell hat sein Verfallsdatum – und mit der Zeit bekam auch das biblische Schöpfungsmodell Risse.

Im 16. Jahrhundert kam ein Mensch namens Nikolaus Kopernikus (1473–1543) auf die seltsame Idee, daß die Sonne sich nicht, wie wir es täglich erleben, um die Erde dreht, sondern umgekehrt die Erde sich um die Sonne bewegt. Dies stand im Gegensatz zur Bibel, und die Kirche grollte. Sie war ohnedies nicht in guter Stimmung, denn ein gewisser Martin Luther hatte gerade eine Reformation angezettelt, die um sich griff und die Kirche Kunden kostete. Kopernikus konnte man wegen seiner Ketzerei nicht mehr verbrennen, der hatte sich in einen natürlichen Tod geflüchtet. Also nahm man sich den Philosophen Giordano Bruno vor, der nicht nur das kopernikanische Weltbild verkündet hatte, sondern noch viel Schlimmeres.

Bruno (1548–1600) behauptete, die Erde sei an den Polen abgeflacht und Nordpol und Südpol vertauschten von Zeit zu Zeit ihre Positionen. Er bestand darauf, daß unsere Sonne sich ebenfalls um ihre Achse dreht, daß es hinter dem Saturn noch weitere Planeten gibt und daß auch die Fixsterne Sonnen sind, die von Planeten umkreist werden. Er nahm – im Ansatz – die Keplerschen Gesetze vorweg und Teile der Relativitätstheorie. Er entwarf ein holographisches Weltbild mit auffälligen Parallelen zur indischen Philosophie, die zu seiner Zeit im Abendland unbekannt war, und er glaubte an Karma und Reinkarnation. »Seine genialen Intuitionen sind seinen Zeitgenossen um mehrere Jahrhunderte vorausgeeilt«, schrieb der Kulturphilosoph Egon Friedell in seiner »Kulturgeschichte der Neuzeit«. Weil Giordano Bruno sich standhaft weigerte, seine Ansichten zu widerrufen, wurde er, nach siebenjähriger Kerkerhaft, am 17. Februar 1600 in Rom auf dem Scheiterhaufen verbrannt.

Sein Landsmann Galileo Galilei (1564–1642), der wenig später mit Hilfe seines Fernrohrs und seiner Berechnungen die Ansichten von Kopernikus unterstützte, wurde gedemütigt und zum Widerruf gezwungen. Und vielen anderen Wissenschaftlern, die nicht berühmt genug waren, um in den Geschichtsbüchern verzeichnet zu werden, ging es ähnlich wie Bruno und Galilei. Die Wissenschaft erklärte der Kirche den Krieg. Nicht offiziell – das wäre viel zu gefährlich gewesen. Aber im geheimen begann man, auf der Erde und im Himmel nach Tatsachen zu forschen, die den Gott der Bibel als Schöpfer des Himmels und der Erde überflüssig machen konnten. Denn wenn die Welt für ihre Existenz keinen Schöpfer nötig hatte, dann brauchten die Menschen ebenfalls keinen – und dann war auch die Kirche überflüssig.

Mitte des 18. Jahrhunderts veröffentlichte der Philosoph Immanuel Kant (1724–1804) seine »Allgemeine Naturgeschichte und Theorie des Himmels«. Er stellt darin die Hypothese auf, daß das Sonnensystem nicht erschaffen wurde, sondern auf natürliche Weise entstand. Vereinfacht gesagt: durch Anziehungs- und Abstoßungskräfte von kleinsten Materieteilchen, die im Raum verteilt waren und sich bewegten, zusammenballten, in Drehung gerieten und so Sonne und Planeten bildeten. Der französische Mathematiker und Astronom Pierre Laplace (1749–1827) kam, unabhängig von Kant, zu der gleichen Auffassung, und so ging dieses Denkmodell als »Kant-Laplacesche Theorie« in die Geschichte ein.

Kant ging aber noch weiter. Er forderte, daß man an die Stelle einer nur ordnenden und klassifizierenden Naturbeschreibung eine Naturgeschichte setzen solle, die auch den Gedanken einer Entwicklung der Lebewesen enthält: »Die Naturgeschichte [...] würde die Veränderung der Erdgestalt, ingleichen[25] die der Erdgeschöpfe (Pflanzen und Tiere), die sie durch natürliche Wanderungen erlitten haben, und ihre daraus entsprungenen Abartungen von dem Urbilde der Stammgattung lehren.«[26] Und in seiner »Kritik der Urteilskraft« schrieb er: »Die Analogie der Formen, sofern sie bei aller Verschiedenheit einem gemeinschaftlichen Urbilde gemäß erzeugt zu sein scheinen, verstärkt die Vermutung einer wirklichen Verwandtschaft derselben in der Erzeugung von einer gemeinschaftlichen Urmutter durch stufenweise Annäherung einer Tiergattung zur anderen ...«

Diese Aussage steht in der Tat sehr nah bei Darwins Idee vom »descent with modification« (Abstammung mit Veränderung), und Ernst Haeckel (1834–1919), einer der wichtigsten Wegbereiter des »Darwinismus« in Deutschland, sah dementsprechend »Kant neben Lamarck und Goethe als den ersten und bedeutendsten Vorläufer Darwins«[27]. Wobei man allerdings nicht vergessen darf, daß Kant eine mechanistische Erklärung für die Entstehung und Entwicklung von Lebewesen kategorisch ablehnte. »Es ist ganz gewiß«, so schrieb er, »daß wir die organisierten Wesen und deren innere Möglichkeit nach bloß mechanischen Prinzipien der Natur nicht einmal zureichend kennen lernen, viel weniger uns erklären können, und zwar so gewiß, daß man dreist sagen kann: Es ist für Menschen ungereimt, auch nur einen solchen Anschlag zu fassen oder zu hoffen, daß noch etwa dereinst ein Newton aufstehen könnte, der auch nur die Erzeugung eines Grashalms nach Naturgesetzen, die keine Absicht geordnet hat, begreiflich machen werde ...«[28]

Haeckel kommentierte nicht ganz achtzig Jahre später diese Aussage mit den Worten: »Nun ist aber dieser unmögliche

Newton siebzig Jahre später in Darwin wirklich erschienen, und seine Selektionstheorie hat die Aufgabe tatsächlich gelöst, die Kant für absolut unlösbar hielt.«[29]

Heute allerdings muß man wiederum sagen, daß Haeckel sich irrte und Kant doch recht behalten hat. Darwin und seine sämtlichen Nachdenker und Nachdichter haben das Problem nicht gelöst – die Entstehung von Lebendigkeit und Bewußtsein ist nach wie vor auf einer rein materialistisch-mechanistischen Ebene nicht zu erklären. Informationsverarbeitende Systeme, und dazu gehören nun einmal auch die Lebewesen, brauchen neben der »Hardware« ebenso »Software« – und die ist kein mechanischer oder materieller Bestandteil der »Hardware«. Sie entstammt einer höheren Ebene, einer in bezug auf die »Hardware« notwendigerweise »metaphysischen« Ebene: der des Programmierers.

Kants Entwicklungsideen wurden von der schulwissenschaftlichen Biologie seiner Zeit nicht geteilt. Die hielt strikt am biblischen Schöpfungsmodell fest.

Im Jahr 1735 hatte der schwedische Mediziner und Biologe Carl von Linné (1707–1778) seine Abhandlung »Systema naturae« veröffentlicht, eine sehr gründliche und penible Einordnung der Lebewesen in Arten, Gattungen, Ordnungen und Klassen, die noch heute, wenn auch verändert, Grundlage der biologischen Systematik ist. Er stellte dabei, damals immerhin eine Kühnheit, den Menschen erstmals als »Homo sapiens« in die Ordnung »Herrentiere« – neben dem Schimpansen und dem Orang-Utan. Aber Linné war nichtsdestoweniger ein Anhänger der biblischen Schöpfungslehre und der Unveränderlichkeit der Lebewesen. »Species tot sunt diversae, quot diversas formas ab initio creavit infinitum ens«, sagte er: »Es gibt so viel verschiedene Arten, als im Anfang verschiedene Formen von dem unendlichen Wesen erschaffen worden sind.«[30] Daß die Gärtner aber immer wieder neue und abgewandelte Pflanzen züchteten, konnte ihm nicht entgehen. Anfangs argumentierte er diese unliebsame Tatsache mit der gleichen Eleganz unter den Teppich, wie es heute die »Darwinisten« mit den ihrem Denkmodell widersprechenden Fakten tun – er unterschied einfach »die Arten des allmächtigen Schöpfers, welche wahr sind, von den widernatürlichen Abarten des Gärtners. Die ersteren scheinen mir von größerer Bedeutung zu sein um ihres Urhebers willen, die letzteren lehne ich ab um ihrer Urheber willen.« Dann kamen ihm aber doch Zweifel, und er ließ die oben zitierte Behauptung in späteren Auflagen seiner »Systema naturae« weg.

Die strenge Gliederung und Unveränderlichkeit, die der biblische Mythos den Lebewesen in der Natur auferlegte, galt lange Zeit auch für die menschliche Gesellschaft – und weitgehend unbestritten. Die darunter zu leiden hatten, wie zum Beispiel die Bauern und Kleinbürger, rebellierten von Zeit zu Zeit – die davon profitierten, Adel, Klerus und Großbürgertum, unterdrückten die Rebellionen. Aber im 18. Jahrhundert wurde auch den privilegierteren Schichten die Zwangsjacke der Unveränderlichkeit immer unbequemer.

Der Wunsch, unabhängig zu sein von einem allmächtigen Strafer und Rächer sowie seinen besserwisserischen Stellvertretern auf Erden, die Idee der Entwicklung aus eigener Kraft und der Freiheit zu Veränderung und Aufstieg in der Gesellschaft griffen immer mehr um sich. Man suchte Argumente und Verbündete. Wenn es sich nachweisen ließ, daß es in der Natur eine Entwicklung gab, wenn sich das Dogma von der Unveränderlichkeit brechen ließ – dann konnte man auch dem Menschen etwas, das der natürlichen Ordnung entsprach, nicht mehr verwehren.

Im Jahr 1759, genau hundert Jahre vor dem Erscheinen von Darwins Hauptwerk »Über die Entstehung der Arten«, veröffentlichte der Arzt Caspar Friedrich Wolff (1733–1794) seine Theorie von der »Epigenesis«, der Neuentstehung der Lebewesen aus der Eizelle während des Embryonalwachstums. Die bis dato anerkannte schulwissenschaftliche Ansicht war die sogenannte »Präformationslehre«. Sie besagte, daß der Organismus – eines Menschen beispielsweise – in den Keimzellen winzig klein, aber bereits voll ausgebildet vorhanden sei und sich nur noch entfalten müsse. Diesen Vorgang nannte man »Evolution«, abgeleitet vom lateinischen »evolvere«, das soviel heißt wie »entfalten, enthüllen« oder »ausrollen«. Evolution bedeutet also eigentlich die Entfaltung oder Enthüllung von etwas bereits Vorhandenem, einem »präformierten« oder vorgeformten Gebilde.

Der Naturforscher Johann Friedrich Blumenbach (1752–1840), der die vergleichende Anatomie in Deutschland einführte, schrieb darüber, man glaube, »daß zu allen Menschen und Tieren und Pflanzen, die je gelebt haben und noch leben werden, *die Keime* gleich bei der ersten Schöpfung erschaffen worden, so daß sich nun eine Generation nach der anderen bloß zu *entwikkeln* braucht. Deshalb heißt dies die Lehre der Evolution.«[31]

Die »Darwinisten« haben sich diesen Begriff später angeeignet, ihn dabei aber um 180 Grad gedreht. Er bezeichnet nun die ungeplante, ungezielte – und eben gerade nicht »präformierte« – Entstehung von Lebewesen, und diese Lesart hat sich durchgesetzt. Man nennt also etwas »Evolution«, was eigentlich gar keine Evolution ist, ebenso wie man etwas »Selektion« nennt, was per definitionem keine Selektion ist, sondern ungezielte Ausmerzung, und etwas als »Anpassung« bezeichnet, was keine Anpassung ist, sondern ererbte Angepaßtheit. Begriffe anders zu gebrauchen, als sie definiert sind, gehört zu den Standardstrategien des »Darwin-Komplotts«. Darwin selbst hat den Begriff »Evolution« in den ersten Ausgaben seiner »Entstehung der Arten« übrigens gar nicht benutzt. Er übernahm ihn erst viel später, als er allgemein üblich geworden war.

Die »Epigenesistheorie« war ein weiterer Angriff gegen die Unveränderlichkeit der Schöpfung – aber die Schulwissenschaft, wieder einmal systemkonform, war dagegen. Albrecht von Haller (1708–1777), namhafter Physiologe und Professor in Göttingen, donnerte dem bösen Wolff ein »Nulla est epigenesis« entgegen: »Es gibt kein Werden! Kein Tierkörper ist vor dem anderen gemacht worden, und alle sind zugleich erschaffen«, schrieb er in seinem Buch »Elementa Physiologiae«. Alle Generationen, vom Anfang bis zum Ende der Welt, seien gleichzeitig erschaffen und von Gott in die Keimzellen der jeweils ersten Vertreter ihrer Art »hineinpräformiert« worden. Mutter Evas Eierstöcke enthielten so, nach Albrecht von Hallers Rechnung, 200 000 Millionen winzig kleiner Menschenkinder, alle wie miniaturisierte Russenpuppen ineinandergeschachtelt. So jedenfalls erzählt es Ernst Haeckel[32], und er kommentiert dazu: »So unterlag denn damals, wie es so oft in der Geschichte der menschlichen Erkenntnis zu geschehen pflegt, die emporstrebende neue Wahrheit dem übermächtigen Irrtum, der durch die Macht der Autorität getragen wurde.«

Für die kommenden Jahrzehnte war in der Wissenschaft Veränderung oder gar Neubildung von Arten kein Thema: Unveränderlichkeit lautete die Parole, die Schöpfung hatte gefälligst zu bleiben, wie sie von Anfang an geschaffen war. Jetzt waren es die Philosophen, vor allem in Frankreich, die die Unveränderlichkeit in Frage stellten – weniger die der Arten, sondern vielmehr die der gesellschaftlichen Ordnung. Jean-Jacques Rousseau veröffentlichte ein Buch über den »Gesellschaftsvertrag« (»Contrat social«), eine Variante des immer wieder diskutierten Themas »Alle Macht dem Volk«. Der Abbé Morelly bewies in seinem »Code de la nature«, daß die Ursache allen Streits und Unglücks das Privateigentum sei, und entwarf ein kommunistisches Programm. Mirabeau schrieb seinen »Essai sur le despotisme«, in dem der König nicht als Herrscher von Gottes Gnaden, sondern nur als »Angestellter« des Volkes dargestellt wird, der jederzeit entlassen werden könnte.

Die amerikanischen Kolonien Englands erkämpften ihre Unabhängigkeit vom Mutterland und verfaßten eine »Erklärung der Menschenrechte«, in der unter anderem auch das Recht des Volkes betont wird, seine Regierung »zu verändern oder abzuschaffen«.

Nachdem diese Ideen einer gesellschaftlichen Evolution eine Zeitlang in den Köpfen der Franzosen gegoren hatten, machten sie damit Ernst. Sie setzten aber, weil sie es eilig hatten, ein R vor die Evolution und kehrten das Unterste zuoberst. Konservative Köpfe, deren Ansichten nicht anpassungsfähig genug waren, wurden entfernt: ein prädarwinistisches Beispiel für natürliche Selektion.

Die Anhänger von Unveränderlichkeit und Beständigkeit ringsum in Europa waren entsetzt und klammerten sich um so verbissener an ihre alten Dogmen – auch in der Wissenschaft. Die Obrigkeit betrachtete alles, was mit Veränderung zu tun hatte, als höchst verdächtig. Und es war durchaus nicht opportun, über Entwicklung – im Sinne von Veränderung – nachzudenken. Zumindest nicht laut oder in der Öffentlichkeit.

Und so mußte denn, wie es so oft in der Geschichte der menschlichen Erkenntnis zu geschehen pflegt, ein Außenseiter den Faden – in diesem Fall den des Entwicklungsgedankens – weiterspinnen und sich gefallen lassen, daß man ihn als Spinner betrachtete. Ein Außenseiter war er allerdings nur auf dem Felde der Naturwissenschaft, in gesellschaftlicher Hinsicht war er ein »Promi«: Johann Wolfgang von Goethe (1749–1832). Er selbst hielt seine wissenschaftlichen Arbeiten für wichtiger als seine Dichtungen – die Nachwelt war da allerdings ganz anderer Meinung.

Der Physiologe Emil Du Bois-Reymond (1818–1896) beurteilte sie, mit der geballten Arroganz eines deutschen Universitätsprofessors des späten 19. Jahrhunderts, als »totgeborene Spielerei eines autodidaktischen Dilettanten«. Aber damit wird er Goethe, der als Wissenschaftler auch heute noch weitgehend unentdeckt oder zumindest unverstanden ist, natürlich nicht gerecht. Denn selbst wenn er vieles nicht gerade auf eine im wissenschaftlichen Sinne klare und eindeutige Weise formulierte, so war er doch in seinen Ahnungen und Intuitionen den wissenschaftlichen Zeitgenossen um einiges voraus.

Haeckel indessen, der wohl Goethe ebensosehr mochte, wie er Du Bois-Reymond verabscheute, hat ihn immer wieder zitiert und gewürdigt und zusammen mit Kant und Lamarck als einen Vorläufer Darwins bezeichnet. Und Darwin selbst schreibt im Vorwort zur »Entstehung der Arten«: »Es ist ein merkwürdiges Beispiel der Art und Weise, wie ähnliche Ansichten ziemlich zur gleichen Zeit auftauchen, daß Goethe in Deutschland, Dr. Darwin[33] in England und [...] Étienne Geoffroy Saint Hilaire in Frankreich fast gleichzeitig [...] zu gleichen Ansichten über den Ursprung der Arten gelangt sind.«[34]

Goethe hatte sich besonders intensiv mit der Morphologie, der Lehre von der Entstehung der Formen und Gestalten von Lebewesen, beschäftigt und war dabei zu der Auffassung gekommen, daß alle Lebewesen einen gemeinsamen Ursprung haben und sich nach gemeinsamen Gesetzen entwickeln. »Eine innere ursprüngliche Gemeinschaft liegt aller Organisation zugrunde, die Verschiedenheit der Gestalten dagegen entspringt aus den notwendigen Beziehungsverhältnissen zur Außenwelt ...«[35]

Die Karriere eines Irrtums

An anderer Stelle betont er, »daß alle vollkommenen organischen Naturen, worunter wir Fische, Amphibien, Vögel, Säugetiere und an der Spitze der letzten den Menschen sehen, alle nach einem Urbilde geformt seien, das nur in seinen sehr beständigen Teilen mehr oder weniger hin und her weicht und sich noch täglich durch Fortpflanzung aus- und umbildet«.

Und in seinem Gedicht »Die Metamorphose der Tiere« sagt er schließlich:

>»Alle Glieder bilden sich aus nach ew'gen Gesetzen,
>Und die seltenste Form bewahrt im geheimen das Urbild.
>Also bestimmt die Gestalt die Lebensweise des Tieres,
>Und die Weise zu leben, sie wirkt auf alle Gestalten
>Mächtig zurück. So zeiget sich fest die geordnete Bildung,
>Welche zum Wechsel sich neigt durch äußerlich wirkende
>Wesen.«

Die Nähe zu den späteren Vorstellungen Darwins ist unverkennbar, aber Goethe suchte nicht nach dem Mechanismus der Evolution, sondern nach dem »Urbild«, das allen organischen Formen zugrunde liegt, und nach den Gesetzen, die seine Verwandlungen, seine »Metamorphosen«, lenken. »Alle Formen sind ähnlich«, so schrieb er, »doch keine gleichet der andern. Und so deutet das Chor auf ein geheimes Gesetz, auf ein heiliges Rätsel ...«[36] Goethe konnte dieses Rätsel nicht lösen und andere auch nicht, weder Dichter noch Wissenschaftler, bis zum heutigen Tag.

Nach Darwin glaubte man zwar, mit dem Begriff »Abstammung« das Lösungswort gefunden zu haben, aber das war ein Irrtum. Abstammung erklärt bestenfalls die Erhaltung, nicht aber die Bildung oder Veränderung von Form. Als man die Einzelheiten der Erbsubstanz entschlüsselt hatte, lautete das neue Zauberwort »Gene«. Aber obwohl wir inzwischen sehr viel von den Genen wissen, ist die Frage einer Formbildung durch Gene in den wesentlichsten Punkten nach wie vor ungeklärt. Das »heilige Rätsel« ist immer noch ungelöst, es darf weiter geraten werden. Dem Gewinner winkt ein nobler Preis.

»Was in der Luft ist, und was die Zeit fordert, das kann in hundert Köpfen auf einmal entspringen, ohne daß es einer dem anderen abborgt«, wußte Johann Wolfgang Goethe. Und der Entwicklungsgedanke lag in der Luft, Ende des 18. und Anfang des 19. Jahrhunderts. Nachdem Napoleon gezeigt hatte, daß auch der Umsturz am Ende in einer neuen Ordnung mündet, die von der alten gar nicht so verschieden ist, waren die konservativen Gemüter einigermaßen beruhigt, und es konnte nun über Entwicklung – im Sinne von Veränderung – auch wieder laut gedacht und sogar öffentlich diskutiert werden. Zwischen 1802 und 1805 schrieb der Naturforscher und Arzt Gottfried Reinhold Treviranus (1776–1837) in seiner »Biologie oder Philosophie der lebenden Natur« unter anderem: »In jedem lebenden Wesen liegt die Fähigkeit zu einer endlosen Mannigfaltigkeit der Gestaltungen, jedes besitzt das Vermögen, seine Organisation den Veränderungen der äußeren Welt anzupassen, und dieses durch den Wechsel des Universums in Tätigkeit gesetzte Vermögen ist es, was die einfachen Zoophyten[37] der Vorwelt zu immer höheren Stufen der Organisation gesteigert und eine zahllose Mannigfaltigkeit in die lebende Natur gebracht hat.«[38] Abstammung und Veränderung – auch hier ist Darwins Prinzip des »descent with modification« bereits deutlich ausgesprochen.

Wenige Jahre später verkündete der Naturforscher und Philosoph Lorenz Oken (1779–1851): »Der Mensch ist entwickelt, nicht erschaffen.« Und woraus er sich entwickelt hat, wußte Oken auch: »Alles Organische ist aus Schleim hervorgegangen, ist nichts als verschieden gestalteter Schleim. Dieser Urschleim ist im Meere im Verfolge der Planetenentwicklung aus anorganischer Materie entstanden.« Er hat sich dann, so Oken, zu kleinen Kugeln zusammengeballt, aus denen sich, durch Verdichtung der äußeren Hülle, kleine Bläschen formten. Und Pflanzen, Tiere und Menschen sind weiter nichts als »eine Zusammenhäufung (Synthesis) von solchen infusorialen Bläschen, die durch verschiedene Kombinationen sich verschieden gestalten und so zu höheren Organismen aufwachsen«[39].

Das klingt ein wenig seltsam, wenn man es so liest, aber man braucht nur statt »Schleim« Protoplasma zu setzen und statt »Bläschen« Zellen, um Oken mit dem heutigen Stand der Wissenschaft in Übereinstimmung zu bringen.

Sein »Lehrbuch der Naturphilosophie«, in dem er die oben zitierten Gedanken äußerte, erschien 1809. Es ist, wie der »Zufall« so spielt, das Geburtsjahr von Charles Robert Darwin. Und wie besagter »Zufall« weiter so spielt, veröffentlichte im gleichen Jahr der französische Naturforscher Jean-Baptiste de Lamarck (1744 bis 1829) seine »Philosophie Zoologique«, der – so Ernst Haeckel – »erste wissenschaftliche Entwurf einer wahren Entwicklungsgeschichte der Arten, einer ›natürlichen Schöpfungsgeschichte‹ der Pflanzen, der Tiere und des Menschen«.

Als Professor am Jardin des Plantes in Paris kümmerte sich Lamarck auch um die naturhistorischen Sammlungen des Museums. Dabei fielen ihm Ähnlichkeiten in Form und Bau ganz unterschiedlicher Lebewesen auf, und er interpretierte diese ähnlichen Merkmale als Folgen einer gemeinsamen Abstammung. »Alle Organismen sind wahre Naturerzeugnisse«, schrieb er, »die nacheinander und in aufsteigender Abfolge auseinander entstanden sind.«

Er entwarf mögliche Stammbäume der Lebewesen und machte

sich auch Gedanken über die Ursache ihrer Entwicklung von einfachen zu komplizierten Formen, die er, ebenso wie später Darwin, als einen langsamen und kontinuierlichen Prozeß ansah. Er kam zu der Auffassung, daß ein inneres »Bedürfnis« die einzelnen Lebewesen dazu treibt, ihr Verhalten zu ändern. Durch den damit zusammenhängenden stärkeren Gebrauch oder Nichtgebrauch einzelner Organe verändern sich diese, und die Veränderungen werden an die Nachkommen weitergegeben.

Ein Stelzvogel beispielsweise, der »vermeiden möchte, den Körper in die Flüssigkeit einzutauchen, erwirbt die Gewohnheit, seine Beine zu verlängern und zu strecken«. Die kräftigen Hinterbeine des Känguruhs, Schwimmhäute bei Fröschen und Wasservögeln, aber auch der Verlust der Augen bei höhlenbewohnenden Fischen oder Amphibien sei ebenfalls durch den fortdauernden Gebrauch bzw. Nichtgebrauch zu erklären.

Darwin und Haeckel haben Lamarcks Prinzip der »Vererbung erworbener Eigenschaften«, wie es auch genannt wurde, später übernommen – allerdings ohne seine Begründung ihrer Entstehung durch »Bedürfnisse«. Erst Ende des 19. Jahrhunderts wurde der »Lamarckismus« auf Initiative des deutschen Zoologen August Weismann (1834–1914) aus dem »Darwinismus« gänzlich verbannt und gilt seitdem als schwere Sünde. Daß auch der Meister selbst dieser Sünde gehuldigt hat, wird gewöhnlich schamhaft verschwiegen.

Lamarck war unverfroren genug, seine Vorstellungen auf das gesamte Tierreich auszudehnen, »bis hin zu jener Affenart, die, bewogen durch das Bedürfnis, zu herrschen und weit um sich zu blicken, sich anstrengte, aufrecht zu stehen, und die dann so zum Zweibeiner, zum Menschen wurde«[40]. Lamarck also war es, der uns als erster zu Ururenkeln der Affen gestempelt hat, während Darwin, dem dies so häufig vorgeworfen wurde, sich in seiner »Entstehung der Arten« mit dem lapidaren Hinweis begnügte: »Licht wird auf den Ursprung der Menschheit und ihre Geschichte fallen.«[41]

Lamarck starb 1829 in ärmlichen Verhältnissen. Er fand keine Anerkennung, ja nicht einmal Aufmerksamkeit bei seinen Zeitgenossen. Der Ausspruch Michail Gorbatschows, »Wer zu spät kommt, den bestraft das Leben«, ist ebenso richtig wie sein Gegenteil. Das Leben bestraft auch den, der zu früh kommt.

Lamarcks Landsmann Étienne Geoffroy Saint-Hilaire (1772 bis 1844) entwickelte ähnliche Ideen, betonte aber den Einfluß der Umwelt stärker als das Motiv von »Gebrauch und Nichtgebrauch«. Auch er hatte kein Glück, denn er traf, ähnlich wie ein reichliches Menschenalter zuvor Caspar Friedrich Wolff, auf einen Gegner der Entwicklungs- und Abstammungslehre, dessen überragende Autorität jeden Widerspruch erstickte: Georges de Cuvier (1769–1832), ein Protegé Napoleon Bonapartes und Professor für vergleichende Anatomie in Paris. Er interessierte sich nebenbei auch für Geologie und Fossilien und wurde, indem er seine anatomischen Kenntnisse auf die versteinerten Überreste von Tieren anwendete, zum Mitbegründer der Paläontologie, der Wissenschaft von den Lebewesen vergangener Erdperioden.

Cuvier vertrat ganz entschieden die Lehre von der göttlichen Schöpfung und der Konstanz der Arten. Davon mochte er sich auch nicht trennen, als er bei seinen geologischen Untersuchungen herausfand, daß offenbar zu verschiedenen Zeiten Tiere gelebt hatten, die sich von den heutigen ganz erheblich unterscheiden. Er entwickelte statt dessen die sogenannte »Katastrophentheorie«. Sie besagt, daß die Lebewesen auf der Erde periodisch immer wieder durch sintflutartige Katastrophen ausgelöscht und anschließend immer wieder neu von Gott erschaffen wurden.

In einer vielbeachteten Debatte mit Saint-Hilaire in der französischen Akademie der Wissenschaften überzeugte er die Mehrheit von seinen Ansichten, was dazu führte, daß die Abstammungs- und Entwicklungslehre für die nächsten Jahrzehnte von der Wissenschaft nicht weiter beachtet wurde.

Cuviers »Katastrophentheorie« erlitt nach seinem Tod im Jahre 1832 das gleiche Schicksal, das er der Saint-Hilairschen Abstammungslehre bereitet hatte: Sie verschwand in der Versenkung und galt lange Zeit als »widerlegt«. Die geologische Wissenschaft bekehrte sich zu der Theorie des »Aktualismus«, derzufolge die Veränderungen auf der Erdoberfläche durch »actual causes«, auch in der Gegenwart noch wirkende Ursachen, zu erklären sind – Regen, Wind, Erosion, langsame Hebung oder Senkung des Bodens –, die sich über Jahrmillionen hinweg ganz allmählich summiert haben, bis aus Meeresboden Bergesgipfel wurde und umgekehrt. Nach dem altbewährten Motto des römischen Dichters Ovid: »Gutta cavat lapidem, non vi sed saepe cadendo.« Zu deutsch: Steter Tropfen höhlt den Stein.

Erst in der jüngsten Vergangenheit kam Cuvier wieder zu Ehren, als man herausfand, daß es in der Vergangenheit tatsächlich immer wieder Katastrophen von globalem Ausmaß gegeben hat, durch die ein Großteil aller vorhandenen Lebewesen vernichtet wurde. Es gibt unter den Geologen heute etliche Anhänger des sogenannten »Neokatastrophismus«, der davon ausgeht, daß globale Katastrophen immer wieder durch »Impakte«, durch Einschläge von auf die Erde stürzenden Himmelstrümmern, Asteroiden, Meteoriten oder Kometen verursacht wurden. Der Witz dabei ist, daß Cuvier die Existenz der Meteoriten, die ihn jetzt rehabilitiert haben, ebenso kategorisch ablehnte wie die Abstammungslehre von Saint-Hilaire. Er war der Meinung, daß vom Himmel fallende Steine eine Unmöglichkeit sind, »weil es im Himmel keine Steine gibt«.

Den Gedanken des »Aktualismus«, der Cuviers »Katastrophen-theorie« ablöste, haben gleichzeitig, aber unabhängig voneinander, der Deutsche Karl Ernst Adolf von Hoff (1771–1837) und der Engländer Charles Lyell (1797–1875) entwickelt. In seinen »Principles of Geology« betont Lyell die Notwendigkeit, »daß wir die Annahme heftiger, plötzlicher und allgemeiner Katastrophen aufgeben und die alten und jetzigen Schwankungen in der organischen und unorganischen Welt als einer fortlaufenden und gleichförmigen Reihe von Ereignissen angehörig betrachten«.

Das bemerkenswerte an diesem Werk ist weniger sein Inhalt als vielmehr die Tatsache, daß es zu den Büchern gehörte, die Charles Robert Darwin zu seiner Evolutionstheorie inspirierten. Und damit haben wir alles – oder zumindest das Wesentlichste – beisammen, was zu ihm hinführt. Die historische Bühne ist für seinen Auftritt eingerichtet. Fehlt nur noch er selbst.

3. Prolog im Himmel:
Von 1809 bis zur »Origin of Species«

> »Was für ein Buch könnte ein Kaplan des Teufels über
> das plumpe, verschwenderische, stümperhaft niedrige
> und entsetzlich grausame Wirken der Natur schreiben!«
>
> Charles Darwin

Charles Robert Darwin wurde am 12. Februar 1809 in Shrewsbury
als fünftes von sechs Kindern des wohlhabenden Landarztes Robert Darwin geboren. Seine Mutter Susannah, sie war eine Tochter des berühmten Porzellanfabrikanten Josiah Wedgwood, starb
bereits 1817, als er erst acht Jahre alt war, und in der Folgezeit
kümmerten sich seine älteren Schwestern um ihn. Ein Jahr später
schickte ihn sein Vater, ein »liebenswürdiger und schwergewich-
tiger Haustyrann«[42], auf eine in der Nähe gelegene Internats-
schule.

Charles war kein besonders eifriger Schüler. Latein und Grie-
chisch fand er langweilig, für Shakespeare und Byron hatte er
etwas mehr Interesse, aber am meisten Spaß machte es ihm, in
der freien Natur Käfer und Schmetterlinge zu fangen oder seltene
Blumen zu sammeln. »Ich wurde als Naturforscher geboren«,
sagte er später von sich selbst.

Vater Darwin hatte nicht sehr viel Verständnis für die seltsamen Hobbys seines Sohnes, nahm in vorzeitig von der Schule
und schickte ihn – noch nicht ganz siebzehn Jahre alt – zum
Medizinstudium nach Edinburgh, wo sein älterer Bruder Erasmus bereits Medizin studierte. Aber auch dies war nicht nach
Darwins Geschmack. Seine Vorlesungen, die ihn nicht sonder-

lich interessierten, behielt er in Erinnerung als »kalte Morgen-
stunden ohne Frühstück, in denen ich Vorträgen über die Eigenschaften des Rhabarbers lauschte«[43].

Er verschwendete folgerichtig nicht allzuviel Zeit mit der Medizin, sondern kümmerte sich um seine Hobbys Sammeln, Jagen
und das Lesen naturwissenschaftlicher Bücher. Vater Darwin betrachtete die studentischen Fortschritte seines Sohnes mit Skep-
sis und gab ihm das Hauptwerk seines Großvaters Erasmus Darwin zu lesen, der ebenfalls Arzt gewesen war. Es trug den Titel
»Zoonomia« und war ein medizinisch-philosophisches Lehrge-
dicht, in dem interessanterweise auch bereits der Gedanke der
gemeinsamen Abstammung der Lebewesen und ihrer allmählichen Entwicklung angesprochen war:

»Von der Sonne Wärme umhegt,
Das Leben sich aus dem Meer erhebt […]
Erzeugt ohne Eltern, entsteht von allein
Im Nebel der Vorzeit organisches Sein.«[44]

Charles las das Buch mit Interesse, aber es war offensichtlich
nicht geeignet, ihn weiter für die Medizin zu motivieren. 1827
brach er das Medizinstudium ab. Sein Vater, der ihm schon vorher vorgeworfen hatte: »Du interessierst dich für nichts außer
Schießen, Hunde- und Rattenfangen, und du wirst dir selbst und
deiner ganzen Familie zur Schande gereichen!«, war empört und
setzte Charles das Scheckheft auf die Brust: entweder ein ver-
nünftiges Studium – und zwar Theologie – mit Abschluß oder
keine finanzielle Unterstützung mehr.

Auf die Theologie war er gekommen, weil er die ländlichen
Pfarrhäuser seiner Umgebung kannte und der Meinung war,
»daß ein zielloser Sohn mit einem Hang zu Vergnügungen im

Freien da schön hineinpassen würde. War die Kirche nicht ein Auffangbecken für Dummköpfe und Trödler, die letzte Zuflucht für Verschwender? Welche Berufung außer der höchsten kam für Leute in Frage, die sich zu nichts berufen fühlten? Und in welchem anderen Beruf waren die Risiken des Versagens so gering und die Belohnungen so hoch?«[45]

Der Sohn gehorchte dem Vater. Ein Leben als Landpfarrer war nicht das Schlechteste. Es würde keine allzu großen Anforderungen stellen und ihm genügend Zeit für seine Hobbys lassen. Anfang 1828 schrieb er sich in Cambridge ein, und drei Jahre später bestand er sein theologisches Examen. Charles Darwin war im Begriff, als käfersammelnder, hasenjagender Landpfarrer und Hobbybotaniker zu enden. Aber irgendwer oder -was wollte es anders. Wer? Vermutlich der »Zufall«.

Während seines Theologiestudiums hatte Darwin nicht nur Zeit gefunden, weiter seiner Jagd- und Sammelleidenschaft zu frönen, er hatte auch naturwissenschaftliche Vorlesungen gehört und sich mit dem Geologen Sedgwick und dem Botanikprofessor Henslow angefreundet. 1831 rüstete die britische Admiralität ein Forschungsschiff aus, um die Küstenlinien Südamerikas und Australiens zu vermessen. Ein junger Naturforscher sollte die Reise begleiten – auf eigene Kosten, versteht sich. Man fragte bei Professor Henslow an, und der empfahl Darwin.

Nach einigem Hin und Her – Darwins Vater war dagegen, wurde aber von seinem Schwager Wedgewood umgestimmt – stach Darwin am 27. Dezember 1831 mit dem Forschungsschiff »Beagle« in See. Es war der große Wendepunkt in seinem Leben. Seine Zukunft als Landpfarrer versank mit der englische Küste hinter ihm am Horizont. »Die Reise mit der ›Beagle‹ ist bei weitem das wichtigste Ereignis in meinem Leben und hat meine ganze Laufbahn bestimmt«, schrieb er später.

Einen Monat zuvor war in Berlin der Philosoph Georg Wilhelm Friedrich Hegel (1770–1831) gestorben. Auch er war ein Anhänger der Entwicklungslehre gewesen – allerdings nicht einer mechanistisch-schrittweisen, sondern einer idealistisch-sprunghaften. In einem dialektischen Prozeß, wo entgegengesetzte Kräfte oder Interessen (These und Antithese) zusammenprallen, entsteht in der Auseinandersetzung etwas Neues (Synthese), das die beiden auf einer höheren Stufe vereinigt. Lenin beschrieb dieses Prinzip später als »eine Entwicklung, die nicht gradlinig, sondern sozusagen in der Spirale vor sich geht, eine sprunghafte, mit Katastrophen verbundene revolutionäre Entwicklung, Unterbrechung der Allmählichkeit, Umschlagen der Quantität in Qualität; innere Entwicklungsantriebe, ausgelöst durch den Widerspruch, durch den Zusammenprall der verschiedenen Kräfte und Tendenzen ...«[46]

Auch dies ist eine mögliche Beschreibung des Evolutionsprozesses – zwar das genaue Gegenteil der »darwinistischen«, aber nichtsdestoweniger eine, die aus heutiger Sicht sogar zutreffender erscheint.

Für Hegel war die Geschichte des Lebens eine Geschichte der Selbstentfaltung des Geistes in der Welt. Die Individuen sind Werkzeuge des Weltgeistes – nicht der einzelne handelt, sondern der Weltgeist handelt durch ihn. In den großen Persönlichkeiten verkörpert sich die historische Notwendigkeit, der »Geist der Zeit«. Napoleon zum Beispiel wurde vom Weltgeist geschaffen, um die Gestalt Europas zu verwandeln. Und wenn Hegel Darwin noch gekannt hätte, wäre er vermutlich zu der Auffassung gekommen, daß der Weltgeist ihn erschaffen hat, um das Antlitz der Biologie und der abendländischen Ethik zu verändern.

Darwins Reise um die Welt dauerte fünf Jahre. Sie führte von England über die Kanarischen und Kapverdischen Inseln nach Brasilien und Argentinien, über Feuerland nach Chile und den

Galápagosinseln, weiter nach Australien und Neuseeland, dann über Mauritius und Kapstadt noch einmal nach Brasilien und von dort wieder zurück nach England.

Die Reise war eine Strapaze für Darwin, der unter der Seekrankheit und der räumlichen Enge zu leiden hatte, aber er brachte reiche Schätze mit zurück. Eine Fülle von Eindrücken und Notizen, dazu Dutzende von Kisten mit Pflanzen, Tieren und Fossilien aller Art, die ihm ein hervorragendes Entree in die wissenschaftliche Welt verschafften – wenige Monate später wurde er in den Vorstand der Geologischen Gesellschaft gewählt.

Darwin ließ sich in London nieder und begann seine Schätze und Gedanken zu sortieren. Als er aufbrach, war er von der göttlichen Schöpfung und der Unveränderlichkeit der Arten überzeugt gewesen, wie sich das für einen examinierten Theologen gehört. Unterwegs aber waren ihm erste leise Zweifel gekommen.

In einem Brief, den er 1864 an Ernst Haeckel schrieb, erinnert er sich daran: »In Südamerika traten mir besonders drei Klassen von Erscheinungen sehr lebhaft vor die Seele: erstens die Art und Weise, in welcher nah verwandte Spezies einander vertreten und ersetzen, wenn man von Norden nach Süden geht; – zweitens die nahe Verwandtschaft derjenigen Spezies, welche die Südamerika nahe gelegenen Inseln bewohnen, und derjenigen Spezies, welche diesem Festland eigentümlich sind; dies setzte mich in tiefes Erstaunen, besonders die Verschiedenheit derjenigen Spezies, welche die nahe gelegenen Inseln des Galápagos-Archipels bewohnen; – drittens die nahe Beziehung der lebenden zahnlosen Säugetiere (Edentata) und Nagetiere (Rodentia) zu den ausgestorbenen Arten. Ich werde niemals mein Erstaunen vergessen, als ich ein riesengroßes Panzerstück ausgrub, ähnlich demjenigen eines lebenden Gürteltieres.«

Auf den Galápagosinseln fand Darwin Spottdrosseln, die sich

von einer Insel zur anderen geringfügig unterschieden. Er hielt sie für lokale Rassen, sogenannte »Varietäten«, und nahm von drei Inseln verschiedene Exemplare mit. Außerdem fand er Finken und einige andere Vögel, die er für Zaunkönige, Kernbeißer und Drosseln hielt. Er sammelte alle, ordnete sie aber, bis auf die Spottdrosseln, nicht systematisch nach ihrer Herkunft und beschriftete sie auch nur ungenügend, weil er sie nicht für so besonders wichtig hielt.

Nach London zurückgekehrt, schenkte er die Vögel der Zoologischen Gesellschaft. Hier kamen sie in die Obhut von John Gould, einem kundigen Ornithologen, Maler und Tierpräparator, der sich Darwins Sammelsurium vornahm und zu der erstaunlichen Erkenntnis kam, daß die Finken, Zaunkönige, Kernbeißer und Drosseln allesamt Finken waren, die eine bislang unbekannte Gruppe von zwölf verschiedenen Arten bildeten.

Heute unterscheidet man vierzehn Arten, die zu Ehren ihres »Entdeckers« Darwinfinken genannt werden und als Musterbeispiele für »darwinistische« Evolution gelten, die in kaum einem Lehr- oder Schulbuch fehlen. Sie fressen teils Körner, teils Knospen, Früchte oder Insekten und haben unterschiedliche Schnäbel, die der jeweiligen Ernährung angepaßt sind. Ein besonders merkwürdiges Exemplar hat die Rolle des Spechtes auf den Inseln übernommen und bedient sich, da er es – warum auch immer – zu keinem langen Schnabel gebracht hat, eines Kaktusstachels als Werkzeug, mit dem er Insekten aus der Baumrinde stochert.

Diese Finken sollen – so die allgemeine Ansicht heute – im Laufe der Zeit aus einer einzigen Ursprungsart entstanden sein, und sie hätten gewiß ein gutes Beispiel für Darwins »Entstehung der Arten« abgegeben. Da er sie aber so schlampig beschriftet hatte, konnte er ihre Herkunft von den einzelnen Inseln nicht mehr rekonstruieren und erwähnte sie deshalb nicht.

Mit den Spottdrosseln hingegen hatte er mehr Glück: Sie erwiesen sich nicht als Varietäten, sondern als getrennte Arten, und sie waren ordentlich beschriftet. Verschiedene Inseln, verschiedene Arten – eng verwandt, aber doch deutlich getrennt. Was hatte das zu bedeuten?

»Als ich über diese Tatsachen nachdachte«, so schrieb Darwin später an Haeckel, »und einige ähnliche Erscheinungen damit verglich, schien es mir wahrscheinlich, daß nahe verwandte Spezies von einer gemeinsamen Stammform abstammen könnten. Aber einige Jahre lang konnte ich nicht begreifen, wie eine jede Form so ausgezeichnet ihren besonderen Lebensverhältnissen angepaßt werden konnte. Ich begann darauf systematisch die Haustiere und die Gartenpflanzen zu studieren und sah nach einiger Zeit deutlich ein, daß die wichtigste umbildende Kraft in des Menschen Zuchtwahlvermögen liege, in seiner Benutzung auserlesener Individuen zur Nachzucht. Dadurch, daß ich vielfach die Lebensweise und Sitten der Tiere studiert hatte, war ich darauf vorbereitet, den Kampf ums Dasein richtig zu würdigen; meine geologischen Arbeiten gaben mir eine Vorstellung von der Länge der verflossenen Zeiträume. Als ich dann durch einen glücklichen Zufall das Buch von Malthus ›Über die Bevölkerung‹ las, tauchte der Gedanke der natürlichen Züchtung in mir auf …«

Dies war im September 1838. Darwin hatte inzwischen die Eindrücke seiner Weltreise verarbeitet. Er hatte Lamarck gelesen und sich mit dessen Abstammungs- und Entwicklungslehre vertraut gemacht.

Er erinnerte sich an die »Zoonomia« seines Großvaters Erasmus und an Lyells »Principles of Geology«, deren Richtigkeit er auf seiner Reise bestätigt gefunden hatte und aus denen hervorging, daß die Erde wesentlich älter war als die knapp 6000 Jahre, die ihr Bischof Ussher (der ja berechnet hatte, daß die Welt im Jahre

4004 v. Chr. erschaffen worden sei) zubilligte, und somit genügend Zeit für eine langsame, allmähliche Veränderung der Arten zur Verfügung gestanden hatte.

Er hatte die menschlichen Züchtungserfolge studiert und gesehen, welche erstaunlichen Abänderungen dabei erzielt werden konnten. Und nun lieferte ihm Malthus das letzte Steinchen für sein Puzzle: die Dynamik, die das Selektionskarussell in Gang bringen konnte – den Motor der Evolution.

Thomas Robert Malthus (1766–1834), Pfarrer, Nationalökonom und Sozialphilosoph, hatte 1798 eine Schrift mit dem Titel »Über die Bedingungen und Folgen der Volksvermehrung« veröffentlicht. Er stellte darin die Theorie auf, daß sich die Bevölkerung immer in weit größerem Maße vermehre, als das Nahrungsangebot und daß dieses Mißverhältnis nur durch »checks« (Kontrollen oder Hemmnisse) ausgeglichen werden könne, worunter er zum Beispiel Kriege, Seuchen, Hungersnöte oder unmenschliche Lebensbedingungen verstand. Diese zu verbessern oder den Armen zu helfen sei nicht sinnvoll, da man dadurch nur ihre Vermehrung fördere und damit das Problem weiter verschlimmere. Eine solche Argumentation mußte auf Widerspruch stoßen. Der Kulturphilosoph Egon Friedell (1878–1938) zum Beispiel meinte, diese Philosophie sei »der schamloseste und hinterhältigste Rechtfertigungsversuch der kapitalistischen Weltanschauung, der je gemacht worden ist. Nicht die ewige Tatsache, daß der Mensch eine Seele besitzt, gilt als seine Legitimation zum Dasein, sondern die zufällige, ob er in einen angemessenen Freßraum hineingeboren ist.«

Malthus ist heute in der Soziologie kein Thema mehr. Seine allzu grob vereinfachende Sicht der Dinge erwies sich als der historischen Realität nicht angemessen – ganz abgesehen davon, daß sie vom menschlichen Standpunkt aus eine Infamie darstellt. Zumal ja, so Egon Friedell, »die sozialen Nöte nicht im Mangel an ausreichender Nahrungsbasis, sondern in der Ungerechtigkeit und Ungeschicklichkeit der Verteilung, in der menschlichen Selbstsucht und Dummheit ihre Wurzeln haben.« Malthus ist für die Wissenschaft passé, außer für die »darwinistische« Biologie, wo seine Theorie, als »natürliche Selektion« verkleidet, immer noch fröhlich herumgeistert.

Könnte nicht das, fragte sich nun Darwin, was Malthus für die menschliche Gesellschaft beschrieb, auch für die Natur gelten? Wenn die Lebewesen sich stärker vermehren als die Nahrungsreserven, muß es zwangsläufig zu einem Kampf ums Dasein kommen, in dem »die Stärksten siegen und die Schwächsten unterliegen«[47]. Jede Veränderung eines Lebewesens, die ihm einen Vorteil im Daseinskampf verschafft, wird sich also im Lauf der Zeit durchsetzen. Bei den so Veränderten werden sich irgendwann weitere vorteilhafte Änderungen ergeben, die sich wiederum durchsetzen – usw., usf., bis schließlich die Lebewesen sich so sehr verändert haben, daß man sie als eine neue Art bezeichnen kann. Und wenn dieser Prozeß noch weiter geht, über endlose Zeiträume hinweg, werden schließlich auch neue Gattungen, Familien, Ordnungen, Klassen und Stämme entstehen.

Damit hatte Darwin den »Darwinismus« erfunden. Das System stand im Prinzip fest, er hätte es eigentlich nur noch aufschreiben und veröffentlichen müssen. Aber das tat er zunächst nicht. Er heiratete seine Kusine Emma Wedgwood, nachdem er eine gründliche Gewinn-und-Verlust-Kalkulation aufgestellt hatte, die mit einem Plus für die Ehe abschloß. Die Nachteile – unter anderem: »Ich würde die französische Sprache nicht erlernen, den Kontinent nicht sehen, Amerika nicht besuchen und nie in einem Ballon aufsteigen können …« – wurden durch die Vorteile überstimmt, unter anderem: »Ein Heim und jemand, der das

Haus besorgt. Das Anziehende von Musik und weiblichem Geplauder. Diese Dinge sind gut für die Gesundheit.«[48]

Und solche Dinge brauchte Darwin dringend, denn sein Gesundheitszustand war nicht der beste. Weil es ihm in der Großstadt zu hektisch und zu schmutzig war, kaufte er ein Landhaus in Down, einem kleinen Dorf südlich von London. Er beschäftigte sich mit verschiedenen wissenschaftlichen Arbeiten, zeugte Kinder (im Laufe seines Lebens insgesamt zehn) und korrespondierte mit Tierzüchtern und Gärtnern. Er war sich darüber im klaren, daß man Evolution nicht direkt beobachten kann, und hoffte, durch das gesammelte Material wenigstens indirekt belegen zu können, »daß Auslese das Prinzip des Wandels ist« und daß die Natur, ebenso wie ein menschlicher Züchter, durch Akkumulierung kleinster Veränderungen schließlich neue Arten hervorbringt.

Er notierte seine Gedanken, verfaßte (1844) eine kurze Darstellung seiner »Speziestheorie«, aber er zögerte immer noch, sich ernsthaft an die Arbeit zu machen. Ihm war nicht wohl bei der Geschichte, und ein Psychosomatiker würde sicher nicht zögern, Darwins Magenbeschwerden, seine Kopfschmerzen und Depressionen auf seine inneren Ängste, Zweifel und Skrupel zurückzuführen. Man kann sich gut vorstellen, daß er ein schlechtes Gewissen hatte, denn immerhin war er – ein examinierter Theologe – im Begriff, Gott als den Schöpfer aller Lebewesen von seinem angestammten Platz zu vertreiben. »Inzwischen«, so schrieb er, »bin ich (ganz im Gegensatz zu meiner ursprünglichen Meinung) beinahe überzeugt davon, daß die Arten nicht (es ist, als gestehe man einen Mord) unveränderlich sind.«[49] Erst 1856 begann er schließlich mit seinem Buch über die Entstehung der Arten, dem er damals noch den Titel »Natürliche Zuchtwahl« geben wollte.

Einige Zeit zuvor hatte Herbert Spencer (1820–1903), damals noch ein junger Journalist, später einer der bedeutendsten englischen Philosophen des 19. Jahrhunderts, zwei Essays über »Die Theorie der Bevölkerung« (im Sinne von Malthus) und über »Die Entwicklungshypothese« geschrieben. Spencer prägte darin die beiden Begriffe, die später zu den Standardslogans des »Darwinismus« wurden: »struggle for life« (Kampf ums Dasein) und »survival of the fittest« (Überleben des Tüchtigsten).

Spencer war wohl auch der erste, der den Begriff der Evolution in der Weise verwendete, wie wir ihn heute verstehen. In seiner Entwicklungslehre unterscheidet er zwei Prozesse, die sich gegenseitig ablösen. Das eine ist die »evolution« oder Entwicklung, das andere die »dissolution« oder Auflösung. Entwicklung ist Integration und Differenzierung der Materie, ein Aufstieg vom Einfachen zum Zusammengesetzten. »Die Integration bringt selbstverständlich eine geringere Beweglichkeit der Teile mit sich, wie ja auch die zunehmende Macht des Staates die Freiheit des einzelnen einschränkt. Gleichzeitig verleiht aber die Integration den Teilen gegenseitige Abhängigkeit, ein schützendes Geflecht von Beziehungen, das Zusammenhang setzt und das Leben des Ganzen fördert.«[50] Er bezieht dies sowohl auf Organismen wie auch auf die verschiedenen Organe der menschlichen Gesellschaft bis hin zu Staaten und zum »Weltenbund«, einer überstaatlichen globalen Organisation.

Der entgegengesetzte Prozeß der Auflösung führt das Zusammengesetzte wieder auf das Einfache zurück, in die »unbestimmte, zusammenhanglose Homogenität«. Und dann kann ein neuer Entwicklungszyklus beginnen.

Herbert Spencer ist heute so gut wie vergessen, nur seine beiden Wortschöpfungen »struggle for life« und »survival of the fittest« haben im Bewußtsein der Öffentlichkeit überlebt. Allerdings –

und auch hier beweist die Geschichte ihren etwas bizarren Sinn für Humor – nicht in Verbindung mit seinem Namen, sondern dem von Charles Darwin: »Die Darwinschen Begriffe ›Kampf ums Dasein‹ und ›Überleben des Stärksten‹ sind in unser Alltagsvokabular eingegangen«, heißt es in dem bereits genannten Buch über »Die 100 einflußreichsten Persönlichkeiten der Weltgeschichte«, worin Darwin wie gesagt auf Rang 16 plaziert wird. Herbert Spencer sucht man darin vergebens.

Zur gleichen Zeit, als Darwin die Niederschrift seines Buches begann, kroch ein junger Naturforscher namens Alfred Russel Wallace (1823–1913) durch den Urwald von Borneo, studierte Pflanzen und Tiere und machte sich ebenfalls Gedanken über den Artenwandel. »Das Leben wilder Tiere ist ein Kampf ums Dasein«, erkannte er, denn auch er hatte gerade die »Bedingungen und Folgen der Volksvermehrung« von Malthus gelesen. Auch er entwarf eine »Theorie der stufenweisen Veränderung« der Lebewesen, und auch er glaubte an ihre gemeinsame Abstammung. Darüber hatte er einen Aufsatz verfaßt, der 1855 in der populärwissenschaftlichen Zeitschrift »Annals and Magazine of Natural History« erschienen war, und anschließend mit Darwin darüber korrespondiert.

Anfang 1858 schrieb Wallace dann, immer noch auf dem Malaiischen Archipel, einen zweiten, ausführlicheren Artikel »Über die Tendenz der Varietäten, unbegrenzt vom Originaltypus abzuweichen«. Er liefert darin – ohne sie zu kennen – eine kurze Zusammenfassung von Darwins Entwicklungslehre. Er schildert das Überleben des Stärkeren im »Kampf ums Dasein« und eine stufenweise Veränderung aller Organismen, er argumentiert gegen Lamarck und ist darin ein besserer »Darwinist« als Darwin selbst. Und er beschreibt auch den Vorgang der »Selektion« – nur den Begriff als solchen verwendet er nicht.

Aufgrund ihres Briefwechsels sah Wallace in Darwin eine verwandte Seele und schickte ihm seinen Artikel mit der Bitte um Kritik und Stellungnahme. Darwin war erschüttert – er sah in diesem Manuskript eine Kurzfassung seiner eigenen Arbeit vor sich. »Ich habe niemals ein auffälligeres Zusammentreffen gesehen«, schrieb er an seinen Freund Charles Lyell. »Wenn Wallace meine handschriftliche Skizze von 1842 hätte – er hätte keinen besseren kürzeren Auszug machen können! Selbst seine Ausdrücke stehen jetzt als Überschriften über meinen Kapiteln.«[51]

Es rächte sich jetzt, daß Darwin so lange gezögert hatte. Was sollte er tun? Sein Buch war noch weniger als ein Torso, und Wallace hatte eine zwar kurze, aber doch fertige und zur Veröffentlichung reife Arbeit vorgelegt. Darwin wollte nicht in den Verdacht geraten, einem anderen seine Ideen gestohlen zu haben. »Ich würde viel lieber mein ganzes Buch verbrennen, als daß er (Wallace) oder jemand anderes denken sollte, ich hätte schäbig gehandelt«, schrieb er an Lyell und bat ihn um Rat und Hilfe. Lyell seinerseits beriet sich mit einem anderen Freund Darwins, dem Botaniker Joseph Hooker, der ebenfalls mit Darwins Ideen vertraut war. Sie kamen zu der Auffassung, die Angelegenheit sei am elegantesten durch eine gemeinsame Veröffentlichung zu bereinigen. Darwin machte einen Auszug aus seinem Manuskript über die »Speziestheorie« von 1844 und fügte, um seine Priorität zu belegen, einen Brief an den amerikanischen Botaniker Asa Gray aus dem Jahre 1857 bei, in dem er das Prinzip der »natürlichen Selektion« beschrieben hatte. Hooker und Lyell legten beides zusammen mit dem Artikel von Wallace der Linnean Society vor und sorgten für einen Abdruck im Journal der Gesellschaft.

Obwohl er durch die Art der Veröffentlichung in die zweite Reihe gestellt wurde, war Wallace nicht gekränkt. Er war im Gegenteil immer bescheiden genug, Darwin den Vortritt zu lassen:

»Was die Theorie der natürlichen Zuchtwahl anbetrifft«, schrieb er ihm, »so werde ich stets behaupten, daß es sich um Ihre Lehre handelt, und zwar ausschließlich um die Ihrige. Sie haben diese Theorie in Einzelheiten ausgearbeitet, an die ich nie dachte, Jahre vor mir. Ich hatte einen ›Lichtblick‹ über diesen Gegenstand, und meine Arbeit hätte nie jemand überzeugt und wäre höchstens als geistreiche Spekulation aufgefaßt worden. Ihr Buch hingegen revolutioniert die Naturwissenschaft und hat die Besten unseres Zeitalters mitgerissen.«[52]

Neun Jahre nach Darwins Tod schrieb Wallace eine umfassende Darstellung der Darwinschen Entwicklungslehre und gab ihr den Titel »Der Darwinismus«. Seither ist dieser Ausdruck geläufig.

Allerdings hatte Wallace inzwischen seine ursprünglich materialistische Auffassung geändert. Der »Darwinismus« zeige zwar, so meinte er, »wie der menschliche Körper sich aus niederen Formen nach dem Gesetz der natürlichen Zuchtwahl entwickelt haben kann, aber er lehrt uns auch, daß wir intellektuelle und moralische Anlagen besitzen, welche auf solchem Wege sich nicht hätten entwickeln können, sondern einen anderen Ursprung gehabt haben müssen – und für diesen Ursprung können wir eine Ursache nur in der unsichtbaren geistigen Welt finden.«[53] Er schrieb Bücher über »Die wissenschaftliche Ansicht des Übernatürlichen« sowie »Eine Verteidigung des modernen Spiritualismus, seiner Tatsachen und seiner Lehren« und bekannte sich »erstens zu dem Glauben an die Existenz einer unendlichen Anzahl von geistigen Wesen verschiedener Grade im Universum und zweitens zu der Ansicht, daß einige von diesen Intelligenzen, obgleich sie für uns unsichtbar und unberührbar sind, dennoch auf die Materie einwirken und unseren Geist beeinflussen können und dies auch wirklich tun.«[54]

Ernst Haeckel gab darüber ein Urteil ab, dem viele Wissenschaftler wohl auch heute noch zustimmen werden: »Immerhin enthalten die Schriften von Wallace (insbesondere über Mimikry u. s. w.) manche hübsche originale Beiträge zur Selections-Theorie. Leider ist dieser talentvolle Naturforscher später geisteskrank geworden und spielt jetzt nur noch als Gespensterseher und Geisterbeschwörer eine Rolle in den spiritistischen Schwindel-Gesellschaften von London.«[55]

Was wäre wohl geschehen, wenn Alfred Russel Wallace seinen zweiten Artikel nicht an Darwin, sondern ebenso wie den ersten, direkt an die Zeitschrift »Annals and Magazine of Natural History« geschickt hätte und er dort 1858 abgedruckt worden wäre? Hätte Darwin sein Buch dann überhaupt noch zu Ende geschrieben? Oder hätte er sich auf biologische Detailarbeit zurückgezogen? Und wenn er es doch veröffentlicht hätte, wäre es dann auch so erfolgreich gewesen? Oder sprächen wir statt dessen heute von einem »Wallaceismus«, einer natürlichen Abstammungs- und Selektionslehre mit spiritistischem Einschlag? Es ist müßig darüber zu spekulieren – die Geschichte oder die Evolution (oder wer auch immer) wollte es anders.

Der Abdruck der Darwin-Wallaceschen Selektionstheorie im »Journal of the Proceedings of the Linnean Society« hatte keine besondere Wirkung. Irgendwie ging dieses leise Ereignis im Rauschen der Zeit unter. Der Präsident der Linnean Society beklagte sich darüber, daß dieses Jahr nicht »durch eine jener bahnbrechenden Entdeckungen gekennzeichnet war, die unser Fachgebiet auf einen Schlag sozusagen revolutionieren«. Aber ein Jahr später, als Darwins Buch auf den Markt kam, war die Zeit offenbar reif für seine Botschaft.

Der Schock hatte Darwin aufgerüttelt, und er machte sich an die Arbeit. In etwas über dreizehn Monaten brachte er eine »kurze Zusammenfassung« seiner Theorie zu Papier – die allerdings

| *Die Karriere eines Irrtums*

immer noch über 150 000 Wörter lang war. Auf Drängen des Verlegers kürzte er auch den überlangen Titel »An Abstract of an Essay on the Origin of Species and Varieties through Natural Selection«, und so erschien im November 1859, in einer Auflage von 1250 Exemplaren, »On the Origin of Species by Means of Natural Selection, or the Preservation of Favoured Races in the Struggle for Life«.

Der Kern seiner Lehre war indessen unverändert, in den Worten Ernst Haeckels: »Der Kampf ums Dasein bildet im Naturzustande die Organismen um, und erzeugt neue Arten mit Hilfe derselben Mittel, durch welche der Mensch neue Rassen von Tieren und Pflanzen im Kulturzustande hervorbringt. Diese Mittel bestehen in einer fortgesetzten Auslese oder Selektion der zur Fortpflanzung gelangenden Individuen, wobei Vererbung und Anpassung in ihrer gegenseitigen Wechselbeziehung als umbildende Ursachen wirksam sind.«[56]

Die erste Auflage war bereits am Tag der Veröffentlichung ausverkauft – es gab mehr Vorbestellungen als gedruckte Exemplare. Auch die zweite Auflage (nun 3000 Stück) war rasch vergriffen. Und Darwins »kurze Zusammenfassung« wurde, so Darwin-Biograph Johannes Hemleben, »das wirksamste Buch der Naturwissenschaft des 19. Jahrhunderts«. Und zum Mittelpunkt einer Auseinandersetzung, die bis zum heutigen Tag andauert.

4. Der Tragödie erster Teil: Von Darwin bis Haeckel

> »Mit der Theorie beherrschen wir Himmel und Erde, Vergangenheit und Zukunft; mit der Erfahrung allein nichts als unsere eigene erbärmliche Scholle und die dürftigen Augenblicke der Gegenwart.« Matthias Jakob Schleiden

Nichts von dem, was Darwin in der »Entstehung der Arten« anführte, war wirklich neu. Der Abstammungs- und Entwicklungsgedanke war vorher schon gedacht worden, von seinem Großvater Erasmus zum Beispiel, von Goethe und Lamarck und anderen, der »Kampf ums Dasein« und die »natürliche Selektion« stammten von Malthus und Spencer. Aber das wertet Darwin nicht ab, es stellt ihn vielmehr in die Reihe der großen Denker und Dichter. »Ich verdanke meine Werke keineswegs meiner eigenen Weisheit allein, sondern Tausenden von Dingen und Personen außer mir, die mir das Material dazu boten«, gestand Johann Wolfgang von Goethe. »Ich hatte weiter nichts zu tun, als zuzugreifen und das zu ernten, was andere für mich gesäet hatten.«[57] Darwin befindet sich also in bester Gesellschaft. Auch der König der Köche holt sich seine Zutaten vom Markt. Wie er sie zusammenstellt und würzt – darin besteht seine Kunst. Und in der Gedankenküche ist es nicht anders.

Daß Darwin nicht der Erzeuger, sondern nur die Hebamme des Kindes war, das da 1859 das Licht der Welt erblickte, geben sogar die »Darwinisten« zu. »Darwin war eindeutig nicht der Vater des Evolutionismus«, schreibt Ernst Mayr, »auch wenn er ihn schließlich zum Sieg führte.«[58]

Letzteres stimmt nicht ganz. Es waren andere, die für Darwin kämpften, Huxley vor allem, Hooker und Haeckel, während er selbst sich zu Hause mit seinen Unpäßlichkeiten plagte. Die Veröffentlichung der »Entstehung der Arten« schlug heftige Wellen. »Alte Damen beiderlei Geschlechts halten es für ein entschieden gefährliches Buch«, kommentierte Darwins Freund Thomas Henry Huxley ironisch. Wie zu erwarten war, schieden sich die Geister. Die Vertreter der alten Ordnung und der Schöpfungslehre – sowohl Wissenschaftler als auch Theologen – fanden es abscheulich, jüngere und progressivere Zeitgenossen waren hingegen begeistert.

Der Geologe Adam Sedgwick, der Darwin vor Zeiten in Cambridge in diese Wissenschaft eingeführt hatte, lehnte seine Thesen ab. »Teile davon habe ich sehr bewundert«, schrieb er Darwin, nachdem er sein Buch gelesen hatte, »über andere lachte ich, bis mir fast die Augen schmerzten, wieder andere habe ich mit tiefem Kummer gelesen, weil ich sie für durch und durch falsch und sehr verderblich halte.«[59] Und auch Darwins alter Mentor Henslow übte Kritik: »Das Buch ist ein wunderbares Gefüge von Fakten und Beobachtungen und enthält zweifellos viele legitime Schlußfolgerungen, aber es treibt die *Hypothese* (denn es ist keine wirkliche *Theorie*) zu weit.«[60]

Unterstützung fand Darwin indessen bei seinen engen Freunden. Charles Lyell, der Geologe, hielt zu ihm, obwohl er mit der Selektionstheorie nicht einverstanden war und den Evolutionsgedanken erst nach langem Widerstreben annahm. Joseph Hooker, der Botaniker, und Thomas Henry Huxley, der Zoologe – den man auch »Darwins Bulldogge« genannt hat –, stiegen sogar für ihn in den Ring. Der Kampf wurde in Zeitungen und Hörsälen ausgetragen, und Darwin bekam »mehr Prügel als Lob«[61].

Im Juni 1860 fand auf einer Veranstaltung der Britischen Gesellschaft zur Förderung der Wissenschaften in Oxford jene denkwürdige Auseinandersetzung zwischen Bischof Samuel Wilberforce und Huxley statt, in der es auch um die Behauptung der »Affenabstammung« des Menschen ging, die man ja – wie gesagt zu Unrecht – Darwin immer wieder vorgeworfen hatte. Als Wilberforce Huxley fragte, ob er seitens seines Großvaters oder seiner Großmutter vom Affen abstamme, antwortete Huxley (falls es nicht stimmt, ist es gut erfunden): »Wenn die Frage an mich gerichtet würde, ob ich lieber einen miserablen Affen zum Großvater haben möchte oder einen durch die Natur hochbegabten Mann von großer Bedeutung und großem Einfluß, der aber diese Fähigkeiten und diesen Einfluß nur benutzt, um Lächerlichkeit in eine ernste wissenschaftliche Diskussion hineinzutragen, dann würde ich ohne Zögern meine Vorliebe für den Affen bekräftigen.«[62]

Drei Jahre später veröffentlichte Huxley seine Schrift »Zeugnisse für die Stellung des Menschen in der Natur«, in der er endgültig die Affen losließ mit der Feststellung, »daß die anatomischen Verschiedenheiten, welche den Menschen vom Gorilla und Schimpansen scheiden, nicht so groß sind als die, welche den Gorilla von den niederen Affen trennen«.

Ernst Haeckel (1834–1919) nahm in Deutschland den Ball auf, indem er schrieb, in dieser Abhandlung sei »mit völliger Klarheit nachgewiesen, daß aus der Descendenz-Theorie notwendig die vielbestrittene ›Abstammung des Menschen vom Affen‹ folgt. Wenn die Abstammungslehre überhaupt richtig ist, bleibt nichts übrig, als die menschenähnlichsten Affen als diejenigen Tiere anzusehen, aus welchen zunächst sich das Menschengeschlecht, Stufe für Stufe, historisch entwickelt hat.«[63] Und er ging noch einen Schritt weiter und verlängerte die Abstammungslinie des Menschen über känguruhartige Beuteltiere und eidechsenartige Reptilien bis hinunter zu niedrig organisierten Fischen.

Haeckel, der ein begeisterter, manchmal sogar radikaler Darwinist (ausnahmsweise ohne Anführungszeichen) war, der bei Bedarf auch mit dem Holzhammer formulierte, hat viel für die Ausbreitung des »Darwinismus« getan – nicht nur in Deutschland. Haeckel brachte Farbe ins Bild. Wo Darwin eine schüchterne Bleistiftskizze vorgelegt hatte, in der Frage der Abstammungslinien, da malte Haeckel mit breitem Pinsel und kräftigen Strichen das Bild eines Baumes – des Stammbaums der Lebewesen. Übertrieben zwar und viel zu dick aufgetragen, aber eindrucksvoll und einleuchtend – auf den ersten Blick. Daß er eine Fiktion ist, zeigt sich erst, wenn man genau hinschaut.

In seinem vielbeachteten Vortrag »Darwin versus Galiani« sagte der Physiologe Emil Du Bois-Reymond 1876, vielleicht verärgert, weil Haeckel seine Vorfahren zu Affen gemacht hatte: »Jene Stammbäume unseres Geschlechtes, welche eine mehr künstlerisch angelegte als wissenschaftlich geschulte Phantasie in fessselloser Überhebung entwirft, sie sind etwa soviel Wert, wie in den Augen der historischen Kritik die Stammbäume homerischer Helden. Will ich aber einmal einen Roman lesen, so weiß ich mir etwas Besseres, als Schöpfungsgeschichten.«[64]

Haeckel war wütend und schimpfte Du Bois-Reymond einen »Jesuiten«. Der wiederum bestand darauf, daß er schon 1858 der Deszendenztheorie das Wort geredet habe, und entgegnete: »Um also Herrn Haeckel es ganz deutlich zu sagen: Mit dem Roman meine ich nicht den Darwinismus, dem ich früher anhing als er, sondern den ›Haeckelismus‹, den ich verwerfe.«[65] Und in diesem Ton stritten sich die beiden bei entsprechender Gelegenheit noch eine ganze Weile weiter.

Haeckels Ansatz ist durchaus konsequent. »Denn«, so schreibt er, »wenn überhaupt die Abstammungslehre richtig ist, wie sie Lamarck zuerst bestimmt formuliert und Darwin später fest begründet hat, so muß man auch im Stande sein, das natürliche System der Tiere und Pflanzen genealogisch zu deuten und die kleineren und größeren Abteilungen, welche man im System unterscheidet, als Zweige und Äste eines Stammbaumes hinzustellen.«[66]

Aber dann hat er in der Tat seiner Phantasie etwas zuviel Spielraum gelassen, als er aus seinem Stammbaum des Menschen, den er erst als ein netzwerkartiges Geflecht von Sträuchern darstellte, am Ende einen knorrigen Eichbaum machte. Mit einer Wurzel aus Einzellern, darüber ein Stamm, bestehend aus einfachen Mehrzellern, Würmern, Wirbeltieren, mit als Äste abzweigenden Fischen und Reptilien bis hinauf zu den Affen, die auf hohen Zweigen sitzen, und zuletzt und zuoberst die Krone nicht nur der Schöpfung, sondern auch des Evolutionsstammbaumes: der Mensch. So einfach und einleuchtend, wie Haeckel es darstellte, ist die Sache nicht, und heute hat man das Bild des Stammbaums ganz aufgegeben.

Haeckels Baum ist indessen weniger ein Symbol für die Geschichte des Lebens als vielmehr für seine aktuelle Erscheinung. Das gegenwärtige Leben baut auf den Einzellern auf, wie auf einer Wurzel, darüber erheben sich andere Wesen, die den Stamm bilden, Pflanzen und Tiere, von denen wieder andere Tiere leben, die die Äste darstellen, welche sich weiter verzweigen, bis am Ende die einzelnen Individuen als Blätter erscheinen. Blätter, die von Zeit zu Zeit abgeworfen werden und doch immer wieder nachwachsen.

Aber ein Baum wächst nicht, indem zuerst die Wurzel in ganzer Größe entsteht, dann der Stamm in ganzer Breite, dann die Äste, die Zweige und schließlich die Blätter. Der Baum ist von Anfang an, auch als winziges Pflänzchen, Wurzel, Stamm und Blatt – so wächst er auch weiter, immer in seiner ganzheitlichen Gestalt.

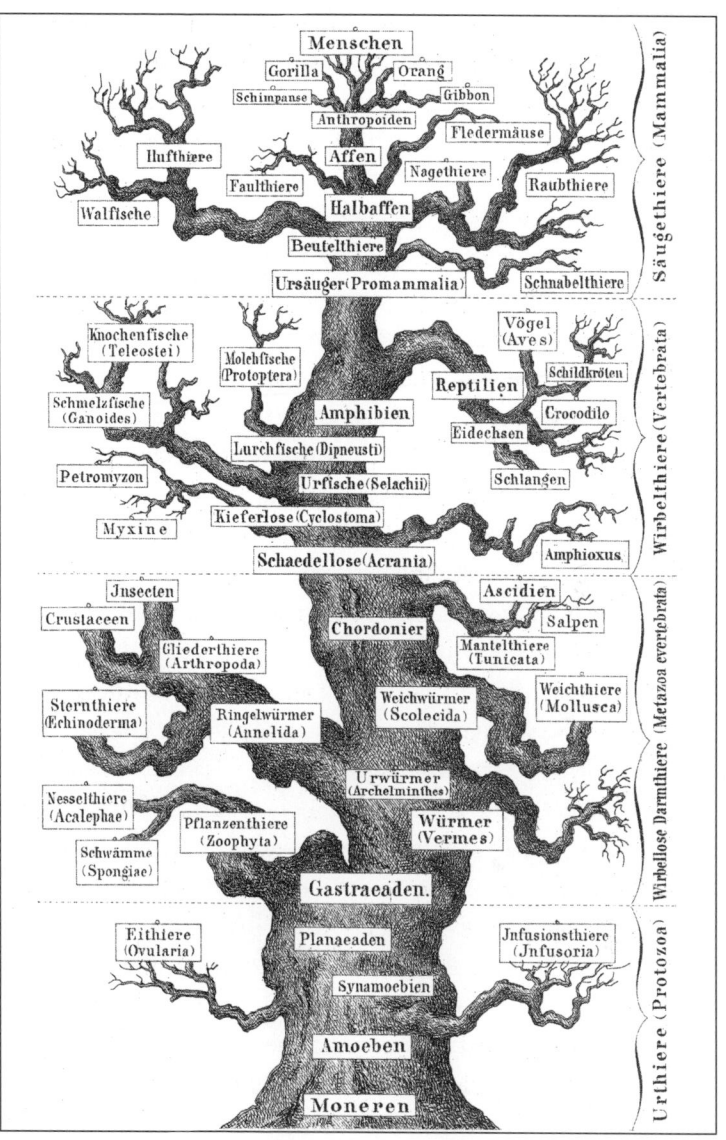

Stammbaum des Menschen,
gezeichnet von Ernst Haeckel, aus: »Anthropogenie«.

Und auch vom Baum des Lebens sollte man annehmen, daß er in jedem Stadium seines Wachstums Wurzel und Stamm, Äste und Blätter hatte – von welchen Lebewesen auch immer diese dargestellt wurden.

Haeckel hat die Geschichte des Lebens, die ihm eine Entwicklungsgeschichte war, nicht nur im Stammbaum, als Stammesgeschichte (»Phylogenie«), sondern auch im Embryonalwachstum, in der Keimesgeschichte (»Ontogenie«) wiedergefunden und darin eine Übereinstimmung gesehen, die er zum Gesetz erhob: »Um es kurz mit einem Satze zu sagen, so ist die individuelle Entwicklungsgeschichte eine schnelle, durch die Gesetze der Vererbung und Anpassung bedingte Wiederholung der langsamen paläontologischen Entwicklungsgeschichte, die Ontogenie ist ein kurzer Auszug oder eine Rekapitulation der Phylogenie. Das ist unser biogenetisches Grundgesetz.«[67]

Es ist ein schöner Gedanke, daß wir alle in unserer individuellen Entwicklung die Evolution des Lebens nachspielen – beginnend als einzelne Zelle, dann eine Zellkolonie bildend, eine Zellenkugel, für kurze Zeit auf dem Weg der Würmer wandelnd und dann weiter auf der Straße der Wirbeltiere, über die Form von schwimmenden und kriechenden Wesen bis hin zu Säugetier und Mensch – und so immer wieder mit der Quelle, mit dem Ursprung des Lebens Kontakt aufnehmen und in jeder Generation von neuem die Geschichte des Lebens und seinen Weg nachvollziehen. In einem unglaublichen Zeitraffertempo: Hunderte von Millionen Jahren in wenigen Monaten.

Haeckel hat eindrucksvolle Bildfolgen zusammengestellt, die eine verblüffende Ähnlichkeit der Wirbeltiere im frühen Embryonalstadium zeigen. Wir alle – alle Lebewesen dieser Erde – gehen unsere ersten Schritte auf dem Weg des Lebens gemeinsam, erst nach und nach zweigen wir ab – der eine früher, der andere später – in die Richtung, die uns zu dem hinführt, was wir jetzt sind. Aber Haeckel hat auch hier, obwohl er auf einer tieferen Ebene sicher recht hat, zu sehr vereinfacht. Und er hat sich die künstlerische Freiheit genommen, seine Präparate gelegentlich so herzurichten, daß sie in das von ihm entworfene Bild hineinpaßten.

Es zeigte sich auch, daß die Embryonalentwicklung die Stammesgeschichte nicht wirklich wiederholt, daß sie nicht alle Schritte exakt nachvollzieht und auch nicht in der genauen Reihenfolge. Es scheint eher so, als ob einzelne Themen, einzelne formale Motive kurz angespielt werden, jeweils ein wenig variiert oder in einer anderen Tonart, aber immer noch erkennbar – wie um uns zu zeigen: Wir haben eine Vergangenheit, wir kommen nicht aus dem Nichts. Und um uns zu versichern: Wir haben auch eine Zukunft, und wir werden nicht im Nichts verschwinden. So wie die Würmer heute unsere Vergangenheit sind und wir vor Zeiten die Zukunft der Würmer waren, so werden wir eines Tages die Vergangenheit sein von dem, was jetzt unsere Zukunft ist: ein Wesen so weit außerhalb unserer Vorstellungskraft, wie wir außerhalb der Vorstellungskraft der Würmer waren. Denn die Evolution ist noch nicht zu Ende. Und auch wenn sein »biogenetisches Grundgesetz« heute relativiert und eingeschränkt wird, so hat uns Haeckel damit doch gezeigt, daß wir in einen größeren Zusammenhang hineingestellt sind – und das ist tröstlich zu wissen.

Vielleicht mag auch die heutige Geringschätzung des Haeckelschen Gesetzes damit zusammenhängen, daß es gegen die »darwinistische« Auffassung von der Formbildung durch Gene und vom Formwandel durch Genmutationen spricht. Wenn neue Merkmale und Eigenschaften dadurch entstehen (was, wie gesagt, ja keineswegs erwiesen ist), daß sich die Gene verändert haben, dann müssen mit den alten Merkmalen auch die alten Gene verschwinden. Und wenn die Embryonalentwicklung zeigt, indem sie die alten Merkmale wieder zum Vorschein bringt, daß die alten Gene offenbar noch vorhanden sind – dann fragt sich, woher denn nun die neuen Gene kommen, die für die neuen Merkmale verantwortlich sind. Genetische Rekombination kann hier auch nicht helfen, denn dadurch werden die Gene nur neu verteilt, aber keine neuen Gene erzeugt – so wie beim Kartenmischen nur die vorhandenen Karten gemischt werden, aber keine neuen Karten hinzukommen. Es sei denn, jemand zaubert welche aus dem Ärmel. Der »darwinistischen« Selektion, die ja bei Bedarf auch zaubern kann, wäre so etwas natürlich zuzutrauen.

Ernst Haeckel hat den »Darwinismus« erweitert und bereichert. Er hat ihm Farbe und Fülle gegeben in seiner breit ausgemalten Stammesgeschichte, und er hat die Idee der gemeinsamen Abstammung aller Lebewesen in seinem »biogenetischen Grundgesetz« anschaulich gemacht. »Haeckel war es«, so schreibt Egon Friedell, »der in dieses verwickelt und eigensinnig angelegte Gebäude eine bezwingend klare, heitere und gefällige Architektur brachte und es zugänglich, licht und fast bewohnbar machte.«

Haeckel war Künstler und Kämpfer, Naturwissenschaftler und Philosoph – ein widerspruchsvoller Mensch. Sanft und aggressiv, offen und engstirnig, naiv und intellektuell, optimistisch und depressiv. Es lebten, so sah es Rudolf Steiner (1861–1925), der Begründer der Anthroposophie, »zwei Wesen in Haeckel. Ein Mensch mit mildem, liebeerfüllten Natursinn, und dahinter etwas wie ein Schattenwesen mit unvollendet gedachten, engumgrenzten Ideen, die Fanatismus atmeten. Ein Menschenrätsel, das man nur lieben konnte, wenn man es sah; über das man oft in Zorn geraten konnte, wenn es urteilte.«

Haeckel wetterte gegen den Vatikan, gegen die »gedankenlosen und unwissenden Gegner Darwins«, er sah sich in einem »Geistes-Kampfe, der jetzt die ganze denkende Menschheit bewegt und der ein menschenwürdigeres Dasein in der Zukunft vorbereitet«. Auf der einen Seite stehen – neben Haeckel, versteht sich – »unter dem lichten Banner der Wissenschaft: Geistesfreiheit und Wahrheit, Vernunft und Kultur, Entwicklung und Fortschritt«. Und auf der anderen Seite natürlich das genaue Gegenteil, die Kräfte der Finsternis: »Geistesknechtschaft und Lüge, Unvernunft und Roheit, Aberglauben und Rückschritt«. Aber – Gott sei Dank – die guten Kräfte des Lichts haben die besseren Waffen, denn: »Die Entwicklungsgeschichte ist das schwere Geschütz im Kampf um die Wahrheit.« Wie allgemein üblich sah er die Fehler der anderen sehr viel deutlicher als seine eigenen.

Man hätte ihn vermutlich nicht ertragen können, wenn er nur der Kämpfer gewesen wäre. Aber er war auch ein begabter Künstler, der uns viele wunderbare Zeichnungen hinterlassen hat, vor allem von den Radiolarien, winzigen einzelligen Meerestieren, die er unter dem Mikroskop betrachtet und aufgezeichnet hat. Ende des 19. Jahrhunderts brachte er eine umfangreiche Monographie heraus, der er den Titel »Kunstformen der Natur« gab. Auf hundert Einzelblättern finden sich die verschiedensten Pflanzen und Tiere dargestellt, zusammengefaßt unter einem Aspekt, den er im Vorwort so formulierte: »Die Natur erzeugt in ihrem Schoße eine unerschöpfliche Fülle von wunderbaren Gestalten, durch deren Schönheit und Mannigfaltigkeit alle vom Menschen geschaffenen Kunstformen weitaus übertroffen werden.«

Er sah die Schönheit und Zweckmäßigkeit der Natur, aber er bestand darauf, daß sie nicht die Produkte des biblischen Schöpfergottes waren, den er salopp als ein »gasförmiges Wirbeltier«

bezeichnete, sondern der »natürlichen Selektion«. Mit diesem Begriff hatte Darwin ihm endlich eine brauchbare Antwort geliefert auf die Frage: »Wie können zweckmäßige Einrichtungen mechanisch entstehen, ohne zwecktätige Ursachen?« Nicht ein Schöpfer oder eine höhere Intelligenz liefert »wunderbare Gestalten« oder »geniale Erfindungen«, sondern ein blinder und zufälliger Mechanismus. Etwas, das unter dem Menschen steht, nicht über ihm. Das ihn nicht bedroht und nicht gängelt. So daß er sich frei fühlen kann und nicht weiter im Staub kriechen muß als armer Sünder vor dem Allmächtigen, sondern selber aufsteigen kann, zur Allmächtigkeit, zur Macht, die aus dem Wissen kommt, und wie der Prometheus in Goethes Gedicht – das Haeckel an den Anfang seiner »Anthropogenie« stellt – stolz verkünden kann:

> »Bedecke deinen Himmel, Zeus, mit Wolkendunst,
> Und übe, dem Knaben gleich, der Disteln köpft,
> An Eichen dich und Bergeshöhn,
> Mußt mir meine Erde doch lassen stehn,
> Und meine Hütte, die du nicht gebaut,
> Und meinen Herd, um dessen Glut
> Du mich beneidest.
> [...]
> Hier sitze ich, forme Menschen nach meinem Bilde,
> Ein Geschlecht, das mir gleich sei,
> Zu leiden, zu weinen,
> Zu genießen und zu freuen sich,
> Und dein nicht zu achten,
> Wie ich!«

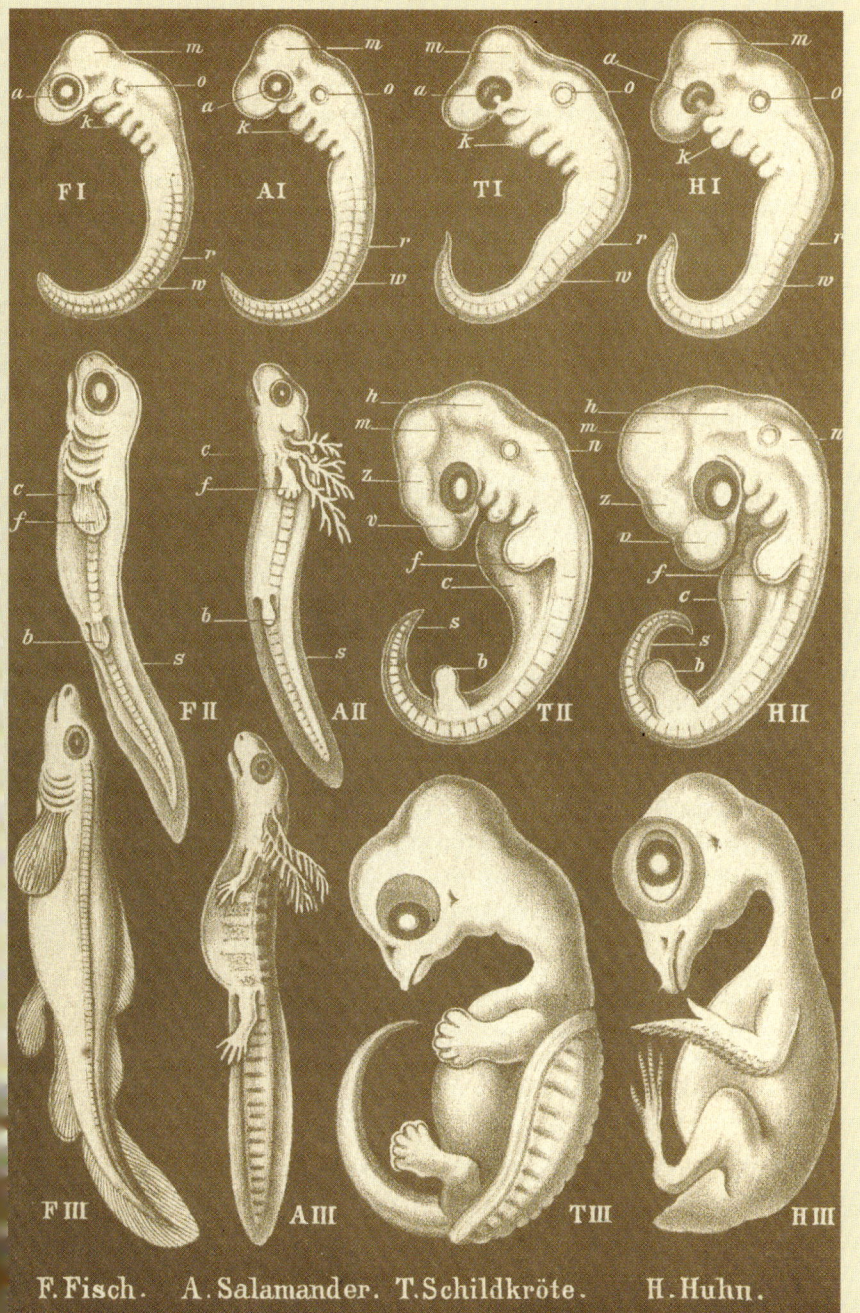

F. Fisch. A. Salamander. T. Schildkröte. H. Huhn.

EMBRYOS

(aus Ernst Haeckel: »Anthropogenie«)

Alle Lebewesen beginnen ihre Existenz auf die gleiche Weise: als befruchtete (gelegentlich auch unbefruchtete) Eizelle. »Omne vivum ex ovo«, sagte man zu einer Zeit, als die Sprache der Wissenschaft noch das Lateinische war: »Alles Lebendige entsteht aus dem Ei.«

So unterschiedlich sie in ihrer erwachsenen Gestalt auch sein mögen – die ersten Schritte der Embryonalentwicklung gehen alle Geschöpfe dieses Planeten gemeinsam – erst nach einer Weile trennen sich ihre Wege.

»Alle Formen sind ähnlich«, schrieb Johann Wolfgang von Goethe, »doch keine gleichet der anderen. Und so deutet das Chor auf ein geheimes Gesetz, auf ein heiliges Rätsel ...« Ernst Haeckel fand – so glaubte er – für dieses »geheime Gesetz« einen Namen. Er nannte es »biogenetisches Grundgesetz«. Es besagt, daß die individuelle Embryonalentwicklung eine kurzgefaßte Wiederholung der paläontologischen Entwicklungsgeschichte ist – oder, wissenschaftlich ausgedrückt: Die Ontogenie rekapituliert die Phylogenie.

Diese Auffassung ist nicht unumstritten, aber sie hat, neben anderen Argumenten, zumindest den Augenschein weitgehend für sich. Wenn es indessen zutrifft, und sei es auch nur in groben Zügen, daß der Entwicklungsgang des einzelnen Lebewesens dem Entwicklungsgang seines Stammes im Verlauf der Evolution entspricht – dann muß die Evolution ebenso sprunghaft und schubweise verlaufen sein wie die Embryonalentwicklung. Das aber wäre genau das Gegenteil der Auffassung Darwins, dem zufolge die Evolution allmählich, gleichmäßig und in kleinen Schritten – »gradualistisch« – abgelaufen sein soll.

RADIOLARIEN

(aus Ernst Haeckel: »Kunstformen der Natur«)

Sie sind mikroskopisch kleine Einzeller, mit bloßem Auge nicht zu erkennen, und bevölkern, bereits seit dem Präkambrium, die Meere von der Oberfläche bis zu 5000 Meter Tiefe hinunter. Sie gehören zum Plankton – sind also, mit anderen Worten, nichts weiter als Futter für Fische und Bartenwale. Und dennoch bilden diese winzigen Protoplasmaklümpchen aus Siliziumverbindungen, die sie dem Meerwasser entziehen, Skelettkonstruktionen von einer derartigen Formenvielfalt und Kunstfertigkeit aus, daß viele Künstler und Architekten sie bewundert und nachgeahmt haben.

Ernst Haeckel, der sie sein Leben lang studiert und bestaunt hat, schrieb in seiner »Natürlichen Schöpfungsgeschichte« über die Radiolarien: »Es gibt wohl keine andere Gruppe von Organismen, welche eine solche Fülle der verschiedenartigsten Grundformen und eine so geometrische Regelmäßigkeit, verbunden mit der zierlichsten Architektonik, in ihren Skelettbildungen entwickelte.«

Die umseitig abgebildete Sagenoscena stellata (Bildmitte) formt eine Gitterkugel aus dreieckigen »Maschen« – ein Bauprinzip, das der amerikanische Architekt Buckminster Fuller für seine »Radardome« übernahm. Es liefert mit einem Minimum an Material ein Maximum an Festigkeit – aber wozu braucht die Radiolarie das? Ihr Innendruck ist nicht kleiner als der Außendruck, und andere Einzeller kommen sehr gut auch gänzlich ohne Skelett zurecht.

Eine andere Ordnung der Radiolarien (Acanthometra) bildet Skelettkugeln mit zwanzig Stacheln aus, deren Spitzen auf fünf Parallelkreisen liegen, die – so Ernst Haeckel – »ihrer Lage nach dem Äquator, den beiden Wendekreisen und den Polarkreisen der Erdkugel entsprechen«. Ein winziger, hirnloser Einzeller spiegelt in seinem Bauplan die Beziehung der Erde zur Sonne wider. Welche Intelligenz treibt ihn wohl dazu? Etwa seine eigene?

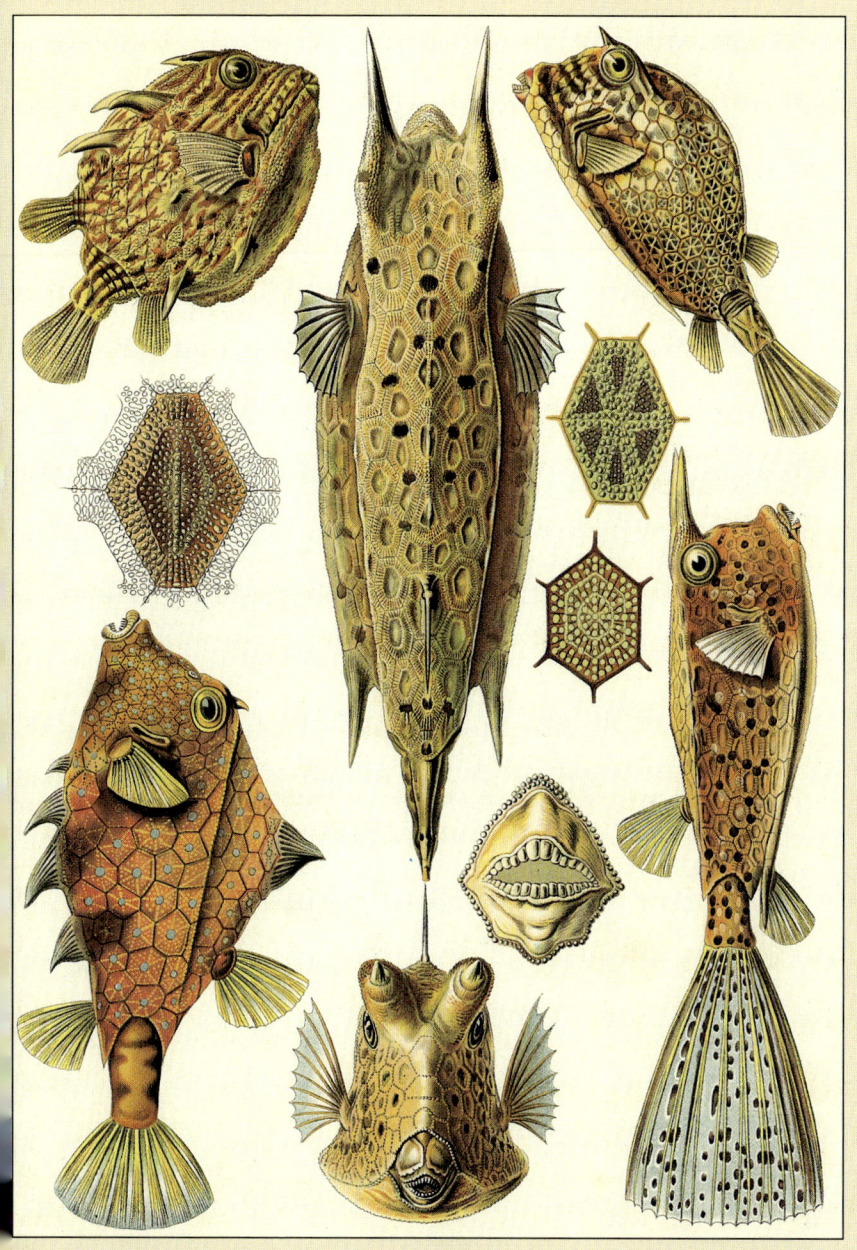

KOFFERFISCHE

(aus Ernst Haeckel: »Kunstformen der Natur«)

So viele Fische gibt es – an die 25 000 Arten oder mehr – in Flüssen und Bächen, in Seen und Meeren, wo immer es Wasser gibt. Sie sind klein oder groß, schnell oder langsam, einfarbig oder bunt, giftig oder ungiftig, gefährlich oder harmlos – und manche können sogar ein wenig fliegen.

Einige sind moderne High-Tech-Typen, wie die Barrakudas, andere sind Uraltmodelle, wie das Neunauge, das sich seit 500 Millionen Jahren nicht wesentlich verändert hat, oder der Quastenflosser, der seit 130 Millionen Jahren gemächlich herumschwimmt, als ob es keinen »Kampf ums Dasein« gäbe.

Die Kofferfische sind gehörnte und gepanzerte kleine Festungen, ungefähr so schnell und beweglich wie ein schwimmender Geldtransporter – und ein paar Flossenschläge weiter tummeln sich ihre Kollegen unter den Korallenfischen, ungepanzert und ohne Hörner, dicker und dünner, schneller und bunter, kleiner und größer – in allen nur denkbaren Variationen.

Und alle wurden »in Anpassung an das Wasserleben«, was sie sind – die Schnellen schnell, die Langsamen langsam, die Dicken dick, die Dünnen dünn, die Großen groß, die Kleinen klein, die Giftigen giftig und die Ungiftigen ungiftig. Wenn aber Größe ein »Überlebensvorteil« ist, warum gibt es dann Kleine? Wenn Schnelligkeit ein »Überlebensvorteil« ist, warum gibt es dann auch Langsame? Komplizierte und Einfache, Giftige und Ungiftige, Aggressive und Friedliche, Gepanzerte und Nackte, Getarnte und Ungetarnte – warum gibt es alles, oder fast alles, zur gleichen Zeit, am gleichen Ort, unter den gleichen Umweltbedingungen? Warum läßt die angeblich so unerbittliche »Selektion« das zu?

Vielleicht weil sie – wie der schwedische Genetiker Lima-de-Faria meinte – nur ein Mythos ist?

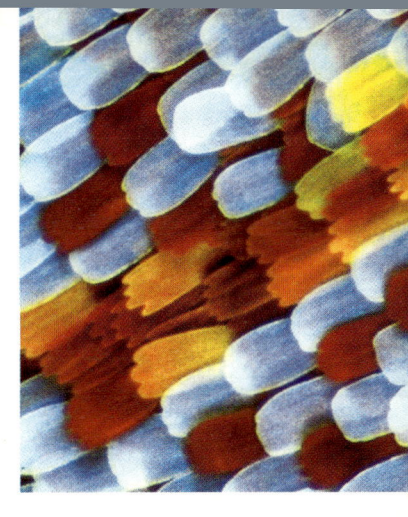

SCHMETTERLINGE

Was – oder vielleicht auch wer – veranlaßt wohl einen besseren Wurm, sich in ein fliegendes Juwel zu verwandeln? Wer – oder vielleicht auch was – entwirft diese Vielfalt von Mustern aus einem Mosaik winziger Schuppen (r. o.)?

Ihr Ursprung ist unbekannt, ihre Abstammung liegt im dunkeln – Anfang des Tertiärs aber, so nimmt man jedenfalls an, waren alle heute bekannten Familien bereits vorhanden.

Welchen Überlebensvorteil haben die bunten Flugobjekte? Wären nicht giftige, gepanzerte, allesfressende und sich hemmungslos vermehrende Raupen im »Kampf ums Dasein« besser gerüstet als umhergaukelnde Nektarschlürfer? Wozu also der Umstand? Und wenn es so wichtig ist, fliegen zu können, warum haben dann die Weibchen etlicher Arten das Fliegen wieder verlernt?

Und warum die bunte Vielfalt bei einigen, wenn es – wie andere zeigen – auch einfarbig geht? Sicher, manche Muster dienen der Tarnung, manche der Abschreckung, und so ließe sich ihre Erhaltung aus einem Überlebensvorteil heraus erklären. Aber wie erklärt sich ihre Entstehung? Und manche Muster dienen offenbar weder der Abschreckung noch der Tarnung – wem aber dienen sie dann?

Schmetterlinge – das haben Experimente und Untersuchungen gezeigt – machen sich nicht viel aus den komplizierten Mustern, die sie tragen: Sie bevorzugen einfache Reize, Farben oder Düfte. Was also bewirken und welchen Sinn haben jene Muster, deren Nutzen nicht erkennbar ist?

Schönheit um der Schönheit willen – kann die Evolution so etwas zulassen? Und wenn sie es tut – kann sie dann so unerbittlich sein, wie es Darwin und seine Mitstreiter meinten?

Aber Prometheus Haeckel hat sich da doch ein wenig zu früh gefreut, denn wie alle »Darwinisten« kam auch er letzten Endes nicht ohne eine schöpferische Intelligenz aus. Und wie alle »Darwinisten« mußte er sie auch irgendwo verstecken – und da fiel ihm ein besonders gutes Versteck ein: nämlich die Materie. Der Philosoph Haeckel lieferte dem »darwinistischen« Wissenschaftler ein intellektuelles Regendach in Gestalt einer Philosophie, die er »Monismus« nannte. Im Gegensatz zum »Dualismus«, wo Gott und Welt voneinander getrennt sind, ist hier diese Trennung aufgehoben. »Gott« ist der hypothetische Urgrund einer unendlich ausgedehnten Substanz, deren Attribute oder Grundeigenschaften er als »die raumerfüllende Materie (= Stoff), die wirkende Energie (= Kraft) und die empfindende Weltseele (= Psychom)« bezeichnete.

Haeckel beruft sich hier auf Giordano Bruno, Spinoza und Goethe, die ebenfalls ähnlich pantheistische Auffassungen vertreten haben. Aber die größte Ähnlichkeit zu seinem »Monismus« findet sich in der alten indischen Philosophie, auf die er sich nicht ausdrücklich beruft, in den drei Eigenschaften (»gunas«) der Urnatur (»prakriti«): Geist (»sattwa«), Energie (»rajas«) und Materie (»tamas«). Diese drei Eigenschaften sind untrennbar verbunden in allem, was sich im Kosmos manifestiert. Und so sieht es auch der Haeckelsche »Monismus«: »Diese Weltanschauung ist einheitlich, sie vermag Kraft und Stoff, Geist und Materie nirgends voneinander zu scheiden. Alle Materie ist für sie geistig belebt, und jede geistige Lebensäußerung ist an eine bestimmte Form der Materie geknüpft.«[68]

Und so organisiert sich die Evolution von unten nach oben, in einer gigantischen Entwicklungsdemokratie, indem sich die mit Geist begabten Atome zu beseelten Molekülen zusammenschließen und diese wiederum zu beseelten Zellen, die sich zu Organismen vereinigen. Auch wenn Haeckel es nicht ausdrücklich so formuliert hat – dieses Bild ergibt sich jedenfalls aus seinen Äußerungen.

Die Zellen haben nach Haeckel die Fähigkeit zur Selbstgestaltung, wie zum Beispiel bei den Radiolarien deutlich wird: »Der kunstreiche Aufbau ihrer komplizierten Gehäuse ist nur zu erklären durch die feine (unbewußte!) Empfindung des lebendigen Plasmas und besonders durch sein plastisches Distanzgefühl.« Die Organismen wiederum sind handelnde Wesen, sie können sich verändern und anpassen und diese Anpassungen an ihre Nachkommen weitergeben.

Haeckel war, wie Darwin auch, »Lamarckist« – in dem Sinne, daß er an die »Vererbung erworbener Eigenschaften« glaubte. Er nannte sie sogar ein Gesetz und schrieb: »Dasselbe besagt eigentlich weiter nichts, als daß unter bestimmten Umständen der Organismus fähig ist, Eigenschaften auf seine Nachkommen zu vererben, welche er selbst erst während seines Lebens erworben hat.«[69]

Die »Anpassung« ist bei Haeckel ein aktiver Vorgang, und das verändernde Prinzip, die Vererbung, ist das bewahrende und stabilisierende Element (beim späteren »Neodarwinismus« ist es dann gerade umgekehrt). Die Lebewesen sind also selbst Gestalter ihres Schicksals, indem sie sich im »Kampf ums Dasein« bewähren, neue Fähigkeiten erwerben und sich entwickeln. Den Ausdruck »Kampf« hält Haeckel für »nicht ganz glücklich gewählt«, und er möchte ihn lieber ersetzen durch »Mitbewerbung um die notwendigen Existenzbedürfnisse« oder »Wettbewerb«. Aber nach einer Weile bricht dann doch der alte Kämpfer wieder in ihm durch, und er findet zum »Kampf ums Dasein« zurück.

So entwirft Haeckel das Bild einer demokratischen Evolution (auch wenn er diesen Begriff selbst nicht gebraucht), wo beseelte

Atome sich zu beseelten Molekülen zusammenfinden, die sich zu beseelten Zellen zusammenschließen, die beseelte Organismen bilden. Die Schöpfung geschieht nicht mehr als ein Diktat von oben herab, sondern als eine gemeinsame Anstrengung von unten herauf, als Entwicklung im Sinne einer Emanzipation und Höherentwicklung, vom Urschleim zum Menschen. Und beim Menschen dann weiter, von der Finsternis des Aberglaubens ins Licht der Wissenschaft, von Geistesknechtschaft und Lüge, Unvernunft und Roheit, zu immer mehr Geistesfreiheit und Wahrheit, Vernunft und Kultur, Entwicklung und Fortschritt.

Haeckel ist von dieser Idee begeistert, und diese Begeisterung ist auch heute, gut ein Jahrhundert später, immer noch mitreißend. Aber Haeckel hat sich auch von der Realität entfernt, hat gesehen, was er sehen wollte, hat sich die Fakten so zurechtgebogen, wie er sie brauchte. Ein Bild, das sein Wunschbild war, zu hinterfragen ist nicht seine Absicht gewesen. Selbst die Vorstellung, daß die Selektionstheorie »eine Hypothese sei, welche erst bewiesen werden müsse«, lehnte er ab. »Vielmehr ist der Kampf ums Dasein eine mathematische Notwendigkeit, welche aus dem Mißverhältnis zwischen der beschränkten Zahl der Stellen im Naturhaushalt und der übermäßigen Zahl der organischen Keime entspringt. [...] Wer auch bei dem gegenwärtigen Zustande unseres Wissens immer noch nach Beweisen für die Selektionstheorie verlangt, der beweist dadurch nur, daß er entweder dieselbe nicht vollständig versteht oder mit den biologischen Tatsachen, mit dem empirischen Wissensschatz der Anthropologie, Zoologie und Botanik nicht hinreichend vertraut ist.«[70] Und damit spricht er allen, heutigen wie gestrigen, »Darwinisten« aus der Seele und liefert eines der Standardargumente des »Darwin-Komplotts«.

Nichtsdestoweniger hat er unrecht. Der »Kampf ums Dasein« ist keine mathematische Notwendigkeit, und auch die Selektionstheorie muß sich den Anforderungen der Logik und der Übereinstimmung mit beobachtbaren Erfahrungen unterwerfen. Und solange sie nicht bewiesen ist, bleibt sie eine unbewiesene Hypothese.

Rückendeckung bekam Haeckel in dieser Sache ausgerechnet von seinem Lieblingsfeind Du Bois-Reymond. Denn der plädierte ebenfalls dafür, den »Darwinismus« aus der Beweispflicht herauszunehmen: »Sobald zugegeben ist, daß mittels der natürlichen Zuchtwahl irgendeine zweckmäßige Bildung erklärt werden kann, sobald also diese Lehre als aus richtigen Vordersätzen richtig abgeleitet anerkannt wurde, ist gar nicht mehr nötig, das Wirken der natürlichen Zuchtwahl im einzelnen Falle nachzuweisen, um dies Wirken da annehmen zu dürfen, wo man dessen zur Erklärung der Erscheinungen bedarf.«[71]

Es empfiehlt sich, diesen Satz mehrmals laut zu lesen und ihn ganz langsam auf dem Trommelfell zergehen zu lassen, um seine subtile Ungeheuerlichkeit wirklich ganz auszukosten. Im Klartext heißt das: Sobald ich irgendeine mögliche Erklärung für einen Sachverhalt habe, brauche ich keine Beweise mehr! Wenn wir dieses Prinzip im Rechtswesen einführten, würde es die Polizeiarbeit derartig erleichtern, daß wir in Zukunft keine Polizei mehr brauchten. Der Staatsanwalt erklärt vor Gericht einen möglichen Tathergang, und der Verdächtige wird verurteilt. Ich weiß nicht, ob die Staatsanwälte das gern so hätten – aber die Teilnehmer des »Darwin-Komplotts« jedenfalls wollten und wollen es immer noch gern so haben.

Haeckel hat, bei allem, was man gegen ihn einwenden kann, den »Darwinismus« erweitert und bereichert. Er hat ihn, um noch einmal Friedell zu zitieren, »fast bewohnbar« gemacht. Aber Haeckel war, was die Evolution der Evolutionstheorie angeht, ein Seitenzweig, der ausgestorben ist. Die Hauptlinie, die in unsere Gegenwart führt, ging in eine andere Richtung weiter. Eine Richtung, die den »Darwinismus« reduzierte, dogmatisierte und bis zur Unkenntlichkeit verwässerte.

»In seinen zahllosen Schülern«, so schrieb Egon Friedell, »ist der Darwinismus zumeist nur kompromittiert worden, indem die liebenswürdige Miszellensammlung des Meisters von bornierteren und daher aufgeblaseneren Geistern zu schiefen und hölzernen Systemen ausgebaut wurde.«

5. Der Tragödie zweiter Teil: Von Weismann bis heute

> »*Aber da, wo kein Beweis dafür und folglich in der Regel auch kein Beweis dagegen möglich ist, erzwingt die Eitelkeit, wenn sie mit Macht gepaart ist, die Anerkennung ihrer Träumereien ...*«   Matthias Jakob Schleiden

Darwin hielt sich aus dem Kampf, der um seine Lehre entbrannt war, weitgehend heraus. Er schrieb erst einmal über Orchideen und kletternde Pflanzen, über die Variationen domestizierter Pflanzen und Tiere, er überarbeitete die »Entstehung der Arten« für jeweils neue Auflagen. Er nimmt Kritik ins Buch auf, geht aber, wo sie berechtigt ist, nicht wirklich darauf ein, sondern redet sie beiseite, oder begräbt sie unter einem Berg unpassender Beispiele.

Und dann schreibt er – endlich! – auch über »Die Abstammung des Menschen und die geschlechtliche Zuchtwahl« (1871). Aber das Thema hatte inzwischen einiges von seiner Brisanz eingebüßt, und Darwins moderate Formulierung, »nämlich daß der Mensch von einer niedriger organisierten Form abgestammt ist«, trieb niemanden mehr auf die Barrikaden. Wie gehabt begräbt Darwin seine Leser unter einem Berg von Beispielen, von denen viele nicht gerade Belege für einen gnadenlosen »Kampf ums Dasein« sind, aber das scheint ihm nicht weiter aufzufallen oder ihn zu stören. Im Gegenteil – er erklärt den Kampf auch zum Motor des menschlichen Fortschritts, er spricht sich, wie der Papst persönlich, gegen Geburtenregelung aus und liefert den Sozialdarwinisten, den Macht- und Gewaltmenschen, reichlich Öl für ihre Lampen.

»Wie jedes andere Tier ist auch der Mensch ohne Zweifel auf seinen gegenwärtigen hohen Zustand durch einen Kampf um die Existenz in Folge seiner rapiden Vervielfältigung gelangt, und wenn er noch höher fortschreiten soll, so muß er einem heftigen Kampfe ausgesetzt bleiben. Im anderen Falle würde er in Indolenz versinken, und die höher begabten Menschen würden im Kampfe um das Leben nicht erfolgreicher sein als die weniger begabten. Es darf daher unser natürliches Zunahmeverhältnis, obschon es zu vielen und offenbaren Übeln führt, nicht durch irgendwelche Mittel unbedeutend verringert werden. Es muß für alle Menschen offene Konkurrenz bestehen, und es dürfen die Fähigsten nicht durch Gesetze oder Gebräuche daran verhindert werden, den größten Erfolg zu haben und die größte Zahl von Nachkommen aufzuziehen.«[72]

Darwin hat unrecht. Ein Blick auf die Geschichte und die Gegenwart der Menschheit zeigt, daß Fortschritt weder auf Krieg noch auf Überbevölkerung zurückzuführen ist. Die Kriege hatten Zerstörung im Gefolge, die Überbevölkerung Armut und Not. Aber durch beides sind weder große Kunstwerke noch wichtige Erfindungen (abgesehen von Waffen), noch bessere Gesellschaftssysteme entstanden. Die Slums von Kalkutta und São Paulo sind keine Brutstätten der Genialität, und die Schlachtfelder des Zweiten Weltkriegs waren es auch nicht.

Darwin konnte den »Kampf ums Dasein« nur verherrlichen, weil er ihn in der Praxis nie erlebt hat. Der Prediger des Kampfes war selbst kein Kämpfer. Aus reichem Elternhause stammend und mit einer reichen Erbin verheiratet, ist er nicht einmal in die Verlegenheit gekommen, für seinen Lebensunterhalt arbeiten zu müssen. Und er war ein freundlicher Mensch und liebevoller Vater. »Ich glaube nicht, daß er in seinem ganzen Leben ein böses Wort zu irgendeinem seiner Kinder gesagt hat«, bezeugte sein Sohn Francis Darwin. »Er behielt seine entzückend liebevolle Art gegen uns alle sein ganzes Leben hindurch.«[73]

Darwin widmete sich dem Leben der Pflanzen und schrieb Bücher darüber. In seinen Briefen war er, wie »Hard-Core-Darwinist« Ernst Mayr bemängelt, »gelegentlich ziemlich sorglos in seiner Ausdrucksweise«. Er sprach über seine Zweifel, über Religion, Unsterblichkeit und seinen Glauben an Gott, den er sich trotz allem bewahrt hatte: »Eine andere Quelle für die Existenz Gottes, die mit der Vernunft und nicht mit Gefühlen zusammenhängt, macht den Eindruck auf mich, als habe sie mehr Gewicht. Das ergibt sich aus der äußersten Schwierigkeit oder vielmehr Unmöglichkeit, einzusehen, daß dieses ungeheure und wunderbare Weltall, das den Menschen umfaßt mit seiner Fähigkeit, weit zurück in die Vergangenheit und weit in die Zukunft zu blicken, das Resultat blinden Zufalls oder der Notwendigkeit sei. Denke ich darüber nach, dann fühle ich mich gezwungen, mich nach einer ersten Ursache umzusehen, die im Besitz eines, dem des Menschen in gewissem Grade analogen Intellekts ist, und ich verdiene, Theist genannt zu werden.«[74]

Erstaunliche Worte für einen Mann, der gerade Gott, den Schöpfer, aus der Evolution verbannt und durch ein blindes mechanistisches Prinzip ersetzt hatte. Aber auch ein gutes Beispiel für die »Iß-den-Kuchen-und-behalte-ihn-trotzdem-Strategie« der »Darwinisten«: Wirf Gott aus der Schöpfung heraus, und behalte ihn trotzdem für alle Fälle in der Schublade. Konsequent immerhin war Darwin in seiner Ablehnung des konfessionellen Christentums, das er »eine abscheuliche Lehre« nannte.

Er lebte sein Leben zu Ende und schrieb als letztes über »Die Bildung der Ackererde durch die Tätigkeit der Würmer«, ein Buch, das seinen Epigonen so unbedeutend erschien, daß es in einigen Gesamtausgaben seiner Werke gar nicht auftaucht. Aber es ist sein einziges ökologisches Buch, wichtiger – aus heutiger Sicht – und wahrer als »Die Entstehung der Arten« und immer noch aktuell (kein Witz!). 1882 starb Darwin, nicht gerade einen leichten Tod, in seinem Landhaus in Down. Staat und Kirche bemächtigten sich seiner sterblichen Überreste und begruben sie, mit dem nötigen Pomp, in Westminster Abbey. Er war ein nationales Denkmal geworden.

Der Kampf zwischen »Darwinismus« und Schöpfungslehre ging indessen weiter. Ernst Haeckel hatte den Weg Darwins in gleicher Richtung fortgesetzt und die Lehre des Meisters ergänzt und bereichert. Aber er ist nur eine ausgestorbene Seitenlinie. Der nächste Schritt in der Stammesgeschichte des »Darwinismus« führte schon bergab, zum Antilamarckismus und zum »zentralen Dogma der Molekularbiologie«, fort von Darwin – zum »Neodarwinismus«. Sein Schöpfer (wenn auch nicht Erfinder dieses Namens) war August Weismann (1834–1914).

»Die offenbaren Lücken und Mängel der Darwin'schen Theorie haben in den letzten Jahrzehnten allerlei Versuche zu ihrer Verbesserung hervorgerufen«, meinte er und machte sich auf, an diesen mitzuwirken. Es waren allerdings eher Verschlimmbesserungen, die dabei herauskamen.

Egon Friedell hat Haeckel den »Paulus der darwinistischen Religion« genannt, aber da muß man ihm wohl widersprechen. Haeckel war nur Ornament. Rückblickend aus heutiger Sicht war es Weismann, der den Weg zur Katholizität des »Darwinismus« wies, zu seiner immer noch allgemein anerkannten, rechtgläubigen Form, er war der eigentliche »Paulus«. Von ihm stammen der Dogmatismus und der Ausschließlichkeitsanspruch, der den »Darwinismus« endgültig zu einer Doktrin machte.

Wo Darwin noch der Meinung war, daß die »natürliche Selektion« zwar der wichtigste, aber doch nicht ausschließliche Faktor der Entwicklung ist, gilt bei Weismann: »Eine befriedigende Erklärung gibt nur Naturzüchtung [= natürliche Selektion].«[75] Und dies gilt für alle Ewigkeit, denn »die Descendenztheorie hat gesiegt, und wir dürfen getrost sagen: für immer, die Entwicklungslehre ist ein Besitz der Wissenschaft geworden, der nicht mehr rückgängig gemacht werden kann, sie bildet die Grundlage unserer Anschauungen von der organischen Welt, und jeder weitere Fortschritt geht von diesem Boden aus.« Und die Grundlagen der Deszendenztheorie, der Abstammungs- und Entwicklungslehre, kurz, der Evolution, sind für ihn die Selektion, die er »auf alle Stufen lebender Einheiten« überträgt, und die Anpassung, »denn alles an den Lebewesen beruht auf Anpassung, wenn auch nicht alles auf der Anpassung im Sinne Darwins«[76].

Ein Jahr nach dem Tod des Meisters, 1883, veröffentlichte Weismann seinen Essay »Über die Vererbung«, in dem er den Darwin-Haeckelschen Lamarckismus ablehnte und die »Vererbung erworbener Eigenschaften« kategorisch bestritt. Er hatte, wie schon erwähnt, Mäusen über 22 Generationen die Schwänze abgeschnitten, aber: »Unter den 1592 Jungen, die von entschwänzten Eltern erzeugt wurden, war nicht ein einziges mit einem defekten Schwanz.« Aus heutiger Sicht sind diese Experimente unsinnig, denn natürlich ist »Entschwänzung« keine erworbene Eigenschaft. Allenfalls eine Beschleunigung oder ein Gleichbleiben der Wundheilung könnte hier etwas aussagen, aber das hat Weismann offenbar nicht untersucht.

Plausibler ist sein Hinweis auf staatenbildende Insekten, auf die Unterschiede von Arbeitern und Soldaten bei Ameisen beispielsweise, die in Größe und Form oft erhebliche Abweichungen aufweisen. Hier kann es sich wohl schwerlich um »Vererbung erworbener Eigenschaften« handeln, da, weil nur die Königin für Nachwuchs sorgt, Arbeiter und Soldaten keine Nachkommen haben.

Aber so, wie man nicht alle Änderungen auf eine »Vererbung erworbener Eigenschaften« zurückführen muß, sondern sie von Fall zu Fall durchaus ablehnen könnte, so besteht doch andererseits auch keine Notwendigkeit, sie völlig abzulehnen. Der Streit um diesen Evolutionsfaktor ist heute immer noch im Gange.

Wenn aber Anpassungen, die im Laufe eines Lebens erworben werden, nicht mehr vererbt werden können, sind Änderung bzw. Entwicklung auf diesem Wege nicht mehr möglich. Die aktive Anpassung als Entwicklungsfaktor fällt damit aus. Dennoch sagt Weismann: »Alles an den Lebewesen beruht auf Anpassung.« Und diese Anpassung kann wahre Wunder bewirken, zum Beispiel die erstaunliche Verwandlung von landlebenden Säugetieren zu fischgestaltigen Wasserwesen bei den Walen: »Alle diese Veränderungen sind aber Anpassungen an das Wasserleben.« Das gleiche gilt für die ebenso erstaunliche Verwandlung von Reptilien in Vögel: »Alles, was sie zu Vögeln macht, beruht auf Anpassung an das Luftleben.« Auch wenn es kleinlich erscheint, so sollte man hier doch anmerken, daß beispielsweise ein Flügel schwerlich in »Anpassung an das Luftleben« entstehen kann, da er ja dazu überhaupt erst die Voraussetzung bildet.

Anpassung in Weismanns Sinne ist aber keine aktive Reaktion auf Umweltbedingungen – denn das würde ja die »Vererbung erworbener Eigenschaften« voraussetzen –, sondern nur noch eine bereits bei der Geburt vorhandene »Angepaßtheit« des Individuums, die zufällig in die Umweltbedingungen hineinpaßt und deshalb von der Selektion gefördert oder zumindest geduldet wird.

Dies ist das Gegenteil der Auffassung, die Haeckel vertrat, und es ist kein Wunder, daß er mit Weismanns Sicht der Dinge nicht einverstanden war. »Weismann verlangt«, so schreibt er, »neue und überzeugende Beweise für die Vererbung von Anpassungen;

er vergißt aber dabei, daß derartige Beweise seiner eigenen, entgegengesetzten Hypothese vollständig fehlen, ja in dem gewünschten Sinne wohl überhaupt nicht zu liefern sind.«

In der Tat muß man sich hier fragen, wie die Veränderungen von Lebewesen, die ja nun im Innern der Individuen stattfinden müssen und deren Ergebnis Angepaßtheit an äußere Bedingungen sein soll, ohne daß aber eine Selektion durch äußere Bedingungen dabei mitwirkt, zustande kommen sollen. Weismanns Lösung dieses Problems bestand darin, daß er die Selektion und damit den Kampf ums Dasein und das »survival of the fittest« ins Innere des Körpers hinein ausdehnte: »Begünstigung des Besseren vom kleinsten Lebensteilchen des Keimplasmas an bis zum Kampf der Individuen und Arten.«[77]

Es beginnt im Innern der Zellen bei den »Determinaten«. Darunter versteht Weismann »ein Element der Keimsubstanz, von dessen Anwesenheit im Keim das Auftreten und die spezifische Ausbildung eines bestimmten Teiles des Körpers bestimmt wird«[78]. Eine Art »Krieg der Gene«[79] also führt dazu, daß die tüchtigsten von ihnen sich durchsetzen und die Merkmale und Eigenschaften des Körpers bestimmen (»Germinalselektion«). Diese müssen dann aber auch noch gegeneinander antreten – zum »Kampf der Teile«, in dem Zellen, Organe und Gewebe »um Raum und Nahrung« miteinander kämpfen (»Histonalselektion«). Wobei wiederum nur die Tüchtigsten überleben. Und wenn vom Organismus dann noch etwas übrig ist, muß dieser Rest schließlich mit anderen Individuen zum letzten Gefecht antreten, wobei dann wiederum nur der Tüchtigste überlebt (»Personalselektion«).

Es kostet einige Beherrschung, sich über diese seltsame Konstruktion nicht lustig zu machen. Aber sie war jedenfalls erfolgreich – im wirklichen Leben sicherlich nicht, aber jedenfalls bei einigen »Darwinisten«. Richard Dawkins zum Beispiel hat die Idee vom »Krieg der Gene« später übernommen in seiner Hypothese von den »egoistischen Genen«, die ebenfalls um den besten Platz auf dem Chromosom miteinander kämpfen. Andere »Darwinisten« lehnen diese Auffassung ab, aber die Verbannung der »Vererbung erworbener Eigenschaften« gehört bis heute zum dogmatischen Rüstzeug des »Darwinismus«.

Wo der »Krieg der Gene« nicht ausreicht, um Veränderungen zu erklären, nimmt Weismann noch die sexuelle Fortpflanzung hinzu. Dabei werden »zwei Vererbungstendenzen gewissermaßen miteinander gemischt«. Und in dieser Vermischung sieht er »die Ursache der erblichen Charaktere und in der Herstellung dieser Charaktere die Aufgabe der amphigonen [zweigeschlechtlichen] Fortpflanzung«[80]. Was Weismann hier schlicht »Vermischung« nannte, gehört heute unter dem Namen »genetische Rekombination« ebenfalls zum Standardrepertoire des »Darwinismus« und wird, so Ernst Mayr, als »einer der wichtigsten Prozesse in der Evolution« angesehen.

Ein weiterer wichtiger Beitrag Weismanns zum »darwinistischen« Glaubensbekenntnis war seine Theorie der »Kontinuität des Keimplasmas«. Sie besagt, daß Information nur von der »Keimbahn«, der Erbsubstanz, zum Körper hin wirken kann, aber nicht umgekehrt. Was immer im Körper oder mit ihm geschieht, kann nicht auf die Erbsubstanz zurückwirken. Heute bezeichnet man diese Auffassung als das »zentrale Dogma der Molekularbiologie«. Es wird allerdings seit einiger Zeit von verschiedenen Wissenschaftlern in Frage gestellt und ist nicht mehr ganz so zementiert wie in den sechziger und siebziger Jahren.

Der Weismannsche »Neodarwinismus« war ein erster Schritt zur Verarmung und Entdarwinisierung der Darwinschen Abstammungs- und Entwicklungslehre. Die Abschaffung der »Vererbung erworbener Eigenschaften« und der damit verbundene Verlust einer aktiven Anpassung nahm den Lebewesen die Möglichkeit, eigenverantwortlich auf Umweltbedingungen zu reagieren. Sie wurden zu Sklaven des Zufalls und der Selektionsprozesse, die sich in ihnen und um sie herum abspielten. Das Stück Freiheit, das sie durch Lamarck, Darwin und Haeckel gewonnen hatten, war ihnen wieder genommen. Und in diesem Sinne ging der Abstieg weiter.

Um die Jahrhundertwende waren die Wissenschaftler sich immerhin einig, daß es eine gemeinsame Abstammung der Lebewesen gab, daß ein Artenwandel stattgefunden hatte und eine Entwicklung der Lebewesen von wenigen einfachen Formen zu der heute sichtbaren Vielfalt und Komplexität. Uneinig war man sich über den Mechanismus, der dem Ganzen zugrunde lag.

Nach Darwin lieferte die Vererbung Lebewesen mit kleinen Unterschieden, und die »natürliche Selektion« sortierte dann, wie Aschenputtels Tauben, die Guten ins Töpfchen, die Schlechten ins Kröpfchen. Aber was war die Ursache der Veränderungen? Wie funktionierte Vererbung? Darwin mußte diese Frage offenlassen, aber jetzt war es an der Zeit, sie zu beantworten. Wenn kleinste vorteilhafte Variationen sich schließlich zu größeren Veränderungen, wie sie für einen Artenwandel nötig sind, summieren sollten, mußte es stabile, merkmalbildende Erbeinheiten geben. Aber woher sie nehmen?

Der Engländer Francis Galton (1822–1911), Begründer der Zwillingsforschung, hatte in seinem »Gesetz vom Ahnenerbe« eine Vererbungstheorie aufgestellt, die davon ausging, daß ein Mensch von den Eltern je einen halben Erbanteil enthalte, von den Großeltern je ein Viertel, den Urgroßeltern ein Achtel usw. Ein vorteilhaftes Merkmal mußte auf diese Weise abnehmen – im Urenkel war es schon auf ein Achtel geschrumpft – statt zunehmen. Das war unvorteilhaft für die »Darwinisten«, und sie suchten nach einem Ausweg. Galton hatte unrecht, das wissen wir heute, und der Ausweg war schon da. Man hatte ihn nur übersehen.

Schon bevor Darwin seine »Entstehung der Arten« veröffentlichte, hatte der österreichische Augustinermönch Gregor Mendel (1822–1884) Kreuzungsversuche mit Erbsen gemacht und dabei bestimmte Gesetzmäßigkeiten entdeckt, die heute als Mendelsche Gesetze in allen Schulbüchern zu finden sind. Er kreuzte rotblühende mit weißblühenden Erbsen und fand in der ersten Generation Uniformität – alle Nachkommen hatten rote Blüten. Wo aber war das Weiß geblieben? Mendel kreuzte weiter und fand in der nächsten Generation Aufspaltung – und zwar im Verhältnis drei zu eins. Bei vier Tochterpflanzen waren drei rot, eine war weiß. Mendel unterschied die Merkmale nun in »dominante« – hier das überwiegende Rot – und »rezessive« – hier das unterwiegende Weiß. Nachdem er acht Jahre lang seine Erbsen gründlich durchgemendelt hatte, veröffentlichte er seine Erkenntnisse 1865 in einer wissenschaftlichen Zeitschrift, wo die Wissenschaftler sie entweder nicht gelesen oder – weil er ein Außenseiter war – nicht ernst genommen haben.

Es gab also stabile und unabhängige Erbfaktoren – aber niemand wußte davon. Erst sechzehn Jahre nach Mendels Tod, als das 20. Jahrhundert gerade begonnen hatte, entdeckten gleichzeitig, aber unabhängig voneinander drei Botaniker seine Gesetze ein zweites Mal: der Österreicher Erich Tschermak (1871 bis 1962), der Deutsche Carl Erich Correns (1864–1933) und der Holländer Hugo de Vries (1848–1935). Correns äußerte darüber hinaus die Vermutung, daß die Chromosomen die Träger der Erbfaktoren waren – dies wurde 1903 ebenfalls gleichzeitig und unabhängig voneinander durch den deutsche Zoologen Theodor

Boveri (1866–1915) und den Amerikaner Sutton bestätigt. Aber immer noch war die Frage offen: Woher kommen die Variationen?

De Vries gab die Antwort: durch sprunghafte Veränderungen der Erbsubstanz, sogenannte »Mutationen«. Er hatte auf einem Kartoffelacker verwilderte Exemplare einer Nachtkerzenart (Oenothera lamarckiana) entdeckt – Zierpflanzen, die aus einem Nachbargarten ausgebrochen waren und hier seltsame, unartige Formen bildeten. De Vries züchtete diese abnormen Formen weiter, und da sie in den folgenden Generationen stabil blieben, hielt er sie für neue Arten. Diese Auffassung wurde später bestritten, und die Nachtkerzen wurden als intermediäre, also zwischen zwei Arten stehende Typen eingeordnet. Die Frage, ob neue Arten durch Mutation entstehen können, blieb offen.

Aber dann begann 1909 – fünfzig Jahre nach Veröffentlichung der »Entstehung der Arten« – der amerikanische Zoologe Thomas Hunt Morgan (1866–1945) mit Taufliegen (Drosophila Melanogaster) zu experimentieren. Sie sind ein gutes Versuchsobjekt für Vererbungsforscher, weil sie sich rasch vermehren und in einem Jahr bis zu dreißig Generationen erreichen können. In etwas mehr als einem Jahr hatte Morgan über vierzig Mutanten entdeckt – manche ohne Flügel oder ohne Haare, mit abweichender Augenfarbe usw. Morgan entdeckte ferner, daß bei der Bildung von Keimzellen die Chromosomen sich kreuzen und dabei einzelne Stücke ausgetauscht werden. Damit schien der Ursprung der Erbvariationen gefunden. Morgan bekam den Nobelpreis. Ein kleiner Wermutstropfen, aus heutiger Sicht, besteht in der Erkenntnis, daß neunzig Jahre Drosophila-Experimente nicht eine einzige neue Art hervorgebracht haben, ja nicht einmal Verbesserungen der alten Art, sondern nur verkrüppelte und verstümmelte Taufliegen. Ebenfalls 1909 prägte der dänische

Biologe Wilhelm Johannsen (1857–1927) den Begriff »Gene« (abgeleitet von dem griechischen Wort »gígnesthai« = »geboren werden, werden, entstehen«) als Bezeichnung für die Erbfaktoren und führte die mathematische Statistik in die Vererbungslehre ein. Ronald Fisher (1890–1962) übernahm diese Anregung in den zwanziger Jahren und baute aus Genetik und Statistik das Gebäude der sogenannten »Populationsgenetik« auf. Weil die Veränderungen im einzelnen Organismus nach wie vor schwer zu durchschauen waren, beschloß man, daß die Evolution eigentlich in Gruppen von Individuen, sogenannten »Populationen«, vor sich geht. Beweisen ließ sich das zwar nicht, aber man konnte dadurch mit statistischen Rechenexempeln herumjonglieren und sich einen Anstrich wissenschaftlicher Exaktheit verschaffen. Ein mathematisches Glasperlenspiel. Man berechnete die Häufigkeit von Genen und Mutationen in diesen Gruppen sowie hypothetische Wanderungen von hypothetischen Genen und kam schließlich auf die klassische Formel: »Evolution ist die Veränderung von Genfrequenzen in Populationen.« Im Sinne dieser Definition wäre Musik als »die Veränderung von Notenfrequenzen in Partituren« zu bezeichnen. Erklärt ist damit nichts.

Die Anhänger der Entwicklungslehre boten ein buntes Bild. Es gab Vertreter der schrittweisen und der sprunghaften Evolution, der gerichteten und der ungerichteten Evolution, es gab die mechanistische Auffassung, die alle Entwicklung mit Hilfe chemischer und physikalischer Gesetze erklären wollte, und die vitalistische, die auf der Einführung einer metaphysischen »Lebenskraft« bestand, es gab Wissenschaftler, die der Selektion große Wichtigkeit zumaßen, und andere, die sie als Evolutionsfaktor für unbedeutend hielten.

»Arten entstehen nicht durch den Kampf ums Dasein, sie vergehen durch ihn«, sagte der Botaniker de Vries. Er hielt die von ihm entdeckten Mutationen für eine hinreichende Erklärung des Artenwandels. Dem widersprachen andere, wie zum Beispiel der englische Genetiker William Bateson, der behauptete: »Weder Mendel noch die seiner Theorie verwandten modernen Erfahrungen mit Mutationen scheinen uns der Lösung des großen Problems der Evolution, der Entstehung der Arten, ernsthaft näherzubringen.«

Ernst Mayr meinte später dazu: »Theorien kommen in Mode, andere verschwinden in der Versenkung; in einigen Bereichen herrscht weitgehende Übereinstimmung zwischen den in der Forschung Tätigen, andere Bereiche sind in Spezialistenlager aufgesplittert, die einander erbittert befehden. Letzteres beschreibt sehr treffend die Situation der Evolutionsbiologie von 1859 bis etwa 1940.«[81] Und nicht nur bis 1940 – sondern bis zum heutigen Tag.

Ein Hauptproblem blieb die Frage der »missing links«, der fehlenden Bindeglieder. Darwins Theorie des allmählichen Artenwandels erforderte viele Zwischenformen, von denen man zu seiner Zeit aber in den geologischen Schichten keine Versteinerungen gefunden hatte. Man ging indessen davon aus, daß die Belege sehr lückenhaft seien und man im Laufe der Zeit die Zwischenformen noch finden würde. Es wurden in der Tat auch immer mehr Versteinerungen gefunden, und die Lücken im Fossilbericht schlossen sich mehr oder weniger – nur die Zwischenformen blieben nach wie vor aus.

Neue Arten, ja auch Gattungen und Familien, Ordnungen und Stämme erschienen plötzlich auf der Bildfläche der Evolution, und sie verschwanden zum Teil nach einiger Zeit ebenso plötzlich wieder. Der deutsche Paläontologe Otto Schindewolf (1896 bis 1971) kam schließlich zu der Auffassung, daß die Zwischenformen gar nicht existieren und daß die Evolution nicht allmählich und schrittweise, sondern plötzlich und sprunghaft verläuft:

»Der erste Vogel kroch aus einem (abgewandelten) Reptilei«, sagte er. »Es gilt durchaus der Satz ›Natura facit saltus‹, die Natur macht doch Sprünge!«

Der Genetiker Richard Goldschmidt unterstützte Schindewolf in seiner Theorie der sprunghaften Großmutationen und prägte für diese, plötzlich wie der Vogel aus dem Reptilei schlüpfenden, neuen Typen den Ausdruck »hopeful monsters« – hoffnungsvolle Mißgeburten.

Solche antidarwinistischen Umtriebe brachten einen Teil der Darwinfraktion Anfang der vierziger Jahre dazu, sich zu einigen und unter dem Dach eines Denkmodells zusammenzuschließen, das sie »Synthetische Theorie der Evolution« nannten. Mit einigen leichten Anpassungen, die aber den Kern nicht berührten, blieb es bis heute die Grundlage des »Mainstream-Darwinismus«. Die Basis der »synthetischen Theorie« bildeten folgende Grundsätze:

1. Der Artenwandel erfolgt schrittweise durch natürliche Selektion.
2. Ansatzpunkt für die Selektion sind Veränderungen an Individuen durch zufällige Fehler bei der Aufteilung und Kopierung der Erbsubstanz (Mutation und Rekombination).
3. Mutation und Selektion verlaufen so rasch in kleinen, isolierten Gruppen (»Gründerpopulationen«), daß sich davon keine versteinerten Zeugnisse erhalten haben.

Damit war der »Darwinismus« ein für allemal aus dem Schneider. Zwar gab es keinen Beweis dafür, daß die Evolution so abgelaufen war, aber es gab auch keinen Beweis dagegen, und die Theorie war so schwammig und flexibel, daß man alle neu auftauchenden Fakten darin unterbringen konnte.

Während in den folgenden Jahren die Fortschritte in der Paläontologie immer nur das alte trostlose Bild der sprunghaften Evolution boten, gab es in der Molekularbiologie vielversprechende Neuigkeiten. Mitte der vierziger Jahre fand man heraus, daß die Erbinformation nicht, wie anfangs angenommen, in Protein-, sondern in Nukleinsäuremolekülen gespeichert war. Genauer gesagt, in einem sehr langen Kettenmolekül aus Desoxyribonukleinsäure – DNS. Anfang der fünfziger Jahre entschlüsselte man die Struktur dieses Kettenmoleküls – es ähnelte einer zur Spirale zusammengedrehten Strickleiter. Man identifizierte einzelne Abschnitte dieser »Strickleiter«, die als »Baupläne« für Proteinmoleküle dienten, und fand endlich eine klare Definition für den Begriff »Gen«. Ein Gen ist der Abschnitt der DNS, der den Bauplan für ein Protein enthält. Man fand heraus, vor allem in den Experimenten mit der Taufliege Drosophila, daß man durch Manipulation der Gene veränderte Merkmale hervorzaubern konnte, und das gab, auch wenn es nur Mißbildungen waren, den Anhängern der »synthetischen Theorie« großen Auftrieb. »Auf dem Gebiet der Evolution hat die Genetik die grundlegenden Fragen beantwortet, und die Evolutionsbiologen können sich nun anderen Problemen zuwenden«, schrieb der Zoologe Julian Huxley im Jahre 1954. Die Mehrheit der »Darwinisten« war mit sich und der Welt im reinen, Kritiker wie Schindewolf und Goldschmidt waren zu abwegigen Außenseitern erklärt worden, und man konnte zufrieden und glücklich den hundertsten Geburtstag der »Entstehung der Arten« feiern.

Aber es zogen dann doch wieder düstere Wolken am Horizont auf. Je eingehender man sich nämlich mit der DNS beschäftigte, desto mehr Rätsel gab dieses seltsame Molekül auf. Man fand, daß einige Gene andere Gene steuern und es dabei eine Art Hierarchie zu geben scheint. Man fand ferner, daß der weitaus überwiegende Teil der DNS offenbar gar keine erkennbare Funktion hat, zumindest weder andere Gene steuert noch Proteinbaupläne enthält. Und dieser Teil, den man »Nonsense«- oder »Abfall-DNS« nannte, macht, bei Menschen beispielsweise, über 95 Prozent der gesamten DNS aus. Man fand auch, daß viele Mutationen, insbesondere wenn sie den »Nonsense«-Teil betrafen, keine Auswirkungen auf die Merkmale des betreffenden Individuums hatten, und nach wie vor brachten alle Mutationen in den Taufliegen-Experimenten weder Verbesserung noch Artenwandel, sondern immer nur Mißgeburten und Krüppel hervor.

Im Gegensatz zu den »darwinistischen« Erwartungen stellte sich auch heraus, daß es keinen klaren Zusammenhang zwischen der genetischen Struktur (dem Genotypus) und der Gesamtheit der Merkmale eines Lebewesens (dem Phänotypus) gab. Manche Lebewesen haben unterschiedliche Form bei ähnlichen Genen, anderen haben ähnliche Form bei unterschiedlichen Genen.

Die schöpferischen Fähigkeiten der Mutation waren wieder in Frage gestellt, und die »Darwinisten« behalfen sich damit, daß sie nun die Rekombination an ihre Stelle setzten. »Das Material, mit dem die Selektion arbeitet, ist nicht Mutation«, schrieb Ernst Mayr, »vielmehr bringt die Rekombination elterlicher Gene die neuen Genotypen hervor, welche die Entwicklung von Individuen steuern; diese werden in der nächsten Generation wieder der Selektion ausgesetzt.«[82]

Das Problem dabei ist nur: Es gibt bis heute keinen Beweis dafür, ja nicht einmal eine vernünftige theoretische Ableitung, daß – und wenn ja, wie – die Gene die Entwicklung und Formbildung von Individuen steuern. Aber selbst wenn man einmal davon ausgeht, daß sie es tun, ist schwer einzusehen, wie durch Rekombination elterlicher Gene Veränderungen entstehen sollen, die über die Grenzen der Art hinausführen. Wenn es sich bei den Eltern beispielsweise um Mäuse handelt, sind ihre Gene immer nur Mäusegene, und man kann noch soviel Mäusegene in noch soviel Zeugungen vor- und zurückkombinieren – sie werden immer Mäusegene bleiben und nie zu Ratten- oder gar Katzengenen werden. Selbst wenn noch so viele Mönche noch so viele Jahre lang Erbsen hin und her mendeln – es werden daraus trotzdem keine Linsen oder Bohnen.

Betrachtet man nicht das Individuum, sondern eine ganze Gruppe fortpflanzungsfähiger Individuen, eine »Population«, und die Gesamtheit ihrer Gene, den sogenannten »Genpool«, ändert sich an diesem Tatbestand ebenfalls nichts. Abgesehen davon, daß der Genpool ein abstraktes Konstrukt ist, kann er doch nur Gene der gleichen Art enthalten – und die werden immer wieder Individuen der gleichen Art hervorbringen. Ich kann, wenn ich Wasser in meinem Pool habe, ihn noch solange umrühren, es wird doch immer Wasser bleiben, es wird nicht zu Wein werden – durch Umrühren jedenfalls nicht. Wenn etwas Derartiges doch geschehen sollte, wäre es ein Wunder – und das gehört in die Kategorie der biblischen, nicht aber der evolutiven Schöpfungsfaktoren.

Deshalb ist es schwer nachzuvollziehen, wie Ernst Mayr zu einer Aussage wie etwa der folgenden kommt: »Für den Populationsdenker ist Variation unbegrenzt. Daher existiert eindeutig eine Möglichkeit, über die Grenzen einer Art hinauszugehen.«[83] Weder die beobachtbaren Fakten noch die Logik lassen einen solchen Schluß angemessen erscheinen.

Weitere Schwierigkeiten kamen. Anfang der siebziger Jahre holten die amerikanischen Paläontologen Nils Eldredge und Stephen Jay Gould das alte, schon von Schindewolf beschworene Gespenst der sprunghaften Evolution wieder aus der Kiste. Sie hatten herausgefunden, daß beinahe regelmäßig in der Evolution Zeiten kurzer heftiger Veränderungen sich mit langen ruhigen Zeiträumen abwechseln, in denen sich nichts oder nur sehr wenig verändert. Sie nannten dies »punktuelles Gleichgewicht« und wiesen außerdem auch wieder auf die fehlenden Zwischenformen hin. Ihre Argumentation enthielt nichts wesentlich Neues gegenüber dem, was Schindewolf Anfang der fünfziger Jahre vorgetragen hatte – aber es war zwanzig Jahre später, die Zeit hatte sich geändert, und sie fanden offenere Ohren.

Es gab zwar heftige Diskussionen, doch ihre Belege waren so stichhaltig, daß auch die »Darwinisten« sie schließlich anerkennen mußten. Wie sollte man jetzt aber diesen offensichtlich nicht allmählich-gleichmäßigen, antidarwinistischen Evolutionsablauf in das »darwinistische« Denkmodell einbauen, ohne es zu zertrümmern? Man behalf sich, indem man die Evolution in zwei Teile teilte, einen offiziellen Teil, der auf breiter Ebene über lange Zeit hinweg zwar keine oder nur unerhebliche Veränderungen brachte, sich aber in den versteinerten Zeugnissen der Vergangenheit abbildete, und einen inoffiziellen Teil, der in sehr kleinen isolierten Populationen sehr rasch, in kleinen Schritten, die erforderlichen Veränderungen hervorbrachte. Davon aber haben sich, weil es eben sehr kleine Populationen waren, keine fossilen Zeugnisse erhalten.

Das klingt ein wenig seltsam, aber es ist ernst gemeint, und Ernst Mayr bestätigt: »Solche beginnenden Arten, die eine Phase der Inzucht durchlaufen, sind zuweilen der Schauplatz einer besonders raschen Umwandlung, und sie hinterläßt infolge der geographischen Isolierung und der kurzen Dauer solcher Gründerpopulationen keine Spuren in der Überlieferung von Fossilien. [...] Derlei Artbildungsevolution ist, da sie in Populationen stattfindet, trotz ihrer rapiden Geschwindigkeit graduell und steht daher in keinem Widerspruch zum Darwinschen Paradigma.«[84]

Na bitte! Es paßt doch alles wunderbar zusammen. Aber abgesehen davon, daß Inzucht normalerweise genetische Defekte hervorruft und keine Verbesserungen, die einen Vorteil im »Kampf ums Dasein« darstellen könnten, ist dies eine Beweisführung, mit der man alles beweisen kann. Wenn ein theoretisches Konstrukt, das auf nichtvorhandenen Indizien aufgebaut ist, als wissenschaftliche Tatsache gehandelt wird, dann ist dieses Denkmodell offensichtlich auf dem Niveau angekommen, wo sich die Wissenschaft vor Darwin befand: auf dem Niveau des dogmatischen biblischen Schöpfungsmythos.

Was bleibt, um den Abstieg zu vollenden, dann noch übrig? Ein Prozeß weiterer Verwässerung und Entdarwinisierung des »Darwinismus«. Zum einen war immer klarer geworden, daß es den von Darwin beschworenen gnadenlosen »Kampf ums Dasein« in der Natur so nicht gab, zum anderen lebte man nicht mehr in einer Zeit des Imperialismus und Kolonialismus, sondern der Marktwirtschaft. Also wurde zuerst der »Kampf ums Dasein«, der bei Darwin noch ganz eindeutig ein Kampf war, ein Krieg (»war of nature«) mit Schlachten (»battle«) und Geschlachtetwerden, in einen »Wettbewerb« umfunktioniert. Und dann wurde die »fitness«, die den »fittesten« überleben läßt im »survival of the fittest – Kampf ums Dasein«, die bei Darwin schlicht und einfach noch Stärke und Kampfkraft war (»Die Stärksten siegen, und die Schwächsten erliegen«), in »Fortpflanzungserfolg« umdefiniert. Aber eine »fitness«, die nur darin besteht, sich ohne Rücksicht auf irgendwen oder irgendwas zu vermehren, ist wie gesagt die Ideologie der Krebszelle. Und eine solche Auffassung ist, abgesehen davon, daß die Natur nicht in diesem Sinne verfährt, auch nicht im Sinne Darwins. Doch wenn man den »Kampf ums Dasein« aus dem Denkmodell entfernt, entfernt man auch den Selektionsvorteil der kleinen Veränderungen, aus deren Akkumulation die »natürliche Selektion« besteht. Was bleibt dann noch? Ernst Mayr meint: »Einem Teil, vielleicht sogar einem Großteil des Überlebens liegt ein zufallsabhängiger Prozeß zugrunde, das heißt: Glück.«[85]

Aber von »Glück« und »Zufall« war bei Darwin nicht die Rede. Und dies sind beides auch nicht gerade Begriffe, die man als bestimmende Faktoren in einem wissenschaftlichen Denkmodell, das sich anmaßt, die Evolution erklären zu wollen, akzeptieren könnte.

Was also bleibt? Der »Darwinismus« in seiner heutigen Form ist ein bis zur Unkenntlichkeit verwässertes Zerrbild der ursprünglichen Darwinschen Lehre. Die alten Begriffe werden zwar noch benutzt, aber sie sind zu leeren Worthülsen geworden, die bei Bedarf mit dem jeweils passenden Inhalt gefüllt werden.

Was bei Darwin zwar falsch und widersprüchlich, aber doch immerhin in sich konsequent gestaltet war, ist nun zu einem diffusen, nichtssagenden, alles erklärenden Denkmodell geworden, das nichtsdestoweniger einen dogmatischen Ausschließlichkeitsanspruch erhebt, der es mit jeder konfessionell-religiösen Doktrin aufnehmen kann. Wer heute im akademischen Establishment Karriere machen oder auch nur bescheiden seinen Lebensunterhalt verdienen will, muß zuvor sein Bekenntnis zum »Darwinismus« ablegen. Nicht offiziell und feierlich, aber unter der Hand.

Egon Friedell hat den Ablauf der Französischen Revolution in Form einer Parabel beschrieben. Sie beginnt im Absolutismus Ludwigs XVI. und endet im Absolutismus Napoleons. Der »Darwinismus« hat in seinem Aufstieg und Fall eine ähnliche Kurve beschrieben. Er begann vor Darwin, mit Kant, Goethe, Lamarck und anderen, stieg auf bis zu Darwin, ging weiter und fand seinen Höhepunkt in Haeckel, stieg dann ab über Weismanns reduktionistischen »Neodarwinismus« und weiter, ein Motiv nach dem anderen ablegend, bis zu der heutigen Ausprägung des »Darwinismus«, mit der die wissenschaftliche Evolutionslehre dort angekommen ist, wo sie vor Darwin war: auf dem Niveau eines dogmatischen, den beobachtbaren Tatsachen und der Logik widersprechenden und die Forschung einengenden Schöpfungsmythos.

Dies allein sollte schon Grund genug sein, sich vom »Darwinismus« zu trennen. Hinzu kommt noch, daß dieses Denkmodell heute unzeitgemäß, unökologisch und nicht mehr nützlich ist. Es hatte vor Zeiten eine historische Funktion, und aus dieser heraus ist auch sein Erfolg erklärbar. Darwins Theorie entsprach einem Bedürfnis der Menschen seiner Zeit. Wie genau er den Zeitgeist getroffen hatte, zeigt unter anderem die Tatsache, daß die erste Auflage seines Buches über »Die Entstehung der Arten« bereits am Erscheinungstag ausverkauft war. Die Menschen – nicht alle, aber immerhin eine erhebliche Anzahl – waren des alten Mannes mit dem weißen Bart, der alles unveränderlich geschaffen hatte, überdrüssig. Sie waren auch der Unveränderlichkeit der Lebewesen und ihrer Stellung im Rahmen der Schöpfung überdrüssig – vor allem, was den Bereich der menschlichen Gesellschaft anbetraf. Sie waren ebenso der spirituellen Diktatur der Kirche überdrüssig – und sie begrüßten alles, was diese Prinzipien schwächte oder gar widerlegte.

Das Bild, das Darwin von der Natur und der Evolution entwarf, erschien den Menschen vertraut. Kein Wunder – denn sein zentrales Motiv stammte ja auch aus der Gesellschaftsphilosophie. Karl Marx, der die »Entstehung der Arten« zuerst begrüßt hatte, dann aber eine eher kritische Haltung einnahm, schrieb an Friedrich Engels: »Es ist merkwürdig, wie Darwin unter Bestien und Pflanzen seine englische Gesellschaft mit ihrer Teilung der Arbeit, Konkurrenz, Aufschluß neuer Märkte, ›Erfindungen‹ und Malthusschem ›Kampf ums Dasein‹ wiedererkennt.«

Und Egon Friedell ergänzt: »Diese Vorstellungsweise macht die Natur zu einer Einrichtung, in der es englisch zugeht, nämlich: erstens freihändlerisch, indem die Konkurrenz entscheidet, zweitens korrekt, denn nur was am wenigsten shocking ist, das Passendste, überlebt, drittens liberal, denn es herrscht ›Fortschritt‹, und die Nouveautés sind immer zugleich Verbesserungen, viertens aber zugleich konservativ, denn der Kampf um den Fortschritt vollzieht sich ›organisch‹: in langsamen Übergängen und durch Majoritätssiege.«[86]

Darwins Thesen waren materialistisch-mechanistisch – das entsprach dem Zeitgefühl. Seine Schlagworte, die er von Herbert Spencer übernommen hatte – »natural selection« und »survival of the fittest« –, waren griffig, seine Argumente erschienen einleuchtend – solange man sie oberflächlich betrachtete und nicht ins Detail ging. Und vor allem lieferten sie eine hervorragende Entschuldigung für Verhaltensweisen, die zwar dem Egoismus des einzelnen dienten, vom menschlich-moralischen Standpunkt aus aber verwerflich waren: Unterdrückung und Ausbeutung bis hin zur Vernichtung der Schwächeren durch die Stärkeren oder die »begünstigten Rassen«, die Darwin ja auch im Titel seines Buches ausdrücklich erwähnt.

Am Ende der »Entstehung der Arten« schreibt er: »So geht aus dem Krieg der Natur, aus Hunger und Tod unmittelbar die Lösung des höchsten Problems hervor, das wir zu fassen vermögen, nämlich die Erzeugung der höheren Tiere.« Und so müssen die Arbeiter dem Fabrikbesitzer, die Sklaven dem Plantagenbesitzer geradezu dankbar sein, wenn er sie hungern läßt und zu Tode schindet, denn dadurch bekommen sie – und ihre Nachkommen – ja die Chance, sich höher zu entwickeln und vollkommener zu werden.

Wenn Darwin in einer Arbeiterfamilie seiner Zeit aufgewachsen wäre und zugesehen hätte, wie seine Geschwister an Unterernährung sterben – ob er dann auch noch Hunger und Tod als schöpferische Kräfte angesehen hätte?

Indem Darwin das Recht des Stärkeren und den blinden Egoismus als Grundprinzipien der Natur und als »Motor« der Evolution darstellte, gab er den Menschen eine hervorragende Begründung, sich aus der Verantwortung zu stehlen: »Wir würden ja gerne menschlich handeln – aber die Natur läßt uns nicht.« Diese Prinzipien hat Darwin aber nicht aus der Naturbeobachtung abgeleitet, sondern er hat sie aus der Gesellschaftsphilosophie bezogen und auf die Natur projiziert – zu Unrecht, wie wir heute wissen –, und dann wurden sie von dort wieder als Entschuldigung zurückimportiert.

Krieg und Gewalt, Hunger und Tod wurden dabei zu schöpferischen, konstruktiven Prinzipien umfunktioniert. Aber das sind sie nicht. Und nach zwei Welt- und zahllosen Kleinkriegen hat sich das mittlerweile wohl auch herumgesprochen – zumindest beim denkenden Teil der Menschheit. Und das ist ein weiterer Grund, sich vom »Darwinismus« zu verabschieden.

Die Entwicklungslehre hatte ursprünglich eine stark emanzipatorische Komponente. Man wollte sich von der Bevormundung durch einen allmächtigen Schöpfer lösen, unabhängig sein, sich selbst verwandeln, entwickeln und aufsteigen. Freiheit und Selbstgestaltung waren das Ziel. Ein stolzes Gefühl erfüllte die Menschen, wie es in Goethes »Prometheus« anklingt und wie es auch aus den Worten Rudolf Steiners aus dem Jahr 1897 spricht: »Wer an die Gedanken Darwins und Lyells glaubt, steht den Naturkräften anders gegenüber als derjenige, welcher an die überirdischen Götter sich hält. Die Götter können ihm nicht mehr helfen, ihm nicht mehr schaden, sie können ihn nicht belohnen und nicht bestrafen. Er ist frei geworden von Furcht und Hoffnung gegenüber unerforschlichen Gewalten. Das Natürliche ist ihm das All, und das Natürliche kann man erforschen. Man kann es auch bezwingen und in den Dienst der menschlichen Ideen stellen. [...] Die Weltanschauung des Stolzes, des selbstbewußten Menschen haben Darwin und Lyell an die Stelle der Weltanschauung der Demut, der Unterwürfigkeit gesetzt, Zur Befreiung der Menschheit haben sie Unsagbares getan ...«[87]

Davon ist heute nicht mehr viel übriggeblieben. Die Geschichte des »Darwinismus« ist auch eine Geschichte der schrittweisen Demontierung dieser emanzipatorischen Impulse. Bei Lamarck war das Motiv noch am deutlichsten. Bei ihm galt das »innere Bedürfnis« der Lebewesen als Motor der Evolution. Sie wollten sich verwandeln – und indem sie ihre Gewohnheiten änderten, änderten sie ihre Merkmale und Eigenschaften. Diese vererbten sie an ihre Nachkommen, die den Weg fortsetzten, in Auseinandersetzung mit der Umwelt sich weiter verwandelten und ihre neuen Fähigkeiten wiederum vererbten – und immer so weiter. Evolution war ein aktiver Prozeß, der von den Lebewesen gestaltet wurde.

Darwin ging in dieser Hinsicht schon einen Schritt zurück, indem er das »innere Bedürfnis« durch einen äußeren Mechanismus ersetzte, aber er ließ noch eine Veränderung durch Gebrauch oder Nichtgebrauch und eine »Vererbung erworbener Eigenschaften« zu. Haeckel hat sich wieder mehr in Richtung Lamarck bewegt und die aktive Anpassung noch stärker betont. Er hat außerdem, durch seinen Pantheismus, eine unterschwellig demokratische Komponente eingeführt. Beseelte Atome finden sich zu beseelten Molekülen und diese sich zu beseelten Zellen zusammen, die beseelte Körper bilden – und so wird die Evolution von unten her gestaltet. Auch wenn Haeckel selbst nicht von Demokratie spricht – derartiges gab es zu seiner Zeit in Deutschland noch nicht –, so ergibt sich doch ein solches Bild aus seinen Anschauungen.

Mit Weismann kam ein kräftiger Sprung abwärts. Indem er die »Vererbung erworbener Eigenschaften« aus dem Denkmodell entfernte, entfernte er auch die aktive Anpassung. Die Lebewesen gestalten sich und die Evolution nun nicht mehr selbst, sondern sie werden gestaltet. Zufall und innerer »Kampf der Teile« führen zu äußerer Angepaßtheit, die wiederum bewährt sich im »Kampf ums Dasein« oder geht unter. Im weiteren Verlauf der Evolution des »Darwinismus« verschwindet der innere Kampf, und nur der Zufall bleibt als Gestalter übrig. Dann verwandelt sich der äußere Kampf in »Wettbewerb«, und das Überleben wird auch dem Zufall unterstellt, man hat halt einfach »Glück«, wenn man es schafft – und wenn nicht, hat man Pech gehabt.

Die biblische Schöpfungslehre vor Darwin machte den Menschen zum Sklaven göttlicher Willkür, er war von Gott geschaffen worden und hatte sich damit abzufinden. Nicht er selbst bestimmt sein Schicksal, sondern Gott. Der »Darwinismus« unserer Tage macht den Menschen zum Sklaven des Zufalls – er ist vom Zufall geschaffen und hat sich damit abzufinden. Nicht er selbst bestimmt sein Schicksal, sondern seine Gene. Das System ist das gleiche, nur die Namen haben sich geändert. Die Entwicklungslehre ist am Ende wieder da angekommen, wo sie vor ihrem Anfang war: in einer Philosophie, die den Menschen entmündigt. Und sie ist trostloser als die vorherige, denn ihr ist der Bezug zu einer höheren geistigen Ebene unterwegs abhanden gekommen.

Sie hat den Menschen keine Freiheit gebracht und der Wissenschaft auch nicht. Der »Darwinismus« ist zu einer Zwangsjacke geworden, unter der die Biologie erstickt. Die Notwendigkeit, alle Fakten – auch die, die beim besten Willen nicht hineinpassen –

in diesem Denkmodell unterzubringen, hat zu seltsamen Gedankenkonstruktionen geführt, die eine Vergewaltigung der Vernunft darstellen. Und der Anspruch des »Darwinismus«, die endgültige und ein für allemal richtige Erklärung der Evolution zu sein, hat der Biologie ihre Zukunft genommen.

Aber dieses Denkmodell ist nicht die absolute Wahrheit, es ist nicht einmal eine wissenschaftliche Theorie, es ist eine Arbeitshypothese, die sich zu einem Schöpfungsmythos aufgebläht hat.

Der Biologe Joachim Illies hat den »Darwinismus« als einen »Jahrhundertirrtum« bezeichnet. Daß er es ist, läßt sich an allen seinen Komponenten im Detail nachweisen. Und der Zoologe Wilhelm Keferstein meinte, der »Darwinismus« sei »der Traum eines Mittagsschläfchens«.

Dieser »Jahrhundertirrtum«, dieses »Mittagsschläfchen«, dauert nun immerhin schon 140 Jahre. Wäre es nicht langsam an der Zeit aufzuwachen?

III. Eine Mythensammlung

»*Es gibt drei wissenschaftliche Mythen: Phlogiston in der Chemie, Äther in der Physik und Selektion in der Biologie.*«   Antonio Lima-de-Faria

»*Die neue dogmatische Biologie hat große Triumphe errungen und große Schäden verursacht. Durch ihre Bereitwilligkeit, alles zu erklären, hat sie uns darüber hinweggetäuscht, daß wir nur wenig verstehen. Sie hat uns den Schlüssel zu einem sehr kleinen Schloß geliefert; und am Ende ist es nur ein Luftschloß. Irgendwie kann ich mich des Gefühls nicht erwehren, daß uns noch eine ganze Dimension zum Verständnis einer lebenden Zelle fehlt; und ich meine nicht die vis vitalis.*«
E. Chagraff

»*Die Tatsache, daß eine derart vage, ungenügend beweisbare, und so weit von den in der ›strengen‹ Wissenschaft üblicherweise angewandten Kriterien entfernte Theorie zu einem anerkannten Dogma werden konnte, läßt sich nach meiner Meinung nur auf soziologischer Grundlage erklären. Gesellschaft und Wissenschaft waren so von den Ideen des Mechanismus, Utilitarismus und dem ökonomischen Konzept des freien Wettbewerbs durchdrungen, daß man das Selektionsprinzip an Gottes Stelle setzte und als die letzte Realität ansah.*«
L. v. Bertalanffy

1. Der Mythos vom »Kampf ums Dasein«

>*»Die Evolution mit ihrer unentwirrbaren Komplexität, mit ihren Schöpfungen, ihren Richtungen, ihrer Geschichtlichkeit und ihren gelegentlichen Widersprüchen, hat keinerlei Ähnlichkeit mit dem allzu einfachen, ärmlichen und, im Ganzen genommen, ungenauen Bild, das die Theorien von ihr entworfen haben.«*　Pierre Grassé

Für Darwin war der Krieg der Vater der Evolution. Während er selbst immer nur ein Schreibtischkrieger war, der dem »Kampf ums Dasein« aus dem Weg ging und auch für seine Ideen nicht in den Ring stieg, sondern andere, wie Hooker und Huxley für sich kämpfen ließ, verherrlichte er andererseits den Krieg – als den Erzeuger der Lebewesen, als die Ursache der Evolution. Und daß er dies ernst meinte, zeigt sich darin, daß er es in seinem Buch oft erwähnt, und am Ende, im letzten Absatz, noch einmal ausdrücklich betont hat: »So geht aus dem Krieg der Natur, aus Hunger und Tod unmittelbar die Lösung des höchsten Problems hervor, das wir zu fassen vermögen, nämlich die Erzeugung der höheren Tiere.«

Daß das Leben ein Kampf und daß die Natur grausam und feindlich ist, war für Darwin und seine Zeitgenossen selbstverständlich, auch für die, die selbst nichts davon spürten. Der Gedanke hatte Tradition. Schon Thomas Hobbes (1588–1679), der große englische Philosoph des 17. Jahrhunderts, war davon überzeugt, daß der »Krieg aller gegen alle« (»bellum omnium contra omnes«) der Naturzustand war. Und der Mensch, so schrieb er, sei »dem Menschen ein Wolf« (»homo homini lupus«). Da allerdings tut er den Wölfen unrecht, die sehr soziale Tiere sind und sich gegenseitig helfen und unterstützen. Es wäre schön, wenn der Mensch dem Menschen ein Wolf wäre, aber leider ist er dem Menschen ein Mensch – und benimmt sich dabei bestialischer als jedes Tier. Nicht immer, aber immer wieder.

Der britische Sozialphilosoph Thomas Robert Malthus hatte Ende des 18. Jahrhunderts in seiner Schrift »Über die Bedingungen und Folgen der Volksvermehrung« ausgeführt, daß durch die ungehemmte Fortpflanzung der Menschen ein Bevölkerungsüberschuß entsteht, der einen allgemeinen Kampf um Nahrung und Raum zur Folge hat. Der Philosoph Herbert Spencer prägte dann in diesem Zusammenhang die Schlagworte vom »Kampf ums Dasein« (»struggle for life«) und vom »Überleben des Tüchtigsten« (»survival of the fittest«). Diese Gedanken hat Darwin nun übernommen, auf die Natur projiziert und daraus seinen Evolutionsmechanismus konstruiert, in dem der Begriff vom »Kampf ums Dasein« einen der wichtigsten Grundpfeiler darstellt: »Wie entstehen diese Gruppen von Arten, welche das bilden, was man verschiedene Genera[88] nennt und mehr als die Arten dieser Genera voneinander abweichen? All diese Resultate erfolgen [...] aus dem Kampfe um's Dasein. In diesem Wettkampfe [im Original: ›struggle for life‹] werden Abänderungen, wie gering und auf welche Weise immer sie entstanden sein mögen, wenn sie nur einigermaßen vorteilhaft für die Individuen einer Spezies sind, in deren unendlich verwickelten Beziehungen zu anderen organischen Wesen und zu den physikalischen Lebensbedingungen, die Erhaltung solcher Individuen zu unterstützen und sich gewöhnlich auf deren Nachkommen zu übertragen neigen. Ebenso wird der Nachkömmling mehr Aussicht haben, leben zu bleiben, denn von den vielen Individuen dieser Art, welche von Zeit zu Zeit geboren werden, kann nur eine kleine Zahl am Leben bleiben. Ich habe dieses Prinzip, wodurch jede solche geringe, wenn nur nützliche Abänderung erhalten wird, mit dem Namen ›natürliche Zuchtwahl‹ [im Original: ›natural selection‹] belegt, um dessen Beziehung zum Wahlvermögen des Menschen zu bezeichnen. Doch ist der oft von Herbert Spencer gebrauchte Ausdruck ›Überleben des Passendsten‹ [im Original: ›survival of the fittest‹] zutreffender und zuweilen gleich bequem.«[89]

Es wird gelegentlich von »Darwinisten« darauf hingewiesen, daß die Formulierung »survival of the fittest« in der ersten Auflage der »Entstehung der Arten« gar nicht enthalten war – was richtig ist. Aber die daraus abgeleitete Schlußfolgerung, sie sei »nichts anderes als eine Sprachfigur, die völlig entbehrlich ist, wenn es darum geht, die Evolutionslehre zu begründen«[90], geht denn doch ein wenig zu weit. Darwin jedenfalls hat diesen Ausdruck ernst genommen und ihn keineswegs als eine bloße »Sprachfigur« gesehen.

In der Tat ist aus heutiger Sicht das »Survival-of-the-fittest«-Prinzip nicht nur entbehrlich, sondern sogar unbrauchbar, wenn es darum geht, die Evolution zu erklären – aber aus der Darwinschen Evolutionshypothese kann man es nicht entfernen, ohne das ganze Gebäude zum Einsturz zu bringen. Und es ist, neben dem »Kampf ums Dasein«, einer der Begriffe, die im Bewußtsein der Öffentlichkeit untrennbar mit dem »Darwinismus« verbunden sind.

An der eigentlichen Bedeutung des »survival of the fittest« ist ausgiebig heruminterpretiert worden. Darwins Übersetzer J. Victor Carus schreibt durchgehend »Überleben des Passendsten« – aber ist das auch gemeint? Darwin jedenfalls benutzt den Ausdruck »the best adapted to survive«, wenn er vom »Überleben des

Passendsten« oder »am besten Angepaßten« spricht. Was also heißt »survival of the fittest« im Darwinschen Sinne wirklich?

Der Ausdruck »fit« hat im Englischen zwei Bedeutungen – einmal »passend«, im Sinne eines Schlüssels beispielsweise, der ins Schloß paßt, zum andern bedeutet es »tüchtig« oder »stark«.

Ein Schlüssel paßt, oder er paßt nicht. Es gibt keinen »passendsten« Schlüssel, der Superlativ ist sinnlos. Daß er trotzdem gebraucht wurde, weist darauf hin, daß fit eher in dem Sinne gemeint war, wie es in den heutigen Fitneßstudios üblich ist – der Fitteste ist der Stärkste, der mit den meisten Muskeln. Aber auch in dieser Bedeutung ist der Superlativ sinnlos – denn wenn tatsächlich nur »der Stärkste« überleben würde, dann dürfte es auf unserem Planeten heute nur noch ein einziges Lebewesen geben, nämlich eben das Stärkste. Es gibt aber doch augenscheinlich ein paar mehr. »Survival of the fittest« ist ein reduktionistisches Prinzip – am Anfang (von was auch immer, sei es Spiel oder Ernst) gibt es viele (wovon auch immer, Mäuse oder Menschen, Tiere oder Pflanzen, Fisch oder Fleisch) – am Ende kann es nur noch einen geben: den »Fittesten« oder »Stärksten« oder »Passendsten«. Wenn man es wörtlich nimmt, in welcher Bedeutung des Wortes auch immer, kann dieses Prinzip in der Evolution eine Rolle gespielt haben. Denn sie ist ganz offensichtlich, und das sehen auch die »Darwinisten« so, genau andersherum verlaufen. Am Anfang hat es nur einen gegeben – oder einige wenige –, am Ende sind es unzählbar viele geworden, verteilt auf ungefähr zwei bis zehn Millionen Arten, vielleicht auch ein paar mehr, die Wissenschaftler sind sich darüber noch nicht ganz einig.

Worüber sie sich heute weitgehend geeinigt haben, ist die Annahme, daß es auf unserem Planeten am Anfang nur ein paar Einzeller gab, die sich in der »Ursuppe« tummelten – woher sie kamen, ob als Anhalter aus der Galaxis auf irgendwelchen Meteoriten, als Selbstorganisatoren aus einfachen Molekülverhältnissen oder als geschaffene Produkte aus dem Bastelkasten einer höheren Instanz, sei dahingestellt. Jedenfalls begannen sie vor einigen tausend Millionen Jahren mit einem Prozeß, an dessen Ende – wie und warum er auch immer abgelaufen sein mag – die Erde in ihrer heutigen Form steht, mit dieser gewaltigen Fülle von Lebensformen. Das ist ein konstruktiver und kreativer Prozeß, mit dem sich nichts, aber auch gar nichts, was der Mensch bisher geschaffen hat, auch nur im entferntesten vergleichen läßt. Kein reduktionistisches Prinzip – weder ein »Kampf ums Dasein« noch ein »survival of the fittest«, kein »war of nature« oder »battle of life« (Ausdrücke, die Darwin immer wieder benutzte) – kann etwas Derartiges leisten. Denn Krieg ist, nach allem, was wir aus der Geschichte wissen, immer destruktiv – er baut nicht auf, sondern zerstört. Ganz im Gegensatz zur Evolution.

Aber was war es dann? Peinliche Frage. Anstatt sich ernsthaft mit ihr auseinanderzusetzen, ziehen es die »Darwinisten« vor, sich von der Logik zu verabschieden und einer blinden, destruktiven Kraft intelligente, schöpferische Aktionen zu unterstellen.

Für Darwin und seine Zeitgenossen war »fitness« einfach Stärke, Kampfkraft, Tüchtigkeit. Er selbst sprach davon, daß »jegliche Form, die keine Veränderung und Verbesserung erfährt, der Ausrottung preisgegeben« (»liable to be exterminated«) sei, oder von der »Vernichtung der minder vollkommenen« (»extinction of the less improved«) und »der mittleren Lebensformen«, oder er meinte ganz einfach: »Die Stärksten siegen, und die Schwächsten erliegen.«

Und sein Freund und Vorkämpfer T. H. Huxley schrieb: »Vom Gesichtspunkt des Moralisten aus steht die Tierwelt ungefähr auf derselben Stufe wie eine Gladiatorenveranstaltung. Die Lebewesen werden leidlich behandelt und zum Kampf miteinander losgelassen, und die stärksten, schnellsten und schlausten bleiben am Leben, um einen weiteren Tag zu kämpfen. Der Zuschauer braucht seinen Daumen nicht abwärts zu drehen – es gibt ohnehin keine Begnadigung.«[91]

Das verblüffende dabei ist nur, daß im gleichen Biotop neben den Starken auch Schwache leben, neben den Schnellen auch Langsame, neben den Schlauen auch Dumme, neben den Großen auch Kleine, neben den Hochkomplizierten auch Einfache, neben den Bewaffneten auch Unbewaffnete, neben den Aggressiven auch Friedliche, neben den Giftigen auch Ungiftige – und alle können und dürfen so sein, wie sie sind. Die Mehrheit stirbt eines natürlichen Todes. Seltsam, höchst seltsam (wenn man es aus »darwinistischer« Sicht sieht). Als sich mehr und mehr herausstellte, daß in der Natur kein gnadenloser »Kampf ums Dasein« stattfindet und nicht nur die »fittesten« im Darwinschen Sinne überleben, zogen sich die »Neodarwinisten« aus der Affäre, indem sie »fitness« als »Fortpflanzungserfolg« definierten: »Besonders tauglich im Sinne der Evolutionstheorie ist nicht der Stärkste, sondern dasjenige Individuum, das die höchste Zahl von Nachkommen hat, die ihrerseits wieder zur Fortpflanzung gelangen«, so kann man zum Beispiel in einem deutschen Schulbiologiebuch für die Oberstufe lesen.

Allerdings steht nun diese Auffassung, angesichts der vielfachen Formen der Geburtenbeschränkung in der Natur, die Darwin und seine Nachfolger aber offenbar übersehen haben, in direktem Gegensatz zur beobachtbaren Realität.

Ungehemmte Fortpflanzungsmaximierung betreiben wie gesagt nur der Mensch und die Krebszelle – und zerstören damit die Umwelt, in der sie leben. Die Ideologie der Krebszelle ist ganz sicher nicht das Patentrezept der Evolution – sie ist ein Rückfall in eine Zeit, die gut zwei bis drei Milliarden Jahre zurückliegt, als der Gärungsstoffwechsel Mode war und die Evolution noch gar nicht richtig angefangen hatte. Und wenn die Natur (oder wer auch immer) nicht ein Mittel gefunden hätte, diese Ideologie zu bremsen bzw. durch eine andere zu ersetzen, hätte die Evolution auch gar nicht stattgefunden, und die Erde befände sich heute immer noch auf der Stufe von Einzellern, die ebenso omnipotent und unsterblich wären wie die Krebszellen.

Der Begriff »survival of the fittest« hat sich in den Köpfen vieler Menschen und vieler Machtpolitiker festgesetzt, auch wenn sie Darwin gar nicht gelesen haben, und er hat in der Vergangenheit viel Schaden angerichtet. Es ist daher verständlich, wenn die »Darwinisten« ihn heute unter den Teppich kehren und aus der Evolutionstheorie entfernen möchten. Aber man darf nicht vergessen, daß »survival of the fittest« ja nur ein anderer Ausdruck für die »natürliche Selektion« ist, den Darwin benutzte, weil er ihn »zutreffender und zuweilen gleich bequem« fand. Und die »natürliche Selektion« besteht darin, daß ein Lebewesen, wenn es eine »unendlich kleine (›infinitesimally small‹) ererbte Veränderung«[92] aufweist, die ihm einen Vorteil im »Kampf ums Dasein« verschafft, sich durchsetzt. Indem dieser Prozeß sich wiederholt und die winzigen Verbesserungen sich akkumulieren, entstehen dann neue Arten.

Allerdings weist Darwin an einer Stelle darauf hin, daß er den Ausdruck »Kampf ums Dasein« in einem »weiten und metaphorischen Sinne« (»large and metaphorical sense«) gebraucht, also selbst da, wo er eigentlich nicht angebracht ist. »Man kann auch sagen, eine Pflanze kämpfe am Rande der Wüste gegen die Trokkenheit«, meint er, oder die Mistel »kämpfe mit anderen beerentragenden Pflanzen, damit sie die Vögel veranlasse, eher ihre

Früchte zu verzehren und ihre Samen auszustreuen als die der anderen.«[93]

Während die Verwendung von solch militaristischem Vokabular hier einfach fragwürdig ist und den wahren Sachverhalt verzerrt, benutzt Darwin es aber an vielen anderen Stellen durchaus nicht metaphorisch, sondern im wörtlichen Sinne, vor allem wenn er immer wieder von der »großen Schlacht des Lebens« (»great battle of life«) und vom »Krieg der Natur« (»war of nature«) spricht. Darwins Sprache ist hier ganz eindeutig. Der »Kampf ums Dasein« gilt für ihn als das »entscheidendste aller Kriterien«.[94] Und wenn er von »wiederholten Kämpfen auf Tod und Leben spricht«,[95] dann ist das ernst gemeint – und keineswegs ein »irreführend bildhafter Ausdruck«,[96] wie manche »Neodarwinisten« glauben machen möchten.

Allerdings haben die meisten heutigen Wissenschaftler Darwin wohl gar nicht im Original gelesen – gemäß dem alten polnischen Sprichwort: »Wer denkt mitten im Strom noch an die Quelle.« Und zudem wird Darwins kriegerische Ausdrucksweise auch ein wenig durch die Übersetzung von Victor J. Carus verschleiert, der, wenn Darwin von »war« oder »battle« spricht, fast durchgehend dafür den neutraleren Begriff »Kampf« einsetzt. Oder von »Wettbewerb« spricht, wenn Darwin »struggle« schreibt. Aber Wettbewerb heißt im Englischen »competition«, und diesen Ausdruck benutzt Darwin auch gelegentlich und macht damit klar, daß er zwischen »competition« und »struggle« ebenso unterscheidet wie zwischen »struggle« und »war« oder »battle«. Darwin drückt sich da schon deutlich aus, und man sollte ihm zugestehen, daß er auch meint, was er sagt – und nicht unnötig daran heruminterpretieren.

Ursache für den allgemeinen »Kampf ums Dasein« ist für Darwin die ungehemmte Vermehrung der Lebewesen und die daraus resultierende Überbevölkerung: »Ein Kampf ums Dasein tritt unvermeidlich ein in Folge des starken Verhältnisses, in dem sich alle Organismen zu vermehren streben.«[97] Dabei geht er von der Annahme aus, daß es in der Natur keine »Geburtenkontrolle« gibt – das aber hat er nicht aus der Naturbeobachtung abgeleitet, sondern aus der Gesellschaftsphilosophie übernommen: »Es ist die Lehre von Malthus in verstärkter Kraft auf das gesamte Tier- und Pflanzenreich übertragen, denn in diesem Falle ist keine künstliche Vermehrung der Nahrungsmittel und keine vorsichtige Enthaltung vom Heiraten möglich. [...] Es gibt keine Ausnahme von der Regel, daß jedes organische Wesen sich auf natürliche Weise in einem so hohen Maße vermehrt, daß, wenn keine Zerstörung einträte, die Erde bald von der Nachkommenschaft eines einzigen Paares bedeckt sein würde.«[98]

Selbstbegrenzung statt Kampf

Heute wissen wir, daß dies falsch ist. Im Gegensatz zur menschlichen Gesellschaft verfügt die Natur über eine Fülle von Mechanismen, die eine zu starke Vermehrung einzelner Arten verhindern. Es gibt soziale Mechanismen (wie das Revierverhalten der Vögel zum Beispiel), es gibt hormonale (wenn bei Überbevölkerung das Fruchtbarkeitsalter der weiblichen Jungtiere später eintritt), es gibt von außen eingreifende wie Freßfeindschaft oder Seuchen, und noch ungeklärte, aber offenbar effektive derartige Vorgänge bis zum »Kollektivselbstmord« wie beispielsweise bei den Lemmingen.

Darwin selbst schrieb: »Was für Hindernisse es sind, welche das natürliche Streben jeder Art nach Vermehrung ihrer Individuenzahl beschränken, ist sehr dunkel.«[99] Und er wußte auch, daß es erhebliche Unterschiede in der Fortpflanzungsrate gibt: »Der Eissturmvogel *(Procellaria glacialis)* legt nur ein Ei, und doch glaubt man, daß er der zahlreichste Vogel in der Welt ist. Die eine Fliege legt hundert Eier und die andere, wie z.B. *Hippobosca,* deren nur eines, diese Verschiedenheit bestimmt aber nicht die Menge der Individuen, die in einem Bezirk ihren Unterhalt finden können.«[100] Darwin sieht also diesen Sachverhalt durchaus, aber er geht ihm nicht weiter auf den Grund, sondern behauptet statt dessen nur immer wieder, »daß man von jedem einzelnen organischen Wesen sagen kann, es strebe nach der äußersten Vermehrung seiner Anzahl«[101]. Aber diese Aussage ist schlicht und einfach unzutreffend.

Sicherlich gibt es Lebewesen, die sehr viele Nachkommen erzeugen, aber von diesen werden dann auch regelmäßig sehr viele gefressen. Im Serengeti-Hochland, wo zahlreiche Impala-Antilopen leben, fällt die Hälfte aller neugeborenen Kälber schon in den ersten Tagen ihres Lebens den Raubtieren zum Opfer. Die Meeresschildkröten an der Ostküste Australiens legen bis zu hundert Eier oberhalb der Hochwasserlinie in Höhlungen am Strand ab. Wenn die kleinen Schildkröten später schlüpfen, müssen sie, verfolgt von ihren Freßfeinden, vor allem Möwen, so schnell wie möglich das Meer erreichen. Nur etwa fünf Prozent kommen dort an; und im Wasser warten andere Feinde, bis hin zum Menschen schließlich, zu dessen bizarren Eßgewohnheiten auch der Appetit auf Schildkrötensuppe gehört.

Andererseits ist es gewöhnlich die Regel, daß ein Lebewesen um so weniger Nachkommen hat, je geringer die Gefahr ist, gefressen zu werden. Die Elefantenkuh bringt nur alle vier bis fünf Jahre ein Kalb zur Welt, nach einer Tragzeit von 22 Monaten – und auch dies nur höchstens achtmal in ihrem Leben. In Notzeiten können die Pausen zwischen zwei Schwangerschaften sogar

bis auf neun Jahre ansteigen, und die Geschlechtsreife der Jung-
kühe, die gewöhnlich mit zwölf Jahren eintritt, verschiebt sich
auf das achtzehnte Lebensjahr.

Darwin meinte, der »Kampf ums Dasein« müßte »fast ohne
Ausnahme am heftigsten zwischen Individuen der gleichen Art«
sein, die »das gleiche Gebiet bewohnen und die gleiche Nahrung
verlangen«. Aber die Elefanten machen es anders – sie bestimmen einfach selbst die Zahl ihrer Nachkommen entsprechend
den äußeren Umständen, vermeiden eine Überbevölkerung und
drücken sich undarwinistischerweise vor der »großen Schlacht
des Lebens«.

Viele Tiere, vielleicht sogar alle, steuern ihre Nachkommenschaft nach Bedarf selbst. Wenn die Biberbevölkerung in einem
Gebiet zu groß wird, bleiben die erwachsenen Töchter länger als
sonst bei den Eltern. Aber die Töchter bleiben enthaltsam – nur
das Muttertier pflanzt sich fort.

Auch bei unseren Rotfüchsen bleiben die Töchter in der Familie, wenn die Bevölkerungsdichte zu groß wird, und machen,
obwohl geschlechtsreif, gerade das, was Darwin ihnen nicht zugetraut hat: Sie betreiben »vorsichtige Enthaltung vom Heiraten«.

Ähnliches wird von den Zwergmungos berichtet. Diese kleinen
Raubtiere, die zur Verwandtschaft der Hyänen gehören, sind in
den Buschsteppen Afrikas zu finden. Sie leben in Großfamilien
von zehn bis fünfundzwanzig Individuen zusammen, sind Fremden gegenüber sehr aggressiv, untereinander aber ausgesprochen
kooperativ und sozial. Chef des jeweiligen Clans ist die »Fami-
lienmutter«, die nicht nur das Sagen hat, sondern sich auch als
einzige fortpflanzen darf. Alle anderen Familienmitglieder werden an der Paarung gehindert. Falls das mißlingt und es doch
einmal zu einem »Fehltritt« kommt, werden die daraus entstan-

denen Kinder getötet, oft sogar gefressen. Nicht gerade ein Fall von »darwinistischer« Fortpflanzungsmaximierung.

Auch bei großen Raubtieren findet man Beispiele für Selbstbeschränkung. Die Löwen erledigen dies durch eine rigorose Freßrangordnung. Obwohl die Beute von den weiblichen Mitgliedern erjagt wird, haben die zwei bis drei männlichen Herrscher des Rudels den Vortritt. Dann kommen die erwachsenen Weibchen, dann die Halbwüchsigen und ganz am Ende erst die Jungtiere. Solange sie gesäugt werden, haben sie zu allen Zitzen der Rudelmütter Zugang – nach der Entwöhnung aber stehen sie in der Schlange vor der Beutemahlzeit ganz an letzter Stelle. In kargen Zeiten sterben daher bis zu sieben von zehn Löwenkindern, bevor sie die Geschlechtsreife erlangt haben. Warum hat die »natürliche Selektion« den Löwen nicht zu besseren Tischmanieren verholfen? Warum hat sie ihnen nicht den Instinkt eingegeben, die anderen Raubtiere, die Leoparden und Schakale, die Geparden und Hyänen, niederzumachen, sich einen größeren Anteil an der Beute zu sichern und tatsächlich die »Könige der Tiere« zu werden? Aus irgendeinem geheimnisvollen Grund fehlt ihnen offenbar dieser »Survival-of-the-fittest«-Trieb, und so sind sie in Wirklichkeit nicht einmal die Herrscher der Savanne.

Auch außerhalb der Welt der Säugetiere gibt es jede Menge Beispiele für Selbstbegrenzung. Die Pfeilgiftfrösche Südamerikas sind extrem giftig und haben deshalb fast keine Feinde zu fürchten. Aber statt Tausende von Eiern zu legen, wie ihre europäische Verwandtschaft, bringen die Weibchen wenig Junge hervor – bei einer Art beispielsweise sind es gewöhnlich nur zwei. Bei einer anderen Art legt die Froschmutter ihre Eier in Blattkelche oder Felsspalten, die mit Wasser gefüllt sind. Mangels anderer Nahrung fressen sich dann die Kaulquappen gegenseitig auf, bis nur noch eine übrig ist. Das immerhin ist ein »Survival-of-the-fittest«-Prozeß, aber einer, der den Fortpflanzungserfolg verhindert, anstatt ihn zu fördern.

Wie paßt das nun wieder ins »darwinistische« Schema hinein? Warum ändern die Pfeilgiftfrösche nicht ihre Fortpflanzungsstrategie und erobern die Welt? Vielleicht deshalb, weil es in der Evolution gar nicht um Welteroberung und maximale Fortpflanzung geht?

Viele Lebewesen verschwenden viel zuviel Zeit bis zum Erreichen der Geschlechtsreife. Die Siebzehnjahrzikade etwa kommt, wie schon ihr Name sagt, nur alle siebzehn Jahre aus der Erde hervor, um sich zu paaren. Ginge es nicht auch ein bißchen früher, ein bißchen schneller? Die Flußperlmuscheln haben einen höchst komplizierten Vermehrungszyklus, bei dem die Larven sich fast ein Jahr lang in den Kiemen von Bachforellen festsetzen, um zu Jungmuscheln heranzuwachsen. Dann fallen sie ab und graben sich im Bachgrund ein, wo sie zwei Jahre im Untergrund leben, bevor sie wieder an die Oberfläche kommen, um sich ein Plätzchen in einer Muschelkolonie zu suchen. Dort wachsen sie dann etwa zwanzig Jahre lang heran, bis sie endlich geschlechtsreif werden und der Kreis sich schließen kann. Ginge es um Darwins willen nicht auch etwas schneller und etwas weniger kompliziert?

Die Aale schwimmen quer über den Atlantik, um sich zu paaren – warum können sie es nicht im heimischen Tümpel treiben wie andere Fische auch? Die Grünen Meeresschildkröten paddeln von Brasilien aus 2200 Kilometer übers Meer bis zur Insel Ascensión, nur um sich dort zu paaren und ihre Eier abzulegen. Glückwunsch zu dieser navigatorischen Leistung – aber ginge es nicht auch ein bißchen einfacher? Sie könnten doch viel öfter Eier legen und viel mehr Nachkommen erzeugen, wenn sie sich den weiten Weg sparten. Warum tut dieses dumme Tier Darwin nicht den Gefallen und strebt, wie es sich gehört, »nach der äußersten Vermehrung seiner Anzahl«?

Bei allen Klassen der Wirbeltiere findet sich Revierverhalten. Auch bei einigen Krebsen, Spinnen und verschiedenen Insekten, bei Grillen, Libellen und Gottesanbeterinnen zum Beispiel. Revierverhalten ist ebenfalls eine wirksame Form der Selbstbegrenzung.

Ein Beispiel für viele: der Höckerschwan. Er beansprucht ein Revier, in dem er samt Frau und Kindern nur 20 Prozent der erreichbaren Nahrung nutzt. Und er verteidigt diesen Bereich so heftig wie kaum ein anderer Vogel. Da nur die Schwäne brüten, die ein Revier besetzt haben – das sind etwa 15 bis 30 Prozent –, bleibt der größte Teil der Altschwäne von der Fortpflanzung ausgeschlossen. Warum rücken die Schwäne nicht dichter zusammen, nutzen ihre gesamten Nahrungsreserven und vervielfachen ihre Anzahl?

Die Selbstbegrenzung der Tiere nimmt bisweilen sehr drastische Formen an. Etliche Arten, wie beispielsweise Rabenkrähen und Nilbarsche, betreiben Kannibalismus an den Nachkommen ihrer Artgenossen. »Pädophagie« nennt es der Fachmann. Bei den Rabenkrähen können dadurch bis zu 75 Prozent der Nestlinge vernichtet werden. Auch bei den Krokodilen sind die größten Feinde der Jungtiere die eigenen erwachsenen Artgenossen. Die Weibchen der Mehlkäfer sondern mit ihrem Kot einen speziellen Duftstoff ab. Sind zu viele Mehlkäfermütter im gleichen Mehlsack, wird der Duft zu intensiv, und das Weibchen frißt seine eigenen Eier auf. Und auch die Raupen des Bärenspinners fressen die Eier der eigenen Art, die so giftig sind, daß sie von anderen Freßfeinden gemieden werden.

Was ist das für ein seltsames Prinzip, das Lebewesen, die wenig fremde Feinde haben, zu Kannibalen am arteigenen Nachwuchs macht? Der Drang »nach der äußersten Vermehrung seiner Anzahl« doch wohl nicht.

Rötelmäuse stellen gewöhnlich im Oktober die Produktion von Nachwuchs ein. Als es im Herbst 1977 in Niedersachsens Wäldern eine Bucheckernschwemme gab, füllten sie ihre Speisekammern bis zum Rand und produzierten, mit Nahrung reichlich versorgt, den Winter hindurch weiter Nachwuchs. Und der beteiligte sich, bereits nach fünf Wochen geschlechtsreif, ebenfalls an der Vermehrung der Mäuse, und so kam es zu einer geradezu malthusianischen Bevölkerungsexplosion. Die Nahrung ging zur Neige, und die Mäuse machten sich nun über die Buchen her und begannen die Rinde abzunagen. Die Forstbehörden sahen das große Baumsterben kommen und setzten zum Giftangriff an. In einigen Gebieten allerdings unterblieb die Giftaktion infolge der Proteste von Umweltschützern. Erstaunlicherweise waren im kommenden Herbst dort genausowenig Rötelmäuse zu finden wie in den Gebieten, wo das Gift eingesetzt wurde. Die Tiere hatten ihre Zahl selbst dezimiert, indem sie so lange enthaltsam waren, bis sich die normale Bevölkerungsdichte wieder eingestellt hatte.

Auch bei den Hausmäusen findet in Notzeiten kein Kampf um Nahrung und Raum statt. Der Hunger stoppt vielmehr die Fortpflanzung bei den älteren und verhindert die Geschlechtsreife bei den jüngeren Weibchen. Unter Umständen, wenn die Not andauert, sogar lebenslang.

Falls alle anderen Strategien der Selbstbegrenzung versagen, kommt es bei einigen Tierarten zu extremen Reaktionen, die in eine Art »Massenselbstmord« münden können. Überbevölkerung verursacht zum Beispiel bei den norwegischen Lemmingen, die zu den Wühlmäusen gehören, eine Massenpanik, die dazu führt, daß sie zu Tausenden einfach davonrennen. Die einmal gewählte Richtung wird dabei blindlings eingehalten, und wenn sie ans

Lemminge (Myodes Lemmus), aus Alfred Brehms »Tierleben«.

Meer führt, stürzen sich die Tiere hinein und ertrinken. Wenn sie statt dessen einen Fluß oder einen Fjord erreichen, können sie es bis zum anderen Ufer schaffen, und dort, wenn der Platz frei ist, ein neues Terrain besiedeln. Sie sind also nicht auf Selbstmord programmiert, sondern auf Auswanderung – und die kann, unter Umständen, auch in den Tod führen. In jedem Fall aber ist das Ziel erreicht: nämlich eine Überbevölkerung zu vermeiden.

Im Jahr 1993 wurde aus China über einen »Massenselbstmord« von Zieseln berichtet, die sich zu Hunderttausenden »in Seen und Flüssen selbst ertränkten«. Die Ziesel zählen wie Mäuse, Ratten und Lemminge zur biologischen Ordnung der Nagetiere. Und bei diesen sind offenbar solche Panikreaktionen bei Überbevölkerung als Regulativ eingeplant. Aber von wem? Von einer »natürlichen Selektion«, der es nur um Fortpflanzungsmaximierung geht, doch wohl nicht.

Es gibt eine ganze Fülle von konkreten und aus der Naturbeobachtung abgeleiteten Beispielen, die zeigen, daß – mit den unterschiedlichsten Mitteln – eine Überbevölkerung vermieden wird. Deshalb findet der von Darwin angenommene gnadenlose »Kampf ums Dasein«, der ihm zufolge in der Überbevölkerung seine Ursache hat, in der Natur gar nicht statt. Und daher kann er zwangsläufig auch nicht der Motor der Evolution gewesen sein. Im Gegenteil, nicht Kampf, sondern Kooperation ist der wesentlichste Faktor evolutiver Entwicklung – das ergibt sich sowohl aus den beobachtbaren Tatsachen als auch aus logischen Überlegungen.

Kooperation statt Krieg

Krieg, das wissen wir aus eigener Erfahrung, baut nicht auf, sondern zerstört das Vorhandene, macht aus einer blühenden Landschaft einen Trümmerhaufen. In der Evolution aber wurde der umgekehrte Weg beschrieben: Aus einem Trümmerhaufen, sozusagen, wurde ein lebender, blühender Planet. Ein ständiger »Krieg der Natur«, ein fortwährender »Kampf ums Dasein« kann derartiges nicht leisten. Jedes Geschehen, jeder Prozeß, bei dem die Konfrontation die Kooperation überwiegt, ist destruktiv. Andererseits muß bei jedem Aufbauprozeß die Kooperation stärker sein als die Konfrontation. Konkurrenz belebt nur dann das Geschäft, wenn sie in den Rahmen einer übergeordneten Kooperation eingebettet ist – sonst führt sie in den Ruin. Die Natur (oder die schöpferische Instanz, die sich hinter diesem Begriff verbirgt) hat das im Gegensatz zu vielen Menschen schon längst begriffen.

Welche verhängnisvollen Folgen ein »Survival-of-the-fittest«-Spiel in der Natur hat, zeigt sich dort, wo der Mensch unbedacht in die natürlichen Abläufe eingegriffen hat. Als die großen Binnenseen im Norden der USA durch Kanäle mit dem St.-Lorenz-

Strom verbunden wurden, wanderten vom Atlantik Meeresneunaugen ein und rotteten in kurzer Zeit die einheimischen Seeforellen fast gänzlich aus. Während 1944 im Michigansee an die 3000 Tonnen von diesen Forellen gefangen wurden, waren es 1955 nur noch 16 Kilogramm!

Als 1964 in Florida siamesische Raubwelse als Zierfische für Teiche und Aquarien importiert wurden, hatte man sich nicht darüber informiert, daß diese 30 Zentimeter langen Fische sich auch recht gut auf dem Land fortbewegen können. Als beim nächsten starken Regen ihre Teiche über die Ufer traten, sprangen sie an Land und begannen auf ihre Weise mit der Eroberung Amerikas. Sie wanderten von Fluß zu Fluß und von See zu See, vermehrten sich kräftig und dezimierten die einheimische Fischfauna auf dramatische Weise. »Wo immer sie auftauchen, vernichten sie praktisch alle anderen Fische, selbst die größten und wehrhaftesten«, seufzte Professor W. R. Courtenay von der Universität Florida.

Im afrikanischen Viktoriasee hatte sich in verblüffend kurzer Zeit – die Schätzungen liegen zwischen 12 000 und 200 000 Jahren – eine große Artenvielfalt von Buntbarschen entwickelt. Da sie klein und grätenreich sind, hatten sie keine große wirtschaftliche Bedeutung. Anfang der sechziger Jahre setzte man, »um das Fischereiwesen zu verbessern«, eine Handvoll Nilbarsche im See aus. Dieser große Raubfisch, von dem einzelne Exemplare mehr als 70 Kilo schwer werden können, vermehrte sich erst langsam, dann immer schneller und schließlich explosionsartig. Ende der achtziger Jahre hatte er dann den riesigen See erobert und die Buntbarsche bis auf wenige Exemplare ausgerottet. Die Vielfalt der Arten in diesem einmaligen Ökosystem ist vernichtet, und ob es sich jemals wieder erholen wird, ist fraglich.

An diesen und noch vielen anderen ähnlichen Beispielen zeigt sich, daß es für ein Biotop tödlich ist, wenn sich eine einzelne Art im »Survival-of-the-fittest«-Stil ausbreitet. Ökologische Verarmung und Artensterben ist die Folge – ein indirekter Beweis dafür, daß die Evolution, die überall soviel Artenvielfalt wie möglich erzeugt hat, nicht nach diesem Prinzip arbeiten kann. Sie muß im Gegenteil ein Mittel gefunden haben, um es zu verhindern.

Auch im menschlichen Bereich kann man an zahlreichen Beispielen die fatalen Folgen eines »Survival-of-the-fittest«-Spiels deutlich erkennen. Als der US-Präsident Jimmy Carter 1978 mit seinem »Airline Deregulation Act« die Fluggesellschaften von allen Tarif- und Quotenfesseln befreite, setzte ein derart ruinöser Wettbewerb ein, daß alles drunter und drüber ging. Die Flugpreise sanken zwar, aber Verspätungen, verpaßte Anschlüsse, verlorenes Gepäck, wütende Passagiere und bankrotte Luftlinien nahmen dermaßen zu, daß sich der Kongreß zum Einschreiten entschloß und »Gesetze zum Schutz der Passagiere und Strafbestimmungen für schlechten Service« ankündigte. Und Senator James Exon schrieb den Luftfahrtbossen ins Stammbuch: »Sie, meine Herren, sind dabei, in Ihrem Wettbewerbswahn tollwütig zu werden.«

Es geht auch in der Wirtschaft nicht ohne Regeln – das bestätigte 1997 eine Gruppe von Wissenschaftlern, Politikern und Industriellen, die sich »Gruppe von Lissabon« nennt. So wie der Club of Rome die »Grenzen des Wachstums« aufzeigte, beschäftigten sie sich mit den »Grenzen des Wettbewerbs«. Das Ergebnis ihrer Untersuchung war die Erkenntnis, daß übertriebener Wettbewerb am Ende allen schadet. »Wenn jeder mit jedem konkurriert, wird das Gesamtsystem früher oder später kollabieren.« Ebenfalls eine klare Absage an den schrankenlosen »Kampf ums Dasein« und das »Survival-of-the-fittest«-Prinzip.

Es gibt ganz ohne Frage auch Kämpfe in der Natur. Es gibt Ameisenkriege auf Leben und Tod, die Falken liefern sich Revierkämpfe, daß die Federn und die Fetzen fliegen, und wenn es bei den Löwenmachos um den Besitz des Weibchenrudels geht, dann fließt auch Blut. Aber solche Kämpfe sind im großen Evolutionsspiel der Natur die Ausnahme.

Kreuzottern kämpfen mit Rivalen, ohne ihre Giftzähne zu benutzen, sie bevorzugen den unblutigen Ringkampf. Mambas, Kobras, Klapperschlangen und andere Giftgebißträger tun es ihnen gleich. Auch die extrem giftigen Pfeilgiftfrösche, die gegen ihr eigenes Gift keineswegs immun sind, setzen es nicht gegeneinander ein. Ebenso die Skorpionsfische, die in ihren Rückenstacheln ein tödliches Gift aufbewahren – sie »ohrfeigen« sich nur mit ihren Brustflossen. Die Krähen hacken zwar fremden Feinden mit Vorliebe die Augen aus – gegenseitig aber, wie das Sprichwort ganz richtig sagt, tun sie sich das nicht an.

Zum bloßen Ritual stilisierte Kämpfe sind bei vielen Tieren beliebt, bei Iltis, Marder und Wiesel zum Beispiel, die sich nur am Genick packen und schütteln. Und dieser Brauch findet sich auch bei Eidechsen. Tauben beschränken sich auf getanzte Drohgebärden, Kolibris fechten rituelle Luftkämpfe aus, ohne sich dabei zu berühren. Wer die bessere Kurventechnik beherrscht, gewinnt – wie bei der Formel 1.

Die Singvögel kämpfen mit Gesang und die Brüllaffen mit Gebrüll – der ausdauerndste Sänger und der lauteste Brüller tragen den Sieg davon.

Die Kämpfe der Koboldmakis – kleine Halbaffen, die im Urwald Indonesiens leben – ähneln einem Strategiespiel. Wer beim Herumtoben im Baum rechtzeitig den höheren Ast erreicht, von dem er auf den Gegner herunterspringen könnte – der aber nicht zu ihm herauf –, hat schon gewonnen. Den Sprung kann er sich dann sparen.

Es gibt Spielregeln in der Natur, im Frieden ebenso wie im »Krieg«; und wer auch immer mit einem Artgenossen kämpft, hält sich daran. Heimtücke oder Verrat findet man nicht. Und auch hier müssen wir wieder Darwin unrecht geben, der sich über das »stümperhaft niedrige und entsetzlich grausame Wirken der Natur« beklagte. Bessere Mikroskope, gründlichere Beobachtungen und tieferes Wissen vermitteln uns heute ein anderes Bild.

Kooperation und Kommunikation sind in der Natur wichtiger als Kampf und Konkurrenz – dafür gibt es eine Fülle eindrucksvoller Beispiele. Soziale Gemeinschaften (wie beim Wolfsrudel), Symbiosen (wie bei Flechten, Einsiedlerkrebsen und Seeanemonen), Kooperation zwischen Tieren und Tieren (wie bei den Putzerfischen, -garnelen und -vögeln), zwischen Pflanzen und Tieren (Ameisen und Akazien, Insekten und Blütenpflanzen), zwischen Pflanzen und Pflanzen (die Bäume im Wald verbinden ihre Wurzeln miteinander, so daß sie Information und Nährstoffe austauschen können) und zwischen Pflanzen und Pilzen (die Pilzgeflechte an den Wurzelballen) gibt es praktisch in allen Lebensbereichen.

Ein besonders eindrucksvolles Beispiel dafür, daß Not – in diesem Fall Nahrungsmangel – nicht zu einem gnadenlosen »Kampf ums Dasein« führt, sondern durch eine kooperative Strategie überwunden wird, liefert eine unscheinbare Amöbe, der Schleimpilz Dictyostelium discoideum. Der Name »Schleimpilz« ist ein wenig irreführend, denn es handelt sich hier nicht um einen Pilz im üblichen Sinne, sondern um einzellige Amöben, die normalerweise jede für sich allein herumkriechen, Bakterien fressen und sich durch Teilung fleißig vermehren. Nichts Besonderes im Reiche der Einzeller. Ungewöhnlich ist nur ihre Reaktion, wenn die Nahrung knapp wird.

Sobald eine Amöbe zu hungern beginnt, sendet sie einen chemischen Botenstoff aus. Andere Amöben, die das Signal auffan-

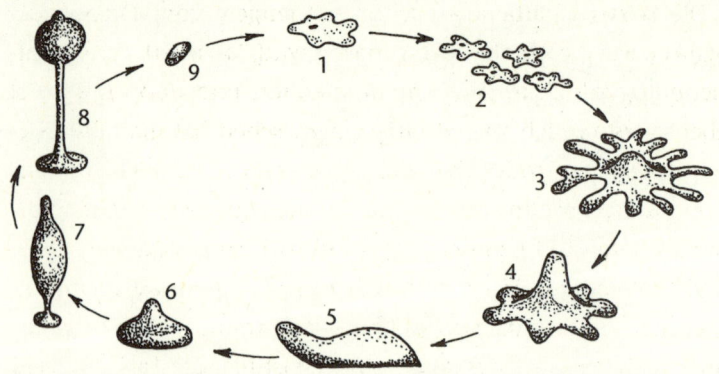

Lebenszyklus des Schleimpilzes Dictyostelium Discoideum: 1 einzelne Amöbe; 2 Wachstum und Vermehrung; 3–4 Versammlung; 5 Wanderung; 6–7 Aufrichtung; 8 Reifer Fruchtkörper; 9 Spore.

gen, geben es weiter, indem sie ebenfalls diesen Botenstoff produzieren. Wenn er eine bestimmte Konzentration erreicht hat, strömen alle Amöben im Umkreis zusammen – manchmal bis zu 100 000 Stück – und formen ein schneckenartiges Gebilde. Indem sie jetzt alle koordiniert und synchron handeln, bewegen sie sich wie eine winzige Nacktschnecke, von ihren Wärme- und Lichtsensoren geleitet, in Richtung auf einen warmen, sonnigen Platz. Dort formen sie eine Halbkugel, aus der ein Stiel emporwächst, der dadurch entsteht, daß einige der Amöben sich aufrichten, verhärten und absterben, andere an ihnen emporklettern, sich ebenfalls verhärten und absterben usw. Nachdem etwa 20 Prozent der Amöben sich so für die Allgemeinheit geopfert haben, klettert der Rest den Stiel empor, bildet einen Fruchtkörper und verwandelt sich in Sporen. Bei Gelegenheit platzt der Fruchtkörper auf, Wind oder Regen tragen die Sporen davon, in nahrungsreichere Gefilde, aus jeder Spore wird eine Amöbe – und das Spiel beginnt von neuem.

Die Wissenschaftler sind schon seit langem von »Dicty« oder »Grex«, wie die Amöbe auch genannt wird, fasziniert. Ihre Wahrnehmungsfähigkeit, ihre Kommunikation und Kooperation ist ebenso erstaunlich wie rätselhaft. Inzwischen hat man die Chemie ihres Botenstoffes analysiert, eine »zyklisches Adenosin-Monophosphat« genannte Substanz, die auch im menschlichen Körper als Botenstoff benutzt wird. Darüber hinaus sind viele Gene und Proteine der Amöbe mit den menschlichen fast identisch. Vielleicht sind das die Kooperations- und Kommunikationsgene? Aber Spaß beiseite – das entscheidende ist hier die Tatsache, daß Hunger und Not nicht zu einem »Kampf ums Dasein« nach »darwinischer« Lesart führen, sondern durch eine kooperative Lösung, durch Zusammenarbeit und gegenseitige Hilfe – bis hin zum Opfer für die Allgemeinheit – überwunden werden.

Der russische Fürst Pjotr Alexejewitsch Kropotkin (1842–1921) sagte schon 1902 in seinem Buch »Mutual Aid. A Factor of Evolution« (»Gegenseitige Hilfe als Evolutionsfaktor«): »Gegenseitige Hilfe ist ebensowohl ein Naturgesetz wie gegenseitiger Kampf ...« Kropotkin, ein Abkömmling der russischen Großaristokratie, war als junger Mann Offizier und Forschungsreisender. 1872 wurde er in der Schweiz Sozialist und lebte dann bis zu seiner Rückkehr nach Rußland (im Jahre 1917) in verschiedenen europäischen Ländern im Exil. Als er wegen seiner politischen Aktivitäten aus der Schweiz ausgewiesen wurde, ging er nach Frankreich, wo man ihn aufgrund seiner Zugehörigkeit zur Internationalen Arbeiterassoziation für drei Jahre ins Gefängnis sperrte. Anschließend begab er sich nach England, wo ihn die Presse zum »our most distinguished refugee« (»unserem vornehmsten Flüchtling«) beförderte. Als Aristokrat, Kommunist, Anarchist und Pazifist war er ein gesellschaftliches Ereignis. George Bernard Shaw sagte von ihm: »Kropotkin war so liebenswürdig, daß es ans Heilige grenzte«, und Oscar Wilde schwärmte: »...ein Mann mit der Seele jenes schönen weißen Christus, der aus Rußland hervorzugehen scheint.«

In seiner Jugend hatte Kropotkin mit einem seiner Freunde, dem russischen Zoologen Ivan Semionovich Polyakov, ausgedehnte Forschungsreisen durch Sibirien und die Mandschurei unternommen. »Wir standen beide«, so schrieb er später, »unter dem frischen Eindruck der *Entstehung der Arten,* aber vergeblich hielten wir Umschau nach dem wilden Kampf zwischen Tieren derselben Art, den die Lektüre von Darwins Werk uns erwarten ließ ...« Und weiter: »In all diesen Szenen des Tierlebens, die sich vor meinen Augen abspielten, sah ich *gegenseitige Hilfe* und *gegenseitige Unterstützung* sich in einem Maße betätigen, daß ich in ihnen einen Faktor von größter Wichtigkeit für die Erhaltung des Lebens und jeder Spezies, sowie ihrer Fortentwicklung zu ahnen begann.«

Seine Auffassung wurde später durch einen Vortrag »Über das Gesetz der gegenseitigen Hilfe« bestätigt, den Professor Kessler, Zoologe und Dekan der Petersburger Universität, 1880 auf einem Kongreß russischer Naturforscher hielt.

»Natürlich leugne ich den Kampf ums Dasein nicht«, sagte Kessler, »aber ich behaupte, daß die fortschreitende Entwicklung des Tierreichs und insbesondere der Menschheit weit mehr durch gegenseitige Unterstützung als durch gegenseitigen Kampf gefördert wird.«

Kropotkin sammelte im Laufe der Zeit zahlreiche Belege für diese These und veröffentlichte sie 1902 in seinem Buch über die »Gegenseitige Hilfe als Evolutionsfaktor«. »Streitet nicht!« schreibt Kropotkin. »*Streit und Konkurrenz ist der Art immer schädlich, und ihr habt reichlich Mittel, sie zu vermeiden! Das ist die Tendenz* der Natur, die nicht immer völlig verwirklicht wird, aber immer wirksam ist. Das ist die Parole, die aus dem Busch, dem Wald, dem Fluß, dem Ozean zu uns kommt. *Daher vereinigt euch – übt gegenseitige Hilfe! Das ist das sicherste Mittel, um all und jedem die größte Sicherheit, die beste Garantie der Existenz und des Fortschritts zu geben, körperlich, geistig und moralisch.* Das ist es, was die Natur uns lehrt …«

Kropotkin berichtet zum Beispiel von Molukkenkrebsen (Limulus), die er im Aquarium dabei beobachtete, wie sie einem Artgenossen, der auf den Rücken gefallen war, gemeinsam wieder auf die Beine halfen. Er schreibt über jene Käfer, die wir »Totengräber« (Necrophorus) nennen und die in gemeinsamer Anstrengung tote Kleintiere vergraben, um mit dem vorgekauten Fleisch des Kadavers ihre Jungen zu füttern.

Totengräber (Necrophorus), aus Alfred Brehms »Tierleben«.

Er erzählt von den »Fischereigenossenschaften der Pelikane«, die im flachen Wasser zwei Halbkreise bilden, um sich gegenseitig Fische zuzutreiben, vom sozialen Verhalten und gegenseitiger Hilfe bei Ameisen, Vögeln, Nagetieren, Huftieren und Wiederkäuern, und er erkennt auch, daß Darwin mit seiner Annahme einer unbegrenzten Vermehrung unrecht hat: »Die Bedeutung der natürlichen Hemmung gegen die Übervermehrung und besonders ihre Tragweite hinsichtlich der Konkurrenzhypothese scheint nie genug beachtet worden zu sein.«

Er zitiert Darwins Großvater Erasmus, der berichtet hatte, daß »der gemeine Krebs in der Zeit, in der die Schalen erneuert werden, eine Schildwache ausstellt, die nicht in der Häutung oder hartschalig ist, um Feinde aus dem offenen Wasser zu verhindern, die Krebse in ihrem ungeschützten Zustand zu verletzen.« Und schließlich ruft er auch Charles Darwin selbst zum Zeugen auf, der in der »Abstammung des Menschen«[102] geschrieben hatte: »Die Gemeinschaften, die die größte Zahl aufs beste miteinander harmonierender Mitglieder umschlossen, gediehen am besten und erzielten die größte Zahl Nachkommen.«

In der Tat führt Darwin in diesem Buch eine ganze Reihe von Beispielen für Kooperation und soziale Aktivität im Tierreich auf. Er berichtet von Pavianen, die verwaiste Affenkinder »adoptieren«, von Pelikanen und Krähen, die blinde Artgenossen füttern, von gemeinsamem Angriff und gemeinsamer Verteidigung, von »kleinen Diensten«, die »soziale Tiere einander verrichten«, er schreibt von elterlicher Liebe, die sich sogar bei »außerordentlich tiefstehenden Tieren« entwickelt hat, wie zum Beispiel Seesternen, Spinnen oder »bei der Gattung *Forficula,* dem Ohrwurm«[103].

Er beschreibt, wie Tiere sich bei Gefahr gegenseitig warnen, so beispielsweise Kaninchen, Schafe, Gemsen, Robben und Affen. Er gesteht den Tieren Treue, Ehrgeiz, Neugier, Gedächtnis, Einbildungskraft und Verstand zu und meint: »Außer Liebe und Sympathie zeigen Tiere noch andere mit den sozialen Instinkten in Verbindung stehende Eigenschaften, welche man beim Menschen moralische nennen würde, ich stimme mit Agassiz überein, daß Hunde etwas dem Gewissen sehr Ähnliches besitzen.«[104]

Darwin spricht über dies alles, als ob es selbstverständlich wäre, aber er geht nicht darauf ein, in welchem Verhältnis diese Sach-verhalte zu seiner in der »Entstehung der Arten« immer wieder geäußerten Ansicht stehen, daß der »Kampf ums Dasein« – mit »Ausrottung« und »Vernichtung« – »fast ohne Ausnahme am heftigsten zwischen den Individuen einer Art« sein soll. Ist ihm diese Diskrepanz nicht aufgefallen? Oder hat er sie absichtlich übersehen, weil sie seine Theorie in Frage stellt?

Nicht nur Darwin, auch seine Nachdenker haben sich mit der Kooperation bei Lebewesen, mit Phänomenen wie Altruismus und Hilfsbereitschaft schwergetan. Der Zoologe und Autor Vitus B. Dröscher schrieb: »Jahrzehntelang hat die Zoologie gezö-gert, dieses Phänomen zu erforschen, nur um kein Sakrileg gegen Ersatz-Gottvater Darwin zu begehen.« Aber seit einigen Jahren hat sich dies geändert. Heute muß man nicht mehr auf Fürst Kropotkin oder Alfred Brehm zurückgreifen, der auch zahlreiche Beispiele für Kooperation bei Tieren erwähnt hat – inzwischen gibt es auch genügend neuere Berichte aus der Naturforschung, die die Ansicht des Fürsten, daß gegenseitige Hilfe ein wesentli-cher Evolutionsfaktor ist, voll und ganz bestätigen.

Symbiose statt Konkurrenz

Man findet hier ein breites Spektrum – von einfachen Dienstleis-tungen und Zusammenarbeit unterschiedlicher Partner über so-ziale Gemeinschaften mit Beispielen altruistischen Verhaltens, bis hin zu Symbiosen, die so eng sind, daß die Partner gar nicht mehr ohneeinander existieren können.

Ein afrikanischer Vogel, durchaus treffend Honiganzeiger genannt, produziert im Dünndarm einen speziellen Stoff, der Bienenwachs in Fettsäuren umwandelt und damit verdaulich macht. Da der Vogel aber nicht kräftig genug ist, um in Bienen-stöcke einzubrechen, hat er sich mit dem Honigdachs zusammengetan, der Krallen hat, die stark genug sind, um Bäume aufzubrechen und Bienenwaben herauszuholen, und ein Fell, das so dicht ist, daß ihm Bienenstiche nicht schaden. Wenn der Vogel beim Umherfliegen einen Bienenstock entdeckt hat, macht er sich sogleich auf die Suche nach einem Dachs, gibt ihm durch Rufzeichen zu verstehen, daß er einen Bienenstock entdeckt hat, und fliegt vor seinem Helfer her, langsam genug, daß der ihm folgen kann, bis zu jenem Baum, wo ihre Mahlzeit auf die beiden Partner wartet. Der Dachs reißt den Baum auf, holt die Waben heraus und wirft sie auf den Boden, um den Honig zu schlecken. Der Vogel bedient sich anschließend am Bienenwachs. Wenn gerade kein Dachs zu finden ist, wählt sich der Honiganzeiger auch Menschen als Partner, denn er hat herausgefunden, daß sie ebensogern Honig schlecken wie die Dachse, und zwar nicht über Krallen, aber doch über Werkzeuge verfügen, mit denen sie Bienenstöcke freilegen können.

Ein weltweit verbreitetes Kooperationsmodell ist die sogenannte »Putzersymbiose«. In den Korallenriffen haben Meerschwalben, auch Putzerfische genannt, ihre »Barbierstuben« eingerichtet. Der amerikanische Meeresbiologe Conrad Limbaugh hat bei den Bahama-Inseln beobachtet, wie zwei Putzerfische in einer Sechsstundenschicht über 300 »Kunden« bedient haben. Sie suchen deren Haut nach Parasiten ab, schwimmen, ohne zu zögern, auch in das Maul von Fischen, für die sie eine recht gute Mahlzeit abgeben würden, um es von Speiseresten zu reinigen – und die Kunden widerstehen standhaft der Versuchung, ihre »Barbiere« aufzufressen. Sie warten auch zu Dutzenden geduldig im Revier der Putzer, bis sie an die Reihe kommen – und es sind etliche Fische dabei, die sich sonst gegenseitig bekämpfen oder

auffressen. Aber im »Wartezimmer« herrscht offenbar Waffen-
stillstand.

Es gibt viele verschiedene Arten von Putzerfischen, nicht nur
im Meer, sondern auch in Flüssen und Seen. Es existieren ferner
mehrere Garnelenarten, die ihre Putzerdienste anbieten, und es
gibt Privilegierte, wie die riesigen Teufelsrochen zum Beispiel, die
jeweils ihr eigenes Putzerteam bei sich haben: eine Gruppe von
Lotsenfischen, die ihnen das Maul reinigen und sich zum Ausgleich bei Gefahr darin verstecken dürfen.

Auch außerhalb des Wassers kommen viele Putzer vor, besonders unter den Vögeln. Und der Krokodilwächter traut sich sogar
in den zähnestarrenden Rachen des Krokodils. Dieses tollkühne
Benehmen hatte schon den griechischen Philosophen Aristoteles begeistert. »Die Krokodilwächter«, so schrieb er, »fliegen den
Krokodilen in den offenen Rachen und reinigen ihre Zähne, und
während sie selbst hierbei ihre Nahrung finden, fühlt auch das
Krokodil den geleisteten Nutzen, weshalb es den Krokodilwächter nicht beschädigt.« Außerdem warnt, wie schon sein Name
sagt, der Krokodilwächter die Krokodile bei Gefahr.

Kooperatives Warnverhalten ist ebenfalls eine weitverbreitete
Form der Zusammenarbeit, sowohl zwischen Angehörigen einer
als auch verschiedener Arten von Lebewesen. Die schon erwähnten Zwergmungos stellen, wenn sie gemeinsam auf Nahrungssu-
che gehen, immer mindestens ein Gruppenmitglied als Wächter
ab. Außerdem haben sie ein stillschweigendes Abkommen mit
den Tokos geschlossen, die zur Familie der Nashornvögel gehören. Die Tokos beteiligen sich von ihrer Baumwarte aus am
Wachdienst und dürfen dafür an der Insektenmahlzeit der Mun-
gos teilhaben. Die gut einen halben Meter großen Vögel fressen
unter anderem auch Ratten – aber die um einiges kleineren Mun-
gokinder lassen sie ungeschoren. Auch wenn sie ihnen bei Gele-

genheit durchaus schon mal einen saftigen Käfer wegnehmen. Das langfristige Bündnis ist ihnen wichtiger als ein kurzfristiger Kaloriengewinn.

Die Impala-Antilopen mit ihren guten Nasen und Ohren haben sich mit den Pavianen verbündet, die über bessere Augen verfügen und durch in Bäumen postierte Wächter auch einen besseren Überblick haben. Die Paviane haben für jede Art von Feind, sei es Adler, Schlange oder Leopard, ein eigenes Warnsignal. Die Antilopen verstehen diese Signale und reagieren entsprechend. Wenn Leopardenalarm gegeben wird bei den Affen, flüchten die Antilopen nicht, sondern grasen ruhig weiter, denn sie wissen, daß sich die großen Pavianmännchen zusammentun und den Leoparden vertreiben werden. So sparen sie eine Menge Energie für den wirklichen Ernstfall.

Von den Singvögeln ist allgemein bekannt, daß sie nicht nur bei Gefahr warnen, sondern sich durch bestimmte Rufe gegenseitig auch auf Futterquellen aufmerksam machen, und sich zur Verteidigung zusammenschließen, um größere Feinde, Raubvögel zumeist, zu vertreiben. Alfred Brehm schrieb zum Beispiel von den Bachstelzen: »Ich habe hierbei oft ihren Mut und ihre Gewandtheit bewundert und bin fest überzeugt, daß ihnen nur die schnellen Edelfalken etwas anhaben können. Wenn ein Schwarm dieser Vögel einen Raubvogel in die Flucht geschlagen hat, dann ertönt ein lautes Freudengeschrei, und mit diesem zerstreuen sie sich wieder.«[105]

Die »Darwinisten« haben gewöhnlich ihre Schwierigkeiten mit dem kooperativen Warnverhalten, denn der Warner bringt sich durch seine Warnung oft selbst in Gefahr, weil er die Aufmerksamkeit des Raubtiers auf sich zieht. Geradezu einem Selbstopfer kommt die Warnung im sozialen System der Nacktmulle gleich. Diese weißwurstähnlichen, nicht einmal 10 Zentimeter langen und, wie schon der Name sagt, kahlen Winzlinge leben in der süd- und ostafrikanischen Steppe im Untergrund. Ihr soziales System hat eine gewisse Ähnlichkeit mit dem der Ameisen. An der Spitze einer Großfamilie von siebzig bis achtzig Tieren steht die Sippenmutter, die mit Hilfe von zwei Gatten für Nachwuchs sorgt. Der Rest der Familie gliedert sich in eine für den Schutz der Gruppe zuständige kräftige Krieger- und in eine kleinwüchsige Arbeiterkaste. Deren Lebensaufgabe besteht darin, unterirdische Gänge zu graben, die von der zentralen Nesthöhle in alle Richtungen gehen und sich über eine Länge von insgesamt 2 bis 3 Kilometern erstrecken. Diese gewaltige Leistung erbringen sie in arbeitsteiligen Teams von je etwa zehn Arbeitstieren. Eines macht den »Hauer«, der für den Vortrieb sorgt, ein anderes macht den »Auswerfer«, der den Abraum durch ein Loch ins Freie befördert, der Rest macht sich dazwischen als »Erdschieber« nützlich. Der »Auswerfer« hat den gefährlichsten Job, denn er ist gleichzeitig Wachposten und hat die Aufgabe, nach dem größten Feind der kleinen Leute zu schauen, einer flinken und gefräßigen Schlange namens Schlanknatter. Sie trägt den Namen zu Recht, denn sie ist so dünn, daß sie ohne weiteres in die Gänge der winzigen Grabwichtel eindringen und sie dutzendweise verschlingen kann. Sobald der Auswerfer sie sieht, gibt er Alarm – und im gleichen Moment verstopfen seine Kollegen den Gang mit Erde. Aber leider nicht hinter dem aufmerksamen Wächter, sondern vor ihm. So ist er in dem Augenblick, wo er Alarm gibt, ein sicheres Opfer der Schlange – und trotzdem tut er es, ohne zu zögern.

Die »egoistischen« Gene

Solch heroische Selbstaufopferung ist mit dem »darwinistischen« Denkmodell, in dem der Egoismus Vorrang hat, schlecht zu erklären. Jedes Tier, gleich welcher Art, das den Trieb hat, seine Artgenossen zu warnen, und dabei häufiger gefressen wird als die anderen, hat zwangsläufig weniger Gelegenheit, diesen Trieb zu vererben – und so müßte dieser Trieb nach und nach durch »natürliche Selektion« zum Verschwinden gebracht werden. Da das aber offenbar nicht geschieht, haben sich die »Darwinisten« für diesen Fall eine besondere Form der Selektion einfallen lassen: die sogenannte »Verwandtschaftsselektion« (»kin-selection«).

Ihre Basis ist eine abenteuerliche Hypothese des englischen Zoologen Richard Dawkins. Er hat, in der Nachfolge der alten Alchemistenköche, die denkende und fühlende Materie wiederentdeckt und das »egoistische Gen« erfunden. Es war einmal, vor Hunderten von Millionen von Jahren, da lernte in der »Ursuppe« eine ganz besonders geniale (und sicherlich begünstigte) Rasse von Molekülen, sich selbst zu kopieren, und wurde so zu – Replikatoren!

»Sobald die Ursuppe die Voraussetzung geschaffen hatte, unter denen die Moleküle Kopien ihrer selbst anfertigen konnten, übernahmen die Replikatoren selbst die Regie.« Und nachdem sie sich eine Weile immer wieder kopiert hatten, bemerkten sie, daß sie nackt waren, und suchten etwas, um ihre Blöße zu bedecken.

»Die Replikatoren fingen an, nicht mehr einfach nur zu existieren, sondern für sich selbst Behälter zu konstruieren, Vehikel für den Fortbestand ihrer Existenz. Die Replikatoren, die überlebten, waren jene, die *Überlebensmaschinen* bauten, um darin zu leben.«[106] Und die Replikatoren wurden im Laufe der Zeit immer genialer und lernten, immer bessere und kompliziertere Überlebensmaschinen zu bauen, und eroberten schließlich die Welt.

»Heute drängen sie sich in riesigen Kolonien, sicher im Innern gigantischer, schwerfälliger Roboter, hermetisch abgeschlossen von der Außenwelt, sie verständigen sich mit ihr auf gewundenen, indirekten Wegen, manipulieren sie durch Fernsteuerung. Sie sind in dir und in mir, sie schufen uns, Körper und Geist, und ihr Fortbestehen ist der letzte Grund unserer Existenz. Sie haben einen weiten Weg hinter sich, diese Replikatoren. Heute tragen sie den Namen Gene, und wir sind ihre Überlebensmaschinen.«[107]

Und weil sie nicht gestorben sind, denn sie »sind immerwährend wie Diamanten«, leben die Gene heute noch, kämpfen gegen ihre Allele, die ihre »tödlichen Rivalen« sind, verbünden sich, wenn es ihnen nützlich erscheint, mit anderen Genen und sind vor allem daran interessiert zu überleben, da »eine vorherrschende Eigenschaft, die wir bei einem erfolgreichen Gen erwarten müssen, ein skrupelloser Egoismus ist«[108].

So erklärt sich – aus »darwinistischer« Sicht – ganz einfach der scheinbare »Altruismus« der Nacktmulle (und aller anderen Lebewesen, die sich für ihre Artgenossen in Gefahr bringen), durch den Egoismus der Gene, der ihrem Verhalten zugrunde liegt. Nahe Verwandte haben zahlreiche Gene gemeinsam, und wenn ein Individuum sich opfert, damit viele andere überleben, ist das von der Genbilanz her günstiger. Die Nacktmulle, da aus einer Familie stammend, haben sicherlich viele gemeinsame Gene. Wenn die Schlange in den Bau eindringt, kann sie ein gutes Dutzend Tiere samt Genen verschlingen. Und da die Gene bestimmen, was ihre »Überlebensmaschinen« tun, und da sie egoistisch sind, entscheiden sie sich logischerweise dafür, lieber einen Satz Gene zu verlieren als zwölf oder mehr.

Das gleiche soll auch für andere Arten von Lebewesen gelten und läuft ebenfalls unter der Bezeichnung »Verwandtschaftsselektion«. Dieser Unfug wird – kaum zu glauben – von einer ganzen Reihe von »Darwinisten« ernst genommen. Gott sei Dank gibt es einige Ausnahmen, denn sonst müßte man wirklich dem Embryologen Hans Driesch recht geben, der schon in den zwanziger Jahren die Ansicht vertrat, alle »Darwinisten« litten an »Gehirnerweichung«.

Zuerst einmal sind Gene für sich genommen weder lebendig, noch können sie sich selbst kopieren. Die Gene werden innerhalb der Zelle von einer Gruppe spezieller Arbeitsmoleküle kopiert, und ohne diese sind sie völlig hilflos. »Allein im Reagenzglas«, so der Genetiker Walter Nagl, »können die Gene null Komma null.«

Zum zweiten sind die Gene nichts anderes als Moleküle, zwar von einer besonderen Form, aber doch eben nur Moleküle – und nach Meinung der meisten Wissenschaftler besitzen Moleküle normalerweise keine Intelligenz. Und sie müßten schon sehr intelligent sein, intelligenter als alle menschlichen Konstrukteure und Erfinder, um so etwas Kompliziertes wie ein Lebewesen zu bauen. Toten Dingen Absicht, Entscheidungsfähigkeit und andere menschliche Eigenschaften zuzutrauen ist ein Relikt jenes mystisch-magischen Denkens, das man bei kleinen Kindern finden kann. Im Alter von sieben oder acht Jahren spätestens sollte es verschwunden sein.

Die Behauptung, daß die Gene darüber entscheiden, was ein Lebewesen tut, ist ungefähr so sinnvoll wie die Aussage, daß die Zündkerzen in meinem Auto darüber entscheiden, mit welchem Tempo ich fahre. Was würde wohl ein Polizist machen, wenn ihm ein Verkehrssünder allen Ernstes versicherte, er könne nichts dafür, daß sein Auto zu schnell gefahren sei – die Zündkerzen seien schuld, weil sie so schnell gezündet hätten ...?

Dawkins macht in seinem Buch einfach den Spaten zum Gärtner, und das Ärgerliche daran ist, daß er, nachdem er auf über 200 Seiten die Gene zu kleinen intelligenten und egoistischen Monstern hochstilisiert hat, am Ende einen verbalen Salto rückwärts schlägt und behauptet, das Ganze sei »lediglich eine Metapher« gewesen, »eine Sprachfigur«. Worauf er nach einem weiteren Salto sein Buch mit dem Satz beendet: »Wir sind als Genmaschinen gebaut, [...] aber wir haben die Macht, uns unseren Schöpfern entgegenzustellen. Wir allein – einzig und allein wir auf der Erde – können uns gegen die Tyrannei der egoistischen Replikatoren auflehnen.«[109]

Man mag es kaum glauben, aber dieser Unsinn ist nicht nur als ein »Standardwerk der modernen Evolutionsbiologie« bezeichnet worden, der Mythos vom »egoistischen Gen« und der »Verwandtschaftsselektion« geistert seither auch durch alle möglichen »darwinistischen« Publikationen: als »Erklärung« für uneigennütziges Verhalten, das es im »Darwinismus« nur geben darf, wenn es sich zu einem verkappten Egoismus umdefinieren läßt.

Nichtsdestoweniger widerspricht die Annahme, daß gegenseitige Hilfe besonders unter Verwandten zu finden wäre, nicht nur der menschlichen Geschichte, insbesondere der des europäischen Hochadels, sondern auch einem der zentralen Grundsätze Darwins – daß nämlich der »Kampf ums Dasein am heftigsten zwischen Individuen und Varietäten derselben Art« sein müsse. Mit der menschlichen Geschichte stimmt Darwins Denkmodell recht gut überein – aber das ist kein Wunder, denn er hat es ja auch aus der Gesellschaftsphilosophie bezogen.

Nichtsdestoweniger findet sich gegenseitige Hilfe in der Natur nicht nur zwischen Verwandten oder Angehörigen der gleichen Art, sondern oft auch da, wo man sie nicht erwarten würde. Eine Pythonschlange schließt Freundschaft mit einem Kind, eine

Hündin säugt ein Rehkitz, eine Katze, der man die Jungen weggenommen hat, »adoptiert« einen Singvogel und ein Pavian junge Hunde und Katzen. Reisfinken, die man zusammen mit Tauben in einen Käfig gesperrt hat, kuscheln sich zum Schlafen zwischen die Füße ihrer größeren Kollegen, und diese lassen sich das gefallen. Die Fälle, in denen Delphine Menschen geholfen haben, sind Legion.

»Wie du mir – so ich dir ...«

Im August 1996 ging ein erstaunliches Ereignis durch die Weltpresse. In einem Zoo in der Nähe von Chicago war ein dreijähriger Junge acht Meter tief in das Gorillagehege gestürzt. Die Gorilladame Binty Jua nahm das bewußtlose Kind in ihre Arme, schirmte es gegen die Neugier der anderen Gorillas ab und brachte es zu den Wärtern, die am Eingang des Geheges warteten. Warum hat sie das getan? Weil ihre Gene gerne Schlagzeilen machen wollten?

Während die Fotos der Rettungsaktion um die Welt gingen, stellte sich heraus, daß Anfang der neunziger Jahre in einem anderen Zoo ebenfalls ein abgestürztes Kind von einem Gorilla gerettet worden war. Sensationell seien solche Ereignisse nur für Leute, »die nichts über Gorillas wissen«, meinte dazu der Baseler Zoologe und Primatenforscher Jörg Hess. »So sind Gorillas nun einmal.«[110]

Die riesigen Kolosse, vor deren Muskeln selbst ein Arnold Schwarzenegger zum Softie verblaßt, sind friedfertige, mitfühlende und tolerante Wesen. Eindrucksvolle Beispiele dafür finden sich auch in Dian Fosseys Buch »Gorillas im Nebel«, in dem sie über ihre Freundschaft mit den »sanften Riesen« berichtet. Sie

sind gewaltig, aber nicht gewalttätig. Ihre Stärke macht sie friedlich. Im Gegensatz zum Menschen, der sich keineswegs zu schä-
men braucht, mit ihnen verwandt zu sein – im Gegenteil. »Wir
sollten stolz auf diese Verwandtschaft sein«, meint Hess.

Ein Jahr vor Binty Juas »Heldentat« wurde in den USA ein Gol-
den Retriever zum »Heldenhund des Jahres« ernannt, weil er ei-
nen kleinen Jungen gegen eine Klapperschlange verteidigt hatte.
Und erst einen Monat zuvor wurde berichtet, daß Delphine im
Roten Meer einen Schwimmer beschützt hatten, der von einem
Hai angegriffen worden war.

Solche Beispiele sind sicherlich anekdotisch, aber sie sind eben-
soviel wert wie die vielen Anekdoten über die »grausame Natur« – wenn nicht mehr.

Ein Pavian rettet einen jungen Artgenossen, mit dem er nicht
näher verwandt ist, vor dem Angriff eines Leoparden. Nicht weil
es ihm seine Gene befehlen, sondern weil er durch diese ebenso
freiwillige wie mutige Aktion seine soziale Stellung in der Gruppe
verbessert. Er handelt im eigenen Interesse und im Interesse eines Artgenossen. Dies ist eine vernünftige Form von Altruismus.
Von den wenigen Ausnahmen abgesehen, wo Selbstaufopferung
einen Sinn hat, ist eine angemessene Selbsterhaltung die Grundlage, von der aus man sich entscheiden kann, etwas für andere
zu tun. Kooperation darf durchaus allen Beteiligten nützen. Die
meisten, vielleicht sogar alle sozialen Gemeinschaften in der Natur folgen diesem Muster. Egal, ob innerhalb einer Art oder zwischen verschiedenen Arten.

Es gibt Spinnenarten, wie zum Beispiel Stegodyphus sarasino-
rum, die in Kommunen mit einigen hundert Tieren leben, große
Gemeinschaftsnetze spinnen, gemeinsam jagen und sich bei der
Brutpflege abwechseln.

Es gibt Dutzende von Beispielen für Bruthilfe bei Vögeln, von den Eichelspechten bis zu den Rosenkakadus, von den Blauhähern bis zu den Graufischern.

Der Clownfisch tummelt sich in den tödlichen Nesselarmen seiner Seeanemone, schläft des Nachts sicher in ihrer Magenhöhle und verteidigt sie zum Dank für ihren Schutz seinerseits gegen Gauklerkorallenfische, die ihre Fangarme anknabbern wollen.

Einsiedlerkrebse pflanzen gerne Seerosen auf die Schneckengehäuse, in denen sie wohnen, und gewinnen dadurch Sicherheit, denn ihre hauptsächlichen Freßfeinde, die Tintenfische und Kraken, meiden die Berührung der Seerosen, weil sie ihre Nesselfäden fürchten. Die Seerosen ihrerseits genießen es, unter Wasser herumgetragen zu werden, und partizipieren an den Mahlzeiten der Krebse, die in ihren Tischmanieren dem »Krümelmonster« aus der Sesamstraße nacheifern. Einige Einsiedlerkrebse füttern auch regelrecht ihre Hausgenossen. Wenn der Krebs, was gelegentlich nötig wird, sein Haus wechseln muß, weil es ihm zu klein wird, klopft er mit seiner Schere in einem bestimmten Rhythmus an den Saugfuß der Seerose. Die löst sich daraufhin vom alten Gehäuse und wird auf das neue verpflanzt. Kooperation und Kommunikation sind offenbar auch ohne Großhirnrinde möglich – ja sogar ohne Nervensystem.

Vor Urzeiten schon haben sich Pilze und Algen zusammengetan, um Flechten zu bilden. Die Doppelwesen gehören mit über 15 000 Arten zu den erfolgreichsten Lebensformen des Planeten. Im ewigen Eis der Polarregionen sind sie ebenso zu finden wie in der glühenden Wüstenhitze: Überlebenskünstler durch Kooperation. Und sie sind nicht miteinander verwandt – keine Chance für »kin-selection«.

Pilze sitzen auch an den Wurzeln von Pflanzen, versorgen sie mit Wasser und Nährsalzen und lassen sich dafür mit Zucker

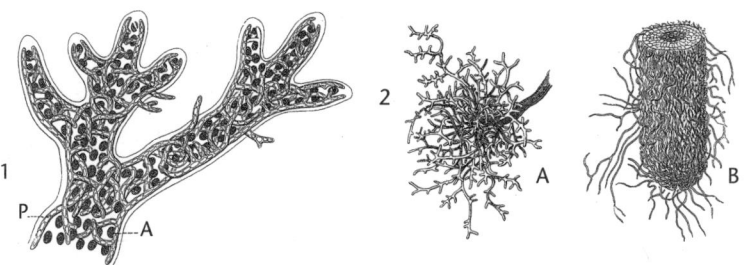

1 Teil einer Flechte (P Pilzgeflecht, A Algenzellen); 2 Pilzfäden an Wurzelspitzen (A Silberpappel, B Buche).

belohnen. Das unterirdisch wuchernde Pilzgeflecht verbindet aber auch unterschiedliche Pflanzen miteinander und gibt ihnen die Möglichkeit, Nährstoffe auszutauschen. Botaniker an der englischen Universität Sheffield haben dies schon vor Jahren im Laborversuch nachgewiesen. Von zwei Pflanzen, einem Schafschwingel (der zu den Gräsern gehört) und einem Spitzwegerich, die durch ein Pilzgeflecht verbunden waren, wurde eine unter eine Glasglocke gesetzt und ihrer Atemluft eine Spur von radioaktivem Kohlendioxid hinzugefügt. Der von ihr produzierte, jetzt leicht radioaktive Zucker konnte dann mit einem Strahlenmeßgerät verfolgt werden. Wenn die zweite Pflanze nun dunkel gehalten wurde und »hungerte«, erhielt sie über das Pilzgeflecht Zucker von der anderen Pflanze. Da beide unterschiedlichen Arten angehörten, kann man auch hier wohl kaum die Gene und ihre »Verwandtschaftsselektion« verantwortlich machen.

Man hat bei den Ameisen von einem »sozialen Magen« gesprochen, weil alle Mitglieder eines Ameisenstaates ihre Nahrung miteinander teilen und sich bei Bedarf gegenseitig füttern. Auch Wiese und Wald bilden so offenbar, mit Hilfe des Pilzgeflechts, so etwas wie einen »sozialen Magen«. Das unterirdische »soziale Netz« macht aus einer Ansammlung von Pflanzen einen ökologischen Organismus. Aber der saure Regen zerstört die Pilze. Kein Wunder, daß der Wald stirbt.

Kooperation ist lebenswichtig, und es wird höchste Zeit, daß wir das begreifen. Beweise und Indizien dafür gibt es in Hülle und Fülle, und wer die Welt ohne das »darwinistische« Brett vorm Kopf betrachtet, wird sie auch sehen.

Der amerikanische Wissenschaftler Robert Axelrod hat in den achtziger Jahren ein interessantes Experiment gemacht, um zu testen, ob Kooperations- oder Konkurrenzstrategien erfolgreicher sind. Er ließ sich von einer Reihe von Fachleuten Strategieprogramme für den Computer entwickeln und schickte diese dann gegeneinander in einen digitalen Wettkampf. Sieger wurde am Ende die Strategie »Tit for tat« (»Wie du mir, so ich dir«) des kanadischen Spieltheoretikers Anatol Rapoport. Ihr einfaches Prinzip bestand darin, beim ersten Zusammentreffen mit einem »Gegner« zu kooperieren und dann immer das zu tun, was der andere gerade getan hat. Die egoistischen Programme waren zwar kurzfristig erfolgreicher, fanden dann aber keine »Dummen« mehr, die sie ausnehmen konnten und gingen zugrunde.

Seit man darauf achtet, hat man unzählige Beispiele für »Tit for tat« in der Natur gefunden und entdeckt, daß dieses Prinzip eine der wichtigsten Grundlagen des sozialen Verhaltens in den Gemeinschaften vieler Lebewesen darstellt.

In einer etwas verfeinerten Form finden wir dieses Prinzip als »goldene Regel« bei Konfuzius, in den Sprüchen Salomos, bei Jesus von Nazareth und sogar bei Charles Darwin, der meinte, daß beim Menschen »die sozialen Instinkte [...] mit der Unterstützung der sich äußernden intellektuellen Kräfte und der Wirkungen der Gewohnheit naturgemäß zu der goldenen Regel führen: *was ihr wollt, daß man euch tue, das tut auch Andern,* und dies ist der Grundstein der Moralität«[111].

Kooperation ist die Basis der Evolution – das zeigt sich schon auf der Ebene einfachster Einzeller. Der amerikanische Wissenschaftler James Shapiro fand bei seinen Untersuchungen heraus, daß Bakterien organisierte Gemeinschaften bilden, in Gruppen auf Beutejagd gehen, und eher den Einzelzellen eines Organismus ähneln als autonomen Einzelgängern. Er kam zu dem Schluß, »daß die meisten – wenn nicht so gut wie alle – Bakterien ihr Leben in Gemeinschaft verbringen«[112].

Cyanobakterien, die sich, wie Pflanzen, durch Photosynthese ernähren, leben oft in Zellketten oder gewebeartigen Kolonien zusammen. Bei Stickstoffmangel stellen einzelne Zellen ihren Stoffwechsel durch eine Art Genmanipulation um und können dann auch Stickstoff aus der Luft binden und verwerten. Durch winzigste Kanäle, die sie verbinden, tauschen die beiden Zelltypen der Bakterienkolonie ihre Stoffwechselprodukte aus: Arbeitsteilung, wie sie sich sonst nur bei vielzelligen Organismen findet.

Andere Bakterienarten, die als Einzelwesen gegen Penicillin empfindlich sind, können als Kolonie – nach dem Motto »Gemeinsam sind wir stark« – eine Art Haut aus extrazellulärem Schleim bilden, der sie gegen die Angriffe des Antibiotikums schützt. »Trotz ihrer Winzigkeit«, so James Shapiro, »entfalten Bakterien eine biochemische, strukturelle und verhaltensbiologische Komplexität, die sich der wissenschaftlichen Erklärung noch weitgehend entzieht.«

Bakterien sind vermutlich die ältesten, sicher aber die erfolgreichsten Lebewesen auf unserem Planeten – und vielleicht auch noch anderswo. Und ihr Erfolg beruht offensichtlich nicht darauf, daß sie egoistische, kriegerische Monster sind – sondern auf ihrer Fähigkeit und Bereitschaft zur Kooperation. Die Bakterien waren und sind die großen »Macher« der Evolution. Ohne sie gäbe es kein Leben auf der Erde.

Nachdem die Einzeller, Bakterien und Algen, einige Milliarden Jahre lang daran gearbeitet hatten, die Voraussetzungen für die Entfaltung des Lebens zu schaffen, begann vor etwa 600 Millionen Jahren die eigentliche große Zeit der Evolution damit, daß Einzeller sich zu vielzelligen Organismen zusammenschlossen. Und auch dies ist eindeutig ein kooperatives Verhalten, das die Fähigkeit und den Willen zur Kommunikation voraussetzt.

Wie es sich im einzelnen genau abgespielt hat, ist heute nicht mehr mit Sicherheit nachzuvollziehen – aber das oben beschriebene Verhalten heutiger Bakterien kann als Hinweis dienen. Anfangs waren es wohl einfache Zellhaufen, die sich zusammenfanden und auch wieder trennten. Kommunikationsmechanismen entstanden (wie auch immer) und erste Formen von Arbeitsteilung. Die Verbindung der Zellen festigte sich, es entstanden Ketten und Kugeln, der Austausch von Nährstoffen wurde durch Kanäle gewährleistet, die Spezialisierung schritt voran. Einige Zellen kümmerten sich um die Fortbewegung, andere um die Ernährung, wieder andere um die Fortpflanzung.

Die Einzeller, die diesen Weg gingen, gaben ihre Freiheit auf und ihre Unsterblichkeit. Was mag sie dazu veranlaßt haben? Es gibt heute noch massenhaft Einzeller, die sich beides bewahrt haben, und damit sehr gut zurechtkommen. Bakterien sind potentiell unsterblich und könnten einen Bestseller schreiben mit dem Titel »Die Kunst, drei Milliarden Jahre zu überleben, oder: Wie ich es schaffte, nicht evolviert zu werden«. Für Dawkins egoistische Gene, wenn es sie denn gäbe, wären sie die idealen »Überlebensmaschinen«, weil sie sich auf diese Weise unbegrenzt und identisch vermehren könnten.

Mit der Vielzelligkeit kam der Tod, nur die auf Fortpflanzung spezialisierten Zellen vermehrten sich noch, und der Rest akzeptierte es, zu sterben. Und damit gehen auch die Gene zugrunde, die sich in jeder Zelle befinden, zu Tausenden, zu Millionen, beim Menschen sogar zu Tausenden von Milliarden. Und nur einige wenige, vielleicht sogar überhaupt keine, leben auf dem Weg der Fortpflanzung in den Nachkommen weiter. Ein schlechtes Geschäft für die Gene – und wenn sie wirklich intelligent und egoistisch wären, hätten sie sich sicher nicht darauf eingelassen.

Mit der Vielzelligkeit kam auch das Energieproblem. Bezogen auf das gleiche Körpergewicht, braucht ein Vielzeller zehnmal mehr Energie als ein Einzeller. Bessere Methoden der Energieumsetzung waren nötig, und es entstand ein neuer Zelltypus, die sogenannte Eucyte, der Grundbaustein aller modernen Vielzeller, einschließlich des Menschen. Sie verfügt über einen Zellkern, in dem die Erbsubstanz sicher untergebracht ist, und über eigene »Zellkraftwerke«, die für die Energieversorgung zuständig sind, sogenannte Mitochondrien. Bei den Pflanzenzellen kommen noch kleine »Photosynthesefabriken« hinzu, die sogenannten Plastiden. Mitochondrien und Plastiden verfügen über eigene DNS und können sich eigenständig vermehren. Durch Gewichtestemmen bilden sich beim Menschen zum Beispiel neue Mitochondrien in den Muskelzellen. Die Wissenschaft geht heute davon aus, daß die Eucyten ursprünglich durch den Zusammenschluß verschiedener Einzeller entstanden sind, indem eine Wirtszelle andere Einzeller aufnahm, die dann zu Mitochondrien und Plastiden wurden.

Wer oder was auch immer die Vielzelligkeit bewirkt und die Eucyten geschaffen hat – es war jedenfalls ein Prinzip, das Kooperation im Sinn hatte, nicht Kampf. Dieses Prinzip ist immer noch wirksam, und es war und ist der eigentliche Motor der Evolution.

Das »biotopische Prinzip«

So wichtig die Kooperation ist und so deutlich sich ihre Wirksamkeit zeigt – es gibt andererseits natürlich auch Konkurrenz. Es ist ganz offensichtlich, daß in der Natur nicht immer nur Friede, Freude und Eintracht herrschen. Das Leben baut auf dem Leben auf, das Leben lebt vom Lebendigen – und eben vor allem auch dadurch, daß ein Lebewesen andere Lebewesen auffrißt und verdaut. Die grundsätzliche Eßbarkeit jedes Lebewesens ist eine der wichtigsten Grundlagen für die natürliche Vielfalt des Lebens. Fressen und Gefressenwerden gehört dazu, aber es ist nicht, wie manche meinen, alles im Leben. Und wie alles in der Natur muß auch dieses Prinzip differenziert betrachtet und von dem ungerechtfertigten Stigma der Grausamkeit befreit werden.

Alle Tiere fressen, aber viele werden selbst nicht gefressen, außer wenn sie tot sind, von den Würmern und anderen Recyclingorganismen. Fast alle Pflanzen (von den »fleischfressenden« einmal abgesehen) werden gefressen, fressen aber selbst nicht.

Nicht alle Fresser fressen ihre Opfer ganz – von den Maulwürfen beispielsweise wird berichtet, daß sie die Regenwürmer oft nur zur Hälfte fressen, um dem Rest Gelegenheit zu geben, sich zu einem ganzen Wurm zu regenerieren. »Für intelligent«, sagte der Verhaltensforscher Konrad Lorenz, »gilt ein Wesen mit hochentwickelter Fähigkeit, einsichtig zu handeln.« Die Maulwürfe sind in diesem Sinne – wenn die Geschichte stimmt – offenbar intelligenter als die meisten Menschen.

Andere Fresser begnügen sich sogar damit, ihre Opfer nur ein wenig anzubohren, um ihre Säfte zu saugen. Dieses Verfahren wird meist als »parasitär« bezeichnet und für verachtenswert gehalten. Die Zecke, die am Zebra zutzelt, wird verabscheut – der Löwe, der das Zebra totbeißt, wird bewundert. Wieder einmal schlägt die patriarchalische Verherrlichung der Krieger und Mörder durch. Die friedliche und vernünftige Nutzung eines Lebewesens gilt weniger als seine Vernichtung. Aber wir haben keine Veranlassung, die Parasiten zu verachten, denn wir sind alle Nutznießer anderer Lebewesen. Und gerade der Mensch parasitiert an der Natur in einem Ausmaß, das sich kein anderes Tier erlaubt.

Für die alten Inder war Fressen und Gefressenwerden ein göttliches Prinzip. »Annam Brahmam«, sagten sie, »Brahmam annam.« Speise ist Gott, und Gott ist Speise. In ihrer pantheistischen Philosophie ist alles, was existiert, ein Aspekt des Göttlichen. Gott ist alles – er ist jedes Atom und damit auch jedes Molekül und jedes Lebewesen, jeder Planet, jede Sonne, jede Galaxie und auch der Raum dazwischen, Gott ist ein Schneesturm und ein Manschettenknopf, er ist Licht und Finsternis, er ist Fleisch und Fisch, Raubtier und Beute.

Er ist das Gras ebenso wie das Zebra, das davon frißt, und er ist auch der Löwe, von dem das Zebra gefressen wird. Gott gestaltet also sich selbst aus sich selbst, um sich dann selbst aufzufressen. Er äußert sich, um sich dann sich selbst wieder einzuverleiben. Alles ist Gott, alles kommt aus Gott, alles kehrt in Gott zurück. Diese Vorstellung ist für den westlichen Menschen, egal ob Christ oder Heide, nicht so leicht nachvollziehbar.

Aber man muß dieser Ansicht auch nicht unbedingt zustimmen, um zu erkennen, daß Fressen und Gefressenwerden in der Natur ein notwendiges und sinnvolles Prinzip ist, durch das die Lebewesen sich nicht nur selbst erhalten, sondern auch ihre Biotope: indem sie sich gegenseitig in ihrer Anzahl begrenzen. Dadurch wird unter anderem verhindert, daß eine Art sich übermäßig vermehrt, ihre Nahrungsquellen erschöpft – und dann zugrunde geht.

In diesem Sinne könnte man auch das Verhältnis von sogenannten »Freßfeinden« als eine quasi symbiotische Beziehung
ansehen. Zumal der Räuber sich nur einen geringen Anteil an der
Beute nimmt und ihren Bestand nie gefährdet. Und zumal dieses Prinzip eben nicht zu einem Überleben des jeweils Stärksten
und einem damit zwangsläufig verbundenen Rüstungswettlauf
führt – bei dem beispielsweise die Schnecken immer dickere
Schalen und die Vögel immer größere Schnäbel bekommen
müßten, oder die Zebras immer stärkere Hufe und Beinmuskeln
und die Löwen immer größere Krallen und Zähne –, sondern
vielmehr zu einer Erhaltung und Stabilisierung der Lebensformen, zu einem Gleichgewicht, einem dynamischen, sich wan-
delnden »steady-state« oder Fließgleichgewicht innerhalb der
Lebensgemeinschaft von Pflanzen und Tieren im Rahmen eines
Biotops. Wobei die Erhaltung des Biotops ein ebenso wesentliches Prinzip darzustellen scheint, wie die Erhaltung der einzelnen Art.

Dieser übergeordnete »biotopische« Gesichtspunkt wird im
»Darwinismus« nicht berücksichtigt. Und in der menschlichen
Politik und Wirtschaft ebenso. Wenn man ihn bislang noch
nicht so recht begriffen hat, dann liegt dies wohl vor allem daran, daß wir immer noch mit linearen Wachstumsmodellen arbeiten, wo alles immer schneller, immer höher, immer größer
und immer bequemer zu werden hat. Eine solche Haltung muß
aber, weil unser Planet nicht im gleichen Maßstab mitwächst,
irgendwann ins Ungleichgewicht und damit ins Chaos führen.

Wir haben also allen Grund, von der Natur zu lernen und ihre
Spielregeln zu übernehmen – je länger wir damit warten, desto
unbequemer werden die Folgen sein. Allerdings müssen wir zuerst einmal diese Spielregeln überhaupt begreifen – Spielregeln,
die wesentlich komplizierter, umfassender und auch intelligen-

ter sind als jene, die der »Darwinismus« aus der Gesellschaftsphilosophie des 19. Jahrhunderts bezogen und auf die gesamte belebte Natur projiziert hat – überwiegend zu Unrecht, wie wir inzwischen wissen.

Es ist ein generelles, und ebenfalls im »darwinistischen« Sinne nicht zu erklärendes Phänomen, daß alle Tiere nur ganz bestimmte Arten von Nahrung zu sich nehmen, wobei einige Insekten sogar so weit gehen, daß sie sich von einer einzigen Nahrungspflanze abhängig gemacht haben. Dies ist eine lebensgefährliche Sache, denn wenn aus irgendwelchen Gründen die Nahrungspflanze verschwindet, verschwindet auch ihr Nutzer. Menschliche Umweltzerstörung hat dafür zahlreiche Beispiele geliefert. Mit den Brennesseln verschwinden die Pfauenaugen, und aus den USA wurde 1996 berichtet, daß in einigen Gebieten die Zahl der Scheckenfalter um 75 Prozent reduziert wurde. Durch die Temperaturerhöhung – vermutlich infolge des Treibhauseffektes – verdorrt seine Wirtspflanze, eine Löwenmäulchenart, früher als gewöhnlich, und die Raupen verhungern, bevor sie sich verpuppen können.

Es ist leicht einzusehen, daß es ein erheblicher Überlebensvorteil wäre, wenn solche Insekten sich mehrere Nahrungsquellen zunutze machen könnten – warum also hat die »natürliche Selektion« sie nicht in diese Richtung getrieben? Warum gibt es keine allesfressenden Raupen?

Die Angewohnheit, anderen etwas übrigzulassen, ist so weit verbreitet, daß man sie nicht übersehen kann – aber sie ist auch so undarwinistisch, daß man sie bei den »Darwinisten« nicht erwähnt findet.

Allein der Mensch macht hier wieder eine Ausnahme und verhält sich im Sinne Darwins, indem er nicht nur alles frißt, was eßbar ist, sondern sich sogar das Nichteßbare auch noch eßbar macht. Und sich dabei auch Nahrungsquellen erschlossen hat, die ihm weder vom Instinkt noch von seinen Verdauungsorganen her angemessen sind – tierisches Fleisch zum Beispiel. Er verstößt hier ganz offensichtlich gegen eine elementare Spielregel der Natur, nämlich: Halte dich an deine angestammte Nahrung, und laß anderen noch etwas übrig.

Dem Alten Testament zufolge begann das jedoch erst, nachdem der Mensch aus dem Paradies (wo die Nahrung auf den Bäumen wuchs, wie im Schlaraffenland) vertrieben wurde. Vorher waren Adam und Eva Vegetarier. In einem alten persischen Mythos allerdings ist es umgekehrt: Die Menschen wurden deshalb aus dem Paradies vertrieben, weil sie begannen, Bäume zu fällen und Tiere zu essen. Wenn das aber tatsächlich so war, dann kann man vermuten, daß sie gar nicht aus dem Paradies vertrieben wurden, sondern daß sie es selbst ruiniert haben – der Beginn einer jahrtausendealten Tradition von Umweltzerstörung.

Überall, wo der Mensch in den Haushalt der Natur eingegriffen hat, war ein drastischer Artenschwund die Folge, ein Rückgang der Vielfalt, oft ein regelrechter Zusammenbruch des betroffenen Ökosystems, das sich dann allerdings gewöhnlich nach einer Weile auf einer niedrigeren Organisationsstufe wieder stabilisiert.

In einem gesunden Biotop leben eine Fülle ganz verschiedener Lebewesen, Einzeller und Mehrzeller, Bakterien, Pilze, Pflanzen und Tiere zusammen, kooperieren und konkurrieren miteinander – und das Ergebnis ist Stabilität durch Vielfalt, über Jahrtausende hinweg. Ein geniales System, das der Mensch, bei aller Intelligenz, in seinen Gesellschaftsordnungen bislang noch nicht nachvollziehen konnte.

Woran liegt das? Wie kommt es, daß das Biotop als Ganzes sozusagen wie ein Organismus funktioniert? Wer oder was organisiert und koordiniert die hier geleistete Arbeitsteilung, die nicht von zentral gesteuerten Zellen, sondern von einzelnen Individuen verschiedener Arten vollzogen wird? Ein »darwinistischer« Mutations-Selektions-Mechanismus kann so etwas weder erzeugen noch bewahren.

Weder der Zufall noch ein blinder Egoismus können ein komplexes dynamisches System ins Gleichgewicht bringen – und dann dieses Gleichgewicht auch noch jahrtausendelang erhalten. Es schimmert hier ein übergeordnetes Prinzip durch, das den arterhaltenden Egoismus bremst, um die biotopische Vielfalt nicht zu gefährden. Dieses Prinzip scheint einer der wesentlichsten ökologischen Faktoren zu sein – für den ganz und gar unökologischen »Darwinismus« aber kein Thema: weil es nicht ins materialistisch-mechanistische Weltbild paßt.

Ein wesentlicher Bestandteil der biotopischen Organisation ist das Prinzip der »ökologischen Nische«. Darunter versteht man die gesamten Lebensbedingungen einer Art, ihre Nahrung, den Lebensraum, wo sie sich aufhält, ihre Konkurrenten und Feinde. Es wird in der »darwinistischen« Literatur gewöhnlich so dargestellt, als ob solche »Nischen« schlechthin einfach vorhanden wären und von einer Art im Konkurrenzkampf mit anderen Arten »erobert« würden.

Aber tatsächlich sind die »ökologischen Nischen« ein Mittel zur Vermeidung von Konkurrenzkämpfen, und etwas von den Lebewesen durch ihre Lebensäußerungen selbst Geschaffenes. Und zwar vor allem durch Zurückhaltung und Selbstbeschränkung – durchaus nicht im Sinne eines »Survival-of-the-fittest«-Prinzips. Indem ein Tier beispielsweise nur einen kleinen Teil seines Ökosystems nutzt, läßt es noch genügend Platz für andere. Indem es durch seine Lebensäußerungen ein Ökosystem verändert oder bereichert, schafft es neue Lebensmöglichkeiten und damit neue »Nischen«.

Auch hier gibt es eine ganze Reihe guter Beispiele. Die Elefanten verdauen ihre Nahrung nur etwa zur Hälfte. Daher sind ihre Exkremente ein Tischlein-deck-dich für eine Vielzahl von Käfern, die ihrerseits wieder Nahrung für Vögel sind. Die Schwäne besetzen beispielsweise ein Revier, in dem sie nur etwa ein Fünftel der Nahrungsreserven nutzen – es bleibt genügend übrig für andere. In Madagaskar leben drei Arten von Halbaffen nebeneinander vom Bambus. Der Große Bambuslemur knackt die Stengel auf und frißt die süße, holzige Innenwand. Der Graue Bambuslemur hält sich an die Blätter und Blattsprossen, und der Goldene Bambuslemur hat sich auf die Schößlinge spezialisiert. So leben drei Arten von einer Pflanze, indem sich jede auf einen Teil beschränkt. Warum frißt nicht eine von ihnen den ganzen Bambus und verdrängt die anderen? Wenn es nach Darwins »Kampf-ums-Dasein«-Ideologie gegangen wäre, hätte dies doch unbedingt eintreten müssen.

In der Serengeti erscheinen erst die Zebras (und fressen nur die Spitzen der Gräser), dann die Gnus (und fressen das halbe Gras ab) und schließlich die Thomsongazellen (die den Rest fressen). Wie will eine »darwinistische« Evolutionsauffassung derartige »Selbstbeschränkungen« erklären? Offensichtlich gar nicht – denn solche Beispiele (von denen man noch zahlreiche andere anführen könnte) kommen in der orthodoxen Literatur nicht vor.

Wir leben nicht in Darwins Welt

Es ist einleuchtend, daß in einer Welt, in der ein ständiger Krieg stattfindet, der besser Bewaffnete und der besser Geschützte größere Überlebenschancen haben. Wenn es also in der Evolution einen ständigen »Kampf ums Dasein« gegeben hätte, müßten die

Gepanzerten und Getarnten, die Giftigen und Aggressiven in der Überzahl sein. Tatsächlich aber sind sie in der Minderheit.

Nur ein kleiner Teil der Pflanzen und Tiere ist giftig. Nur ein kleiner Teil der Tiere macht sich durch Tarnfärbung »unsichtbar«, nur ein kleiner Teil ist gepanzert oder »bewaffnet«. Aus »darwinistischer« Sicht ist das schwer zu erklären, denn es müßte eigentlich genau umgekehrt sein.

Wer immer noch daran glaubt, daß der »darwinistische« Evolutionsmechanismus tatsächlich in der Lage gewesen sein könnte, die Welt auf ihre heutige Form zu bringen, sollte sich einmal in Gedanken eine Welt entwerfen, die streng nach Darwinschen Prinzipien konstruiert ist. Eine Welt also, in der ein ständiger »Kampf ums Dasein« herrscht, in der jede zufällige Veränderung, die in diesem Kampf einen Überlebensvorteil darstellt, erhalten wird und sich weiterentwickelt, in der es darauf ankommt, möglichst viele Nachkommen zu zeugen und möglichst alle Konkurrenten zu verdrängen. Und wenn man dann diese Welt voller gepanzerter, giftiger, tarnfarbener Bestien, die außer Fressen, Morden und Sichfortpflanzen nichts im Kopf haben, mit der Natur vergleicht, in der wir leben – dann ist die Antwort offensichtlich.

Wir leben nicht in Darwins Welt. Und was auch immer die Evolution verursacht haben mag – Darwins »Survival-of-the-fittest«-Prinzip war es sicherlich nicht.

Wie gesagt betonen die »Darwinisten« bei derartiger Kritik gern, daß der »Kampf ums Dasein« ja nur im übertragenen Sinne, »metaphorisch« gemeint sei, weil Darwin dies an einer Stelle auch sagt. Aber nichtsdestoweniger benutzt er den Begriff im weiteren Verlauf durchaus wörtlich, er spricht sogar von »Krieg« und »Schlacht«, von »Ausrottung« und »Vernichtung«. Der »Kampf ums Dasein« ist ein ganz wesentlicher Bestandteil, ein

Eckpfeiler von Darwins Evolutionstheorie, die Hauptursache für den »Selektionsdruck«, der vorteilhafte Veränderungen fördert und am Ende schließlich die Entstehung neuer Arten bewirken soll – und wenn man ihn einfach hinwegdefiniert, bricht das ganze Gebäude zusammen.

»Umweltbedingungen« im Sinne geographischer und klimatischer Besonderheiten reichen nicht aus, um einen »Selektionsdruck« von solcher Stärke und Beständigkeit zu erzeugen, daß er als Ersatz für den »Kampf ums Dasein« einspringen könnte. Klimatische Veränderungen spielen sich in Jahrzehnten oder Jahrhunderten ab – viel zu schnell, um durch eine langsame Akkumulation kleinster vorteilhafter Veränderungen die Lebewesen an neue Verhältnisse anzupassen. Der Fisch, den es auf trockenes Land verschlägt, weil die Meeresbucht, in der er lebte, ausgetrocknet ist, entwickelt keine Lunge, er erstickt – und bevor er Beine entwickeln kann, um hinter irgendeiner anderen eßbaren Spezies herzulaufen, ist er längst verhungert. Er müßte schon im Wasser Beine und Lunge entwickelt haben – aber woher sollte der »Selektionsdruck« kommen, der ihm dazu hätte verhelfen können?

Es gab in der Vergangenheit eine ganze Reihe von sehr aggressiven Wesen (Tyrannosaurus, Säbelzahn und Co.) – aber sie sind verschwunden. Was hingegen auffällt, wenn man die Entwicklung vom »Urschleim« bis zum Menschen betrachtet, ist die Tatsache, daß nicht so sehr Aggressivität und Giftigkeit zugenommen haben, sondern vielmehr so undarwinistische Dinge wie Schönheit, Bewußtheit, Komplexität und Liebesfähigkeit. Wenn man die Orchideen betrachtet, die jüngsten Errungenschaften der Pflanzenwelt, mit ihren phantastischen Farben und Formen, wenn man die Verwandlungen des Nervensystems betrachtet, von den Würmern bis zu den Menschen, und die Fähigkeiten, die daraus erwachsen, dann ist nicht zu übersehen, daß es im Laufe der Evolution hier gewaltige Fortschritte gegeben hat.

Wenn einige »Darwinisten« den evolutiven Fortschritt als »Illusion« bezeichnen oder von »Evolution ohne Fortschritt« reden, dann liegt das vermutlich daran, daß sie die Welt der Gefühle, der Schönheit und des Geistes übersehen und sich ganz auf Überlebenstüchtigkeit und Fortpflanzungserfolg konzentrieren. Wenn man es nur danach beurteilt, hat es in der Tat keinen Fortschritt in der Evolution gegeben. Denn in beiden Disziplinen sind wir den Bakterien hoffnungslos unterlegen. Sie sind darin die absoluten Weltmeister, und das schon seit Milliarden von Jahren.

Es gab vorzeiten gewaltige Riesenhaie im Meer, es gab Vögel an Land, die wilde Kampfmaschinen waren, es gab Saurier mit Panzern und Reißzähnen und dem Gemüt eines Bulldozers – und sie alle sind verschwunden. Überlebt haben nicht die Kolosse und Monster, sondern die kleineren, bunteren, friedfertigeren Lebewesen.

Die Schmetterlinge, die Kolibris, die bunten Korallenfische, die Blütenpflanzen: alles nicht gerade für den »Kampf ums Dasein« gerüstete Krieger. Die Saurier waren kleinherzig, kleinhirnig und kaltblütig (dies vielleicht mit einigen Ausnahmen) – und wurden aus dem Verkehr gezogen (das ist in der Tat die zutreffendste Formulierung, um zu beschreiben, was mit ihnen geschah), um den Säugetieren und Vögeln Platz zu machen, die mehr Herz und mehr Hirn haben. Aber wer hat das gemacht? Darwins »natürliche Selektion«, deren Ideal der Potenz- und Kraftprotz ist, wohl kaum.

»Natürliche Zuchtwahl ist die Folge des Kampfes um's Dasein, und dieser ist die Folge eines rapiden Verhältnisses der Vermehrung«, schreibt Darwin. Da es aber offenbar in der Natur dieses rapide Verhältnis der Vermehrung gar nicht gibt, da demzufolge auch kein gnadenloser »Kampf ums Dasein« stattfindet – entfällt damit logischerweise auch die »natürliche Selektion« im Darwinschen Sinne, die ja als das »Überleben des Tüchtigsten« im »Kampf ums Dasein« definiert ist.

Wem verdanken wir dann aber die Evolution?

2. Der Mythos von der »natürlichen Selektion«

»Natürliche Zuchtwahl erklärt nichts, denn sie erklärt alles.« Richard Lewontin

»Nahezu jeder moderne Biologe wird auf die Frage, was unter dem Begriff Darwinismus zu verstehen sei, antworten, er beinhalte den Glauben an die Bedeutung der natürlichen Auslese in der Evolution«, so schrieb Ernst Mayr, der ebenso prominente wie hartnäckige Vertreter der »Und-Darwin-hat-doch-recht«-Fraktion.

Was nun allerdings konkret unter »natürlicher Selektion« zu verstehen ist, darüber sind sich die »Darwinisten« immer noch nicht ganz einig. Setzt die Selektion bei den Genen an oder beim fertigentwickelten Lebewesen? Geschieht Artenwandel in großen, zusammenhängenden Populationen oder eher in kleinen isolierten Gruppen? Ist es ein allmählicher, schrittweiser Vorgang oder ein eher sprunghaftes Geschehen?

Für Darwin war die Sache klar. Alle Lebewesen stammen von gemeinsamen Vorfahren ab, alle Lebewesen verändern sich gelegentlich und vererben diese veränderten Merkmale und Eigenschaften auf ihre Nachkommen. Da ihnen »keine vorsichtige Enthaltung vom Heiraten möglich« ist, vermehren sie sich ungeheuerlich, was sie zu einem gnadenlosen »Kampf ums Dasein« bzw. um Nahrung und Raum zwingt. Dieser »Kampf wird fast ausnahmslos zwischen den Individuen der gleichen Art am heftigsten sein«, und wenn durch eine Merkmalsveränderung einzelne Individuen auch nur den kleinsten Vorteil in dieser »Schlacht des

Lebens« bekommen, werden sie sich durchsetzen. Sie werden mehr Nachkommen erzeugen und die weniger Verbesserten »verdrängen und ausrotten«. Einige von ihnen werden durch weitere Veränderungen wieder ihren Artgenossen im »Krieg der Natur« überlegen sein und sie verdrängen, und deren Nachkommen werden wieder Veränderungen erfahren – und so immer weiter und immer fort. Auf diese Weise entstehen dann, in unzähligen kleinen Schritten über einen langen Zeitraum hinweg, erst neue Rassen, dann neue Arten, neue Gattungen, Familien, Ordnungen, Klassen usw. Diesen Prozeß nannte Darwin »natürliche Selektion« oder, alternativ, auch »survival of the fittest«.

Inzwischen hat sich – durch genauere Beobachtung der Natur – herausgestellt, daß dieser fortwährende Kampf so, wie Darwin ihn sich vorstellte, gar nicht stattfindet. Das haben auch die »Darwinisten« mitbekommen und versucht, die bösen Worte »Krieg«, »Schlacht«, »Kampf«, »ausrotten und vernichten« usw., die spätestens nach dem Zweiten Weltkrieg einen ganz anderen Klang bekommen haben als zu Darwins Zeiten, nach Möglichkeit unter den Teppich zu definieren. Der amerikanische Paläontologe George G. Simpson sprach zum Beispiel von einem »Existenzkampf, der zum größten Teil eher passiv als aggressiv ist«.[113]

Und sein deutscher Kollege Heinrich K. Erben meinte: »Der so oft mißverstandene ›Kampf ums Dasein‹ und der ›struggle for survival‹ beziehen sich also nicht so sehr auf das Einzelindividuum und auf etwa erbitterte und blutig ausgetragene Kämpfe um die individuelle, physische Existenz [Anmerkung des Autors: bei Darwin schon!]. Vergleichbar ist wohl mehr der Begriff ›Konkurrenz in einer Leistungsgesellschaft‹. Auch hier geht es ja nicht etwa um eine Vernichtung der Existenz des minderbefähigten Individuums [Anmerkung des Autors: bei Darwin schon!], sondern nur um seinen geringeren Erfolg und um den relativ größeren Erfolg des Befähigteren. Dabei ist der Begriff ›Erfolg‹ nun auf die Fortpflanzungsmöglichkeiten bezogen: Leistungs- und befähigungssteigernde Eigenschaften erhalten bessere Chancen, an die Nachkommen weitergegeben zu werden, als mittelmäßige oder minderwertige. So dient also der gesamte Mechanismus letzten Endes dem Ziel der Arterhaltung.«[114]

Abgesehen davon, daß sich Heinrich K. Erben mit dieser verniedlichenden Interpretation erheblich von Darwin entfernt, ist ja das, was die »natürliche Zuchtwahl durch Auslese« zu erklären beansprucht, gerade nicht »Arterhaltung«, sondern »Artenwandel«. Und was George G. Simpsons »passiven Kampf« angeht, so ist dies ein Widerspruch in sich, eine, wie die Sprachwissenschaftler zu sagen pflegen, Contradictio in adjecto – wie zum Beispiel ein weißer Rappe oder ein heißer Eiswürfel.

Die Haltung der heutigen »Darwinisten« in Sachen »Selektion durch Kampf« ist am besten durch den Ausdruck »Bade mich, aber mach mich nicht naß« zu beschreiben. Im allgemeinen hat man den »Kampf« durch »Selektionsfaktoren« ersetzt, das heißt Umwelteinflüsse aus der unbelebten (Wärme, Kälte, Trockenheit, Feuchtigkeit, Nahrungsangebot) oder belebten Natur (Feinde, Schmarotzer, Artgenossen), die auf die Fortpflanzungsrate und die Überlebenswahrscheinlichkeit einwirken.

Aber reicht das aus, um die Evolution zu erklären? Nicht nur das Entstehen neuer Rassen und Arten, sondern den Ausbau eines ganzen Planeten, die großen Übergänge von Fischen zu Amphibien, von Amphibien zu Reptilien, von Reptilien zu Säugetieren und Vögeln, kurz vom »Urschleim« bis zum Menschen? Und sind die normalen Umweltbedingungen etwas, durch das sich die Darwinschen Grundbegriffe »Kampf«, »Schlacht« und »Krieg« ersetzen lassen?

Irgendwann haben die Menschen beschlossen, die Umwelt als

»feindlich« und die Natur als »grausam« anzusehen. »Nature red in tooth and claw«, wie es sich der englische Dichter Alfred Tennyson 1850 zusammenreimte: die Natur mit blutbefleckten Zähnen und Klauen. Auch Adolf Hitler bewunderte in der Natur »die grausame Königin aller Weisheit«. Man sah es so, weil man es so sehen wollte, und das hat sich fortgesetzt bis in unsere Zeit, bis hin zu »Die Wüste lebt« und »Der weiße Hai«. Weil Grusel und Horror halt spannender sind, weil sich die Killerbienen, Killerhaie und Killertomaten besser verkaufen als das realistische Bild einer weitgehend friedfertigen Natur.

Aber bei genauerem Hinsehen findet man, daß die Natur nicht feindselig ist, sondern fürsorglich, daß sie allen Lebewesen bereitstellt, was sie zum Leben brauchen – Licht, Luft, Wasser, Raum und Nahrung –, und oft sogar in Hülle und Fülle. Friedrich Nietzsche war einer von denen, die das gesehen und mit einer Darwinismuskritik verbunden haben: »Um den ganzen englischen Darwinismus herum«, so schrieb er, »haucht etwas wie englische Übervölkerungsstickluft, wie Kleiner-Leute-Geruch von Not und Enge. Aber man sollte, als Naturforscher, aus seinem menschlichen Winkel herauskommen: und in der Natur herrscht nicht Notlage, sondern der Überfluß, die Verschwendung sogar bis ins Unsinnige.«

Die Natur ist nur dann »feindlich«, wenn man sich nicht an die Spielregeln hält – vor allem an die grundlegenden: Vermehre dich nicht zu sehr, halte dich an deine angestammte Nahrung, laß anderen noch etwas übrig. Leider hat der Mensch schon sehr früh begonnen, gegen diese Regeln zu verstoßen und dadurch seine Umwelt zu zerstören. Die schmerzhaften Folgen seiner Handlungen hat er dann der »grausamen« Natur angelastet, nach dem heute noch beliebten Motto: Schuld sind immer die anderen.

Den »Krieg« gegen die Natur hat der Mensch angefangen – und

er führt ihn immer noch, mit Pestiziden, Fungiziden, Insektizi-
den, Herbiziden und dergleichen. Daß das alles auf ihn zurück-
fällt, wird ihm jetzt langsam, leider zu langsam klar. Und daß das
so langsam geht, hat natürlich auch wiederum etwas mit dem
Darwinschen »Struggle-for-life« und »Survival-of-the-fittest«-
Denkschema zu tun, das uns daran hindert, die kooperativen
Aspekte der Natur zu sehen und in unsere Verhaltensmuster auf-
zunehmen. Und sicherlich auch damit, daß viele der Gelder, die
in die Forschung fließen, von eben jenen Konzernen stammen,
die am Krieg gegen die Natur Milliarden verdienen, und kein
Interesse daran haben, das Zerrbild von der »grausamen« Natur,
das als eine bequeme Rechtfertigung für die »Verteidigungsmaß-
nahmen« des Menschen dient, zu korrigieren. Aber eines sollte
uns heute klar sein: Naturschutz ist im gleichen Maße Men-
schenschutz, wie der Krieg gegen die Natur ein Krieg gegen den
Menschen geworden ist.

Umweltbedingungen selektieren nicht. Sie verhindern Dinge
und Ereignisse, oder lassen sie zu. Gesetze geben einen Spielraum,
in dessen Grenzen man sich frei entfalten kann, aber sie entscheiden nicht selbst, und sie können auch nichts Neues schaffen. Wie
gesagt: Die Schwerkraft hindert eine Raupe daran zu fliegen – aber
sie hindert sie nicht daran, sich in einen Schmetterling zu verwandeln. Sie zwingt sie aber auch nicht dazu.

Ein allzu heißer Sommer oder ein allzu kalter Winter können
viele Exemplare einer Art töten, aber ein extremer Wetterein-
bruch macht keinen Unterschied zwischen den normalen und
den um eine Winzigkeit verbesserten Individuen – er räumt alle
ab. Und ein paar hundert Kilometer davon entfernt herrscht ein
Wetter, das alle überleben läßt. Wenn die »Selektion« ein Sieb
sein soll, das die Untüchtigen aussiebt, dann ist das Wetter ein
viel zu grobes Sieb, um die Veränderung von Arten oder Gattun-

gen oder gar noch höheren Kategorien der biologischen Systematik zu erklären.

Auch Naturkatastrophen oder extreme Klimawechsel lassen Pflanzen und Tieren nicht genügend Zeit, sich einer »darwinistischen« Anpassungskur zu unterziehen – was nicht fliehen kann, geht unter. Normalen Witterungsschwankungen aber können die Tiere und Pflanzen ohne weiteres mit ihrem arteigenen Anpassungsreservoir begegnen. Denn auf eine geheimnisvolle Weise wissen sie im voraus, wenn zum Beispiel ein kalter Winter zu erwarten ist, und lassen sich rechtzeitig vorher ein dickeres Fell wachsen.

Wenn die Zebras am Kilimandscharo schon im Sommer ein dichtes Fell tragen, kann man darauf wetten, daß ein besonders strenger Winter kommt. Und hiesige Förster haben von Hasen und Füchsen Ähnliches zu berichten. Wenn die Gnus ihre neugeborenen Jungen töten und bestimmte Vogelarten sich nicht paaren, dann wissen die Farmer in Südwestafrika, daß die Regenzeit in diesem Jahr ausfallen wird.

Der arteigene Anpassungsspielraum ist erstaunlich groß. Wenn man eine Gebirgspflanze ins Flachland bringt, ändert sie ihre Form und behält diese Form über Generationen bei. Wenn man ihre Samen dann wieder im Gebirge aussät, kehrt sie zu ihrer ursprünglichen Gestalt zurück.

Durch klimatische Selektionsfaktoren läßt sich ein Artenwandel nicht schlüssig erklären.

Und wie steht es mit Freßfeinden, Schmarotzern oder arteigener Konkurrenz? Könnte man daraus einen Selektionsdruck ableiten, der den Darwinschen Krieg der Gleichen und Ähnlichen ersetzen könnte?

Nur eine Minderheit spielt Krieg

Für Darwin war es völlig klar, daß bestimmte Eigenschaften, die einen Überlebensvorteil im »Kampf ums Dasein« bieten, ihren Trägern dazu verhelfen, sich durchzusetzen, mehr Nachkommen zu zeugen und andere Lebewesen, welche diese Eigenschaften nicht haben, zu verdrängen. Er bezog das zum Beispiel auch auf rote Beeren, die einen »Überlebensvorteil« dadurch haben, daß sie von den Vögeln bevorzugt werden. Allerdings gibt es neben den roten auch orangefarbene, gelbe, grüne, blaue, violette, schwarze, weiße – kurz Beeren in allen nur erdenklichen Farben. Und mit den Blüten ist es ebenso: Es gibt große und kleine, schlichte und bizarre, die verschiedensten Formen und Farben.

Wenn aber alle diese Farben und Formen entstehen konnten und sich alle erhalten haben, worin liegt dann der »Überlebensvorteil« einer einzelnen Farbe oder einer bestimmten Form?

Und wie steht es mit der Entwicklung des Menschen? Sein mit den Menschenaffen gemeinsamer Vorfahre (wenn diese Abstammungshypothese stimmt) hatte ein Fell wie jedes vernünftige Säugetier. Ein Fell ist eine tolle Sache. Es schützt im Sommer gegen Hitze, im Winter gegen Kälte und, wenn man sich streitet, gegen Bisse und Schläge. Nach »darwinistischer« Auffassung hat es sich entwickelt, weil es ein Überlebensvorteil war. Aber der Mensch hat sein Fell offensichtlich verloren. Wie konnte das passieren? Was machte ihn zum »nackten Affen«? Dies ist offenkundig ein evolutiver Rückschritt und ein Selektionsnachteil. Die sogenannte »Lanugo-Behaarung«, die beim Fötus eine Zeitlang den ganzen Körper bedeckt, zeigt, daß die entsprechenden Gene (wenn sie für Haarwachstum verantwortlich sein sollten, was keineswegs bewiesen ist) zumindest noch vorhanden sind. Als der Mensch sich aufrichtete (vorausgesetzt er stammt von

einem gemeinsamen Vorfahren von Menschen und Menschenaffen ab, was ebenfalls keineswegs bewiesen ist), warum wurden
dann seine Arme kürzer? Was ist daran der Überlebensvorteil?
Mit langen Armen kann man besser boxen, weiter ausholen, sich
den Gegner besser vom Leib halten. Man braucht sich nicht so
tief zu bücken, wenn man etwas aufheben will und spart Energie,
die man in Fortpflanzungsaktivität umsetzen kann: alles durchaus Überlebensvorteile. Warum also wurden die Arme kürzer?
Nur weil die Proportion nicht stimmte? Weil Arme, die bis zum
Knie reichen, beim Menschen blöd aussehen? Weil die hypothetischen Vormenschenmütter kurze Arme bevorzugten und die
Vormenschenaffenmütter nicht?

Es gibt in fast allen Biotopen fast alles, was an Eigenschaften,
auch jeweils gegenteiligen, nur denkbar ist. Wenn aber Größe ein
»Überlebensvorteil« ist, warum gibt es dann Kleinheit? Wenn
Schnelligkeit ein »Überlebensvorteil« ist, warum gibt es dann
auch Langsame? Komplizierte und Einfache, Giftige und Ungiftige, Aggressive und Friedliche, Gepanzerte und Nackte, Getarnte
und Ungetarnte – allesamt nur ein paar Schritte oder Hüpfer oder
Flossenschläge voneinander entfernt? Warum gibt es im Meer neben den stromlinienförmigen Haien, Thunfischen und Delphinen auch gemächliche Kofferfische, skurrile Seepferdchen, pla-
katfarbige Korallenfische und andere ebenso seltsame wie friedliche Zeitgenossen? Und warum sind sie in der Mehrheit?

Wenn ein Lebewesen gut getarnt ist durch ein bestimmtes Muster oder eine Farbe, indem es einem Stück Felsen gleicht, einem
Blatt oder einem trockenen Zweig, dann kann man sich gut vorstellen, daß dieses Outfit einen Überlebensvorteil darstellt. Nicht
entdeckt werden heißt nicht gefressen werden. Diese Nachahmung von unbelebten oder belebten Dingen, die besonders bei
Insekten beliebt ist, nennt man »Mimese«.

KOLIBRIS

(aus Ernst Haeckel: »Kunstformen der Natur«)

Evolution besteht darin, daß Lebewesen, die durch zufällige Veränderung ihrer Merkmale und Eigenschaften einen Vorteil im »Kampf ums Dasein« haben, ihre weniger begünstigten Mitgeschöpfe verdrängen – so dachte es sich Darwin, und so denken es sich einige Wissenschaftler noch heute.

Aber was ist das für ein Kampf, in dem sich die Kolibris mit Schönheit bewaffnen und die Amseln mit Gesang? Was für einen Sinn hat die plakative Buntheit der »Blumenküsser«, die allen Freßfeinden ein lautes: »Schaut her – hier bin ich!« zuruft? Wie steht es mit den kunstvollen Federkostümen der Pfauen und Paradiesvögel, die sie nicht nur beim Fliegen, sondern auch beim Laufen behindern?

Darwin erklärte solche im Kampf nutzlosen Schönheiten, indem er die »sexuelle Selektion« einführte: Die Vorliebe der weiblichen Tiere einiger Arten für prachtvolle, schöne und bunte Männer oder solche, die besonders gut tanzen, singen und Purzelbäume schlagen können, soll solche unkriegerischen Spielereien hervorgebracht haben.

Warum aber drückt die »natürliche Selektion«, die doch sonst angeblich alles, was die Überlebenstüchtigkeit hemmt, gnadenlos wegselektiert, in solchen Fällen dann ein Auge zu? Und warum gibt es andererseits immer noch so viele häßliche Männer?

Was immer auch die »sexuelle Selektion« bewirken mag – eines ist indessen offensichtlich: In der Natur herrscht Damenwahl. Die weiblichen Tiere suchen sich ihre männlichen Partner aus, nicht umgekehrt. Und auch hier handelt der Mensch im Gegensatz zur Evolution.

BEEREN

Rote Beeren haben – so glaubte Darwin – einen »Überlebensvorteil« im »Kampf ums Dasein« dadurch, daß sie von Vögeln bevorzugt und ihre Samen daher weiter und häufiger verbreitet werden. Warum aber gibt es dann neben den roten auch orangefarbene, gelbe, grüne, blaue, violette, schwarze, weiße – kurz Beeren in allen nur erdenklichen Farben? Und mit den Blüten, deren Bevorzugung durch Insekten ein »Überlebensvorteil« sein sollte, ist es ähnlich: Es gibt große und kleine, schlichte und bizarre, es gibt die verschiedensten Formen und Farben.

Wenn aber alle diese Farben und Formen entstehen konnten und sich alle erhalten haben – worin liegt dann der »Überlebensvorteil« einer einzelnen Farbe oder einer bestimmten Form?

Manche Pflanzen haben geniale Technologien zur Verbreitung ihrer Samen entwickelt – Haftvorrichtungen, Schleudermechanismen, Flugobjekte bis hin zu den Flügelsamen der Zanonie, die menschlichen Flugzeugkonstrukteuren als Vorbild gedient haben. Aber andere Pflanzen haben nichts dergleichen entwickelt und kommen auch zurecht. Neben dem Löwenzahn, der den Gleitfallschirm erfunden hat, steht ganz unbekümmert der Sauerampfer, der seine Samen einfach fallen läßt.

Es gibt in fast allen Biotopen fast alles, was an Eigenschaften, auch jeweils gegenteiligen, nur denkbar ist. Nach Darwin soll das, was existiert, deshalb existieren, weil es einen »Überlebensvorteil« im »Kampf ums Dasein« darstellt. Wenn aber alles existiert und somit offenbar ein »Überlebensvorteil« ist – Größe ebenso wie Kleinheit, Schnelligkeit ebenso wie Langsamkeit, Aggressivität ebenso wie Friedlichkeit –, was ist das für ein seltsamer »Kampf«? Wo auch Schwäche eine Tugend sein kann und Wehrlosigkeit eine Waffe? Was ist das für ein »Krieg«, der nicht Tod produziert, sondern Leben, der nicht Zerstörung zur Folge hat, sondern Aufbau – den Aufbau und Ausbau eines ganzen Planeten?!

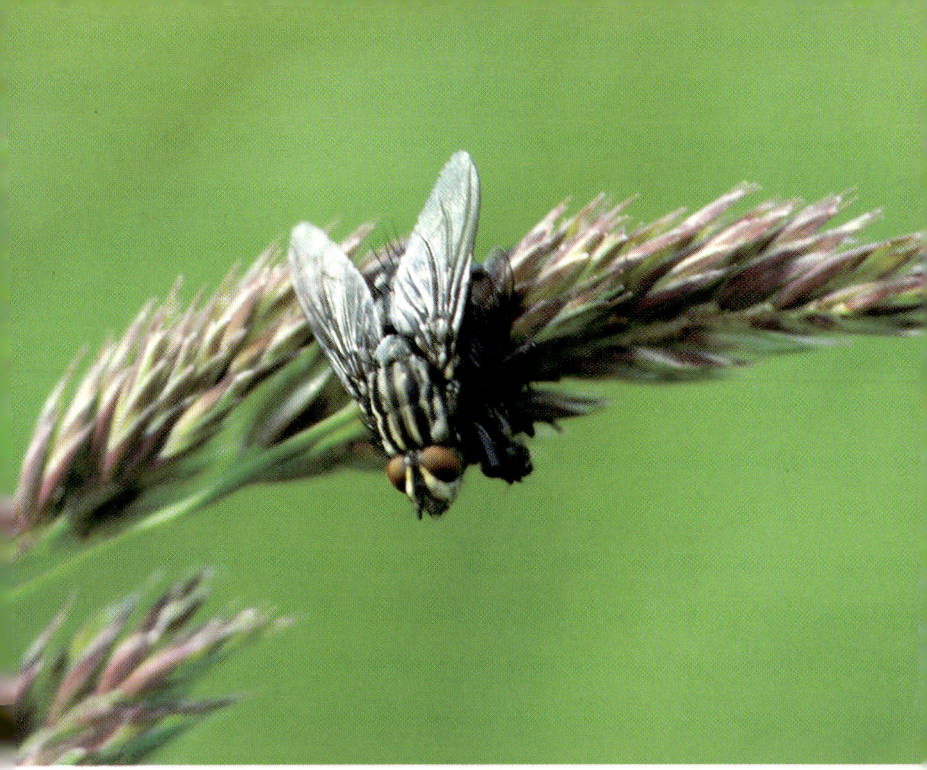

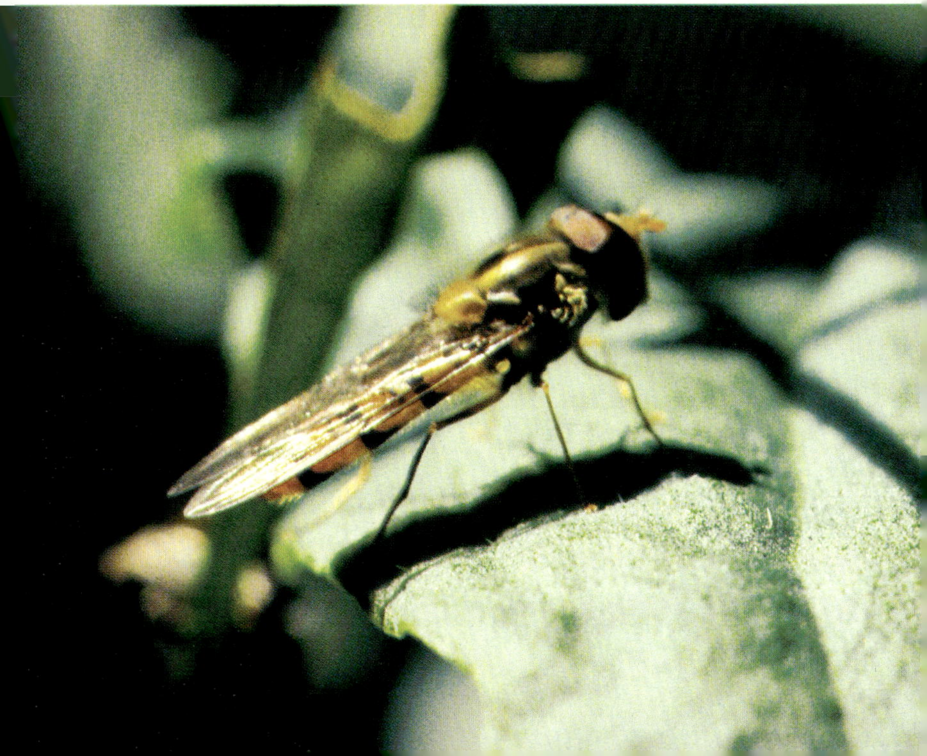

FLIEGEN

Sie gehören zu den populärsten, wenn auch sicherlich nicht zu den beliebtesten Insekten, und der Mensch betrachtet sie meist als lästige Plagegeister. Das gilt vor allem für ihren »Prototyp«, die Stubenfliege (Musca domestica), die den Menschen von Alaska bis zu den Küsten Südafrikas, vom Polarkreis bis nach Australien mit ihrer Anhänglichkeit verfolgt. In der Hieroglyphenschrift der alten Ägypter stand ihr Bild als Zeichen für Unverschämtheit.

Sie sind aber auch die Flugweltmeister unter den Insekten und bringen es auf eine Frequenz von 500 Flügelschlägen pro Sekunde. So gut fliegen zu können sollte ein beträchtlicher »Überlebensvorteil« sein. Aber nicht alle Fliegen fliegen so gut, und einige haben ihre Flügel sogar zurückgebildet oder ganz abgelegt. Sie haben Formen entwickelt, die eher an Zecken oder Spinnen erinnern, und leben als blutsaugende Lausfliegen auf verschiedenen Vögeln und Säugetieren.

Die Fleischfliegen (umseitig oben) fressen Fleisch und die Fruchtfliegen Früchte. Die Raubfliegen jagen andere Insekten, und die Schwebfliegen (umseitig unten) leben von Nektar und Pollen. In ihrem Muster ahmen sie Bienen und Wespen nach – was Feinde abschrecken und sie schützen soll. Aber die überwiegende Mehrheit der Fliegen kommt ohne derartige Verkleidung zurecht und bevorzugt die Lieblingsfarben der globalen Managergemeinde: Grau und Schwarz.

Ihre Larven leben wie Maden im Speck oder Käse, in Kot und faulenden Stoffen, in Jauche und sogar in Petroleum, als Parasiten in Raupen, Heuschrecken, Schnecken, Kröten und Säugetieren bis hin zum Menschen. Manche bringen ihre Wirte um, andere schädigen sie nur mäßig. Einige haben sich auf eine einzige Wirtsart spezialisiert, andere befallen bis zu sechzig verschiedene. Und alle leben nebeneinander und miteinander. Und alle sind geduldet, und jeder darf so sein, wie er ist.

Wer könnte wohl großzügiger sein als die Evolution?

X.A.WAarland

HIRSCHKÄFER UND HELDBOCK
(aus Alfred Brehms »Tierleben«)

Die Käfer sind noch artenreicher und weiter verbreitet als die Fliegen – sie sind die größte Tiergruppe auf unserem Planeten. Der englische »Neodarwinist« John B. S. Haldane war von ihrer Vielfalt und Menge so beeindruckt, daß er bemerkte, seine Naturstudien hätten ihn gelehrt, der Schöpfer sei offenbar »bis zur Unbeherrschtheit in Käfer vernarrt« gewesen.

Der kleinste Käfer ist nicht länger als ein viertel Millimeter, der längste bringt es auf annähernd 19 Zentimeter. Und der schwerste ist 250 000mal schwerer als der leichteste Käfer.

Sie leben in der Wüste und im Wasser, in dunklen Höhlen und auf Alpengletschern, in antiken Möbeln und Ameisennestern. Manche sind Vegetarier, manche Fleischfresser, wieder andere bevorzugen Dung, Aas oder faulende Abfälle, Papier, Stoffe oder tote Artgenossen. Ihre Vielseitigkeit ist sicher einer der Hauptgründe für ihren Erfolg.

Sie haben genial konstruierte Faltflügel, die unter schützenden Flügeldecken verstaut werden können. Die Weibchen etlicher Arten allerdings sind flügellos, und die Laufkäfer bevorzugen, wie schon der Name sagt, das Laufen, und von ihren Flügeln sind häufig nur noch Rudimente vorhanden. Bei einigen Arten gibt es allerdings vollgeflügelte Exemplare neben solchen, deren Flügel fast gänzlich verkümmert sind.

Der Hirschkäfer (Lucanus cervus) ist der Größte unter unseren heimischen Käfern. Bei den Männchen (umseitig unten) haben sich die Oberkiefer zu geweihartigen Hornzangen entwickelt. Sie sind ebenso hinderlich beim Laufen wie beim Fressen, und die Weibchen (umseitig oben) haben sich diese Übertreibung vernünftigerweise erspart. Allerdings haben bei einigen Arten der Hirschkäferfamilie auch die Männchen ihre normalen Oberkiefer behalten. Die Selektion war hier wieder einmal großzügig – oder vielleicht auch nur unentschlossen?

»Wenn wir sehen«, so schrieb Darwin, »daß blattfressende Insekten grün, rindenfressende graugefleckt, das Alpenschnee-
huhn im Winter weiß, die Schottische Art haidenfarbig sind, so
müssen wir glauben, daß solche Farben den genannten Vögeln
dadurch nützlich sind, daß sie dieselben vor Gefahren schützen.«[115]

August Weismann, der »Erfinder des Neodarwinismus«, hat in
Experimenten verschiedene Raupen vor unterschiedlichen Hin-
tergründen Vögeln und Eidechsen präsentiert und das bessere
Abschneiden der Getarnten als Beleg dafür gesehen, daß ihr Muster durch »natürliche Selektion« entstand. Genaugenommen ist
damit aber nicht die Frage der Entstehung, sondern nur der Erhaltung des Musters beantwortet. Und schon gar nicht die Frage,
warum es überhaupt Schmetterlinge gibt, warum ein Kriechtier
sich auf so erstaunliche Weise in ein Flugtier verwandelt. Und
auch das ist Evolution, denn Evolution ist nicht nur Artenwandel oder Perfektionierung von Mustern.

In einem anderen Experiment wurden helle und dunkle Mos-
kitofische in helle und dunkle Aquarien gesetzt, und auch da
wurden die hellen Fische im dunklen und die dunklen Fische im
hellen Aquarium häufiger gefressen. Aber das ist eine Binsenweisheit, die nicht erst einer experimentellen Bestätigung be-
durft hätte. All diese Laborexperimente sind sinnlos, weil sie die
Komplexität der lebendigen Natur auf ein Niveau reduzieren, das
keine wirklichen Rückschlüsse zuläßt, sondern höchstens zu
Aussagen im Format von Kaffeesatzprognosen führt.

Der afrikanische Schmetterling Bicyclus anynana kommt in
Gegenden vor, in denen abwechselnd Trocken- und Regenzeit
herrscht. Entsprechend ist die Landschaft entweder trocken,
heiß und braun oder feucht, kühl und grün. Und in Übereinstimmung mit der Landschaft ändert sich auch das Muster der

Schmetterlinge. Wenn sie in der Regenzeit schlüpfen, haben sie große Augenflecken, die vielleicht der Abschreckung von Freßfeinden dienen. Wenn sie in der Trockenzeit schlüpfen, sind sie auf der Unterseite einfarbig braun und fallen so zwischen den vertrockneten Blättern kaum auf. Außerdem ist auch ihr Verhalten anders: In der Regenzeit sind sie aktiv, in der Trockenzeit hängen sie meist nur faul herum. Unterschiedliche Formen innerhalb derselben Art.

Und das gleiche gilt auch für das »darwinistische« Standardbeispiel für das Wirken der Selektion, den Birkenspanner. Dieser Schmetterling hat ein helles Muster, das der Birkenrinde ähnelt, auf der er sich gern zur Ruhe setzt, und ist dadurch gut getarnt. Als sich im Zuge der Industrialisierung die Birkenrinde in einigen Regionen durch Rußeinwirkung dunkel färbte, wurde die helle Variante des Birkenspanners bald durch eine dunkle, fast schwarze Abart nahezu verdrängt, die zum erstenmal um 1850 beobachtet wurde, bislang aber selten war. Als durch Umweltschutzmaßnahmen die Verrußung zurückging und die Bäume wieder sauber wurden, änderte sich das Verhältnis erneut, diesmal zugunsten der hellen Variante. Auch hier hat kein Artenwandel stattgefunden.

Einige Schmetterlingsraupen haben sich auf das Fressen von giftigen Pflanzen spezialisiert. Sie können die Gifte, gegen die sie selbst immun sind, in ihrem Körper speichern und sind so auch nach der Verpuppung als geflügelte Nektarsauger noch giftig. Diese Schmetterlinge haben meist eine grelle Warnfärbung, und werden von Vögeln, die gelernt haben, daß sie scheußlich schmecken, gemieden. Es gibt eine Reihe von Fällen, in denen andere Schmetterlinge, die selbst nicht giftig sind, die Warnfärbung und das Flugverhalten der giftigen Arten nachahmen. Man nennt diese Form der Nachahmung »Mimikry«, und es ist gut vorstellbar, daß solche Muster einen »Selektionsvorteil« haben. Aber erklärt das bereits ihre Entstehung? Zwei Schmetterlingsarten, Anetia cubana und Lexias aeropus, sind einander äußerst ähnlich, aber der eine lebt in Kuba und der andere in Indonesien, und sie gehören unterschiedlichen Familien an.

Dieser seltsame Sachverhalt wird »Pseudomimikry« genannt – aber das ist nur ein Name und keine Erklärung. Und ein weiteres Problem taucht hier auf: Die Nachahmung einer giftigen Art durch eine ungiftige macht nur dann Sinn, wenn die Nachahmer deutlich in der Minderheit bleiben. Wenn aber jedes Lebewesen, wie Darwin meinte, »nach der äußersten Vermehrung seiner Anzahl« strebt und das Mimikrymuster einen Überlebensvorteil darstellt, müßten die Nachahmer bald so häufig sein, daß der Abschreckungseffekt des Musters verlorengeht, da die Freßfeinde ja erst lernen müssen, daß mit diesem Muster schlechter Geschmack verbunden ist. Und wie sollen sie das, wenn jedes zweite Exemplar gut schmeckt? Der Nachahmer muß also seinen Fortpflanzungsdrang zügeln, wenn er weiter von seinem Muster profitieren will. Wäre es für ihn da nicht sehr viel einfacher und sicherer, sich selbst einen schlechten Geschmack zuzulegen? Und dieses Problem taucht bei allen Fällen von Mimikry auf, auch im Bereich der Parasiten und Schmarotzer: Sie alle können sich eine »darwinistische« Fortpflanzungsmaximierung nicht leisten und tun es auch nicht. Aber was hält sie davon ab? Etwa die Einsicht in die Zusammenhänge?

Und eine weitere Frage drängt sich auf: Wenn Mimese oder Mimikry tatsächlich einen derartigen Überlebensvorteil haben, warum gibt es sie dann nicht öfter? Diese Fragestellung nenne man in Amerika den »Kühlschrankirrtum«, meinte Professor Wolfgang Wickler, Verfasser eines Standardwerkes über Mimikry, in einem Artikel der Zeitschrift »Natur«: »Denn natürlich kann dasselbe Argument auf Kühlschränke angewendet werden. Kühlschränke können keinen so großen Vorteil bieten, wie man gemeinhin annimmt, denn die meisten Menschen auf der Welt kommen ohne Kühlschrank aus.« Der Logik dieses Argumentes folgend, könnte man sagen: Der Kühlschrank ist in der Tat zwar bequem, aber kein unbedingter »Überlebensvorteil«, denn der Mensch hat es schließlich in der Vergangenheit geschafft, mehr als 50 000 Jahre ohne Kühlschränke zu überleben. Und wenn für Mimese und Mimikry das gleiche gilt wie für den Kühlschrank, dann sind sie also auch nicht unbedingte »Überlebensvorteile«, sondern sie sind eben einfach nur bequem. Wie kann das aber sein, wo doch nach Darwin alles, was von der »natürlichen Selektion« erzeugt wird, einen »Überlebensvorteil« im »Kampf ums Dasein« darstellen muß?

Einige Fische und Kopffüßer haben die Nachahmung perfektioniert: Durch vom Gehirn gesteuerte Farbzellen in ihrer Haut können sie sich direkt ihrer jeweiligen Umgebung anpassen. Eine Fähigkeit, die ein enormer Überlebensvorteil sein müßte – warum ist sie so selten? Die Farbwechsel der dafür berühmten Chamäleons sind dagegen stimmungsabhängig. Sie werden von Angst, Hunger oder äußeren Faktoren wie Licht- und Temperaturänderung beeinflußt. Warum hat die Evolution daraus kein effektiveres Mittel zur Tarnung entwickelt?

Da gibt es eine Heuschrecke, »Wandelndes Blatt« genannt, die sich dadurch tarnt, daß sie wie ein Blatt aussieht. Seltsamerweise lebte sie aber schon vor 300 Millionen Jahren, als es noch gar keine Laubbäume gab, sondern nur Nadelhölzer. Sie mußte gute 150 Millionen Jahre warten, bis Blätter erschienen, zwischen denen sie sich als Blatt tarnen konnte. Daß sie es bis dahin geschafft hat, ist immerhin beachtlich. Aber nicht ganz so unbegreiflich, wenn man davon ausgeht, daß der ständige »Krieg« in der Natur

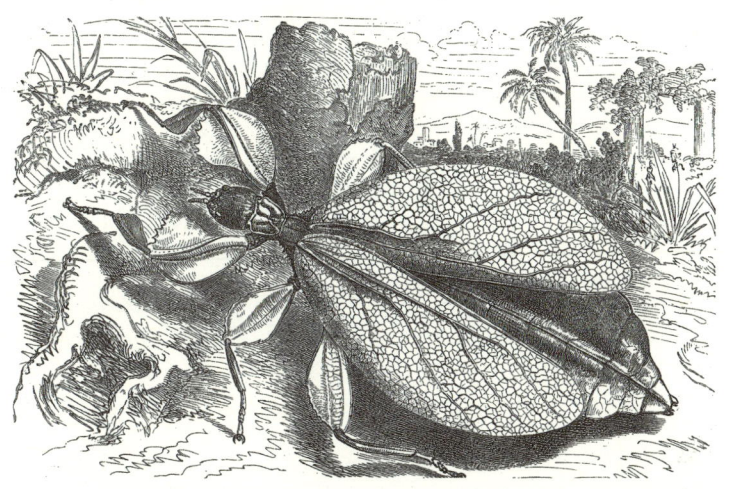

Wandelndes Blatt (Phyllium siccifolium), aus Alfred Brehms »Tierleben«.

eine »darwinistische« Erfindung ist – und nicht der »Motor« der Evolution.

Darwin meinte, daß »natürliche Zuchtwahl nur durch Häufung geringer Modificationen des Baues oder Instinctes wirkt, von welchen eine jede dem Individuum in seinen Lebensverhältnissen nützlich ist«[116]. Wenn dieses System wirklich wirksam wäre, müßte die »Zuchtwahl« im Laufe der Zeit immer mehr Verbesserungen anhäufen, bis die Lebewesen schließlich in ihrer Überlebensfähigkeit perfekt sind. Jedenfalls soweit es die Naturgesetze zulassen. Denn da sie eine blinde Kraft ist, kann sie nicht nach Belieben irgendwann mit ihren Verbesserungen aufhören. Das würde eine Entscheidung voraussetzen, und eine blinde Kraft kann nicht entscheiden.

Auf der anderen Seite muß sie deshalb auch sofort ihre Arbeit einstellen, wenn eine Veränderung keinen Vorteil mehr im Überlebenskampf bedeutet. Auch was zuviel ist, läßt sich durch

»natürliche Selektion« nicht so recht erklären. Die Intelligenz der Delphine zum Beispiel geht weit über das hinaus, was zum Überleben nötig wäre. Wie ist sie entstanden? In Anpassung an die Wasserwelt? Warum sind dann die Fische nicht ebenso intelligent? Und was ist mit der Fähigkeit, zu fühlen und Gefühle zum Ausdruck zu bringen? Auch davon findet man bei vielen Tieren mehr, als zum bloßen Überleben nötig wäre. Vom Menschen ganz zu schweigen. Seine weit über die natürlichen Bedürfnisse hinausgehenden geistigen Talente und Fähigkeiten hatten schon Alfred Russel Wallace dazu veranlaßt, sich hier vom »Darwinismus« als Erklärung zu verabschieden und das Wirken von höheren, spirituellen Mächten anzunehmen.

Warum ist so oft einerseits zuviel und andererseits zuwenig Fortschritt in der Evolution zu finden?

Welchen Überlebensvorteil hatte das überdimensionale Geweih des Irischen Riesenhirsches mit 3,5 Meter Spannweite? Warum haben sich die riesigen Stoßzähne des Mammuts nach innen und hinten gebogen, so daß sie als Waffen wertlos waren? Warum sind die oberen Eckzähne des Hirschebers in die verkehrte Richtung gewachsen und haben sich rückwärts-aufwärts eingerollt? All diese Bildungen waren schon lange vor ihrem Endstadium kein Überlebensvorteil mehr.

Beispiele für extreme Überentwicklung: a Mammutschädel (Elephas Mammonteus columbi); b Schädel eines Hirschebers (Babirussa celebensis).

Die Frösche – eine im übrigen seit mehr als 150 Millionen Jahren erfolgreiche Amphibienfamilie – besitzen ein recht eingeschränktes Sehvermögen. Sie sehen nur das, was sich bewegt, und halten alles, was größer ist als sie selbst – auch harmlose Kühe –, für einen Feind, vor dem es zu fliehen gilt, und machen sich so oft unnötig Streß. Alles, was kleiner ist als sie selbst, halten sie für potentielle Nahrung – auch ihre eigenen Kinder – und versuchen es zu fressen. Man kann sich leicht vorstellen, daß es für die Frösche doch ein erheblicher Überlebensvorteil wäre, wenn sie besser sehen könnten; denn mit Sicherheit wäre ihre Fortpflanzungsrate höher, wenn sie ihre Nachkommen von ihrer Nahrung unterscheiden könnten. Warum also hat die »natürliche Selektion« den Fröschen nicht schon längst zu einer besseren Sehfähigkeit verholfen?

Darwin sagte: »Natürliche Zuchtwahl wird nicht notwendig zur absoluten Vollkommenheit führen«[117], und sicherlich müssen wir ihm in dem Sinne recht geben, als eine »absolute« Vollkommenheit auf unserer irdischen Ebene nicht zu erreichen ist; aber die »natürliche Zuchtwahl« im Darwinschen Sinne müßte dennoch immer zu dem höchsten Maß an Vollkommenheit führen, das unter den gegebenen Umständen erreichbar ist. Davon aber ist in der Natur, wie Darwin selbst sehr richtig bemerkt, nichts zu finden.

Die Giftigkeit einer Pflanze, die sich aus winzigen Anfängen entwickelt hat, weil sie vor Freßfeinden schützt, müßte durch immer weitere Verbesserungen immer weiter zunehmen, bis das höchstmögliche Maß erreicht und die Pflanze für niemanden mehr eßbar ist.

Der Rüstungswettlauf zwischen Freßfeinden müßte nach dem Darwinschen Prinzip zwangsläufig immer weiter gehen, bis das biotechnische Höchstmaß erreicht ist. Die Schalen der meisten

Schnecken könnten noch um einiges stabiler sein. Und es gibt zahlreiche Schneckenarten, die gar kein Gehäuse haben und auch zurechtkommen. Die Beschleunigung ebenso wie die Höchstgeschwindigkeit der Löwen sind noch durchaus verbesserungsfähig. Zumindest, solange sie noch deutlich langsamer sind als ihre Beute. Und die Löwen sind nur etwa halb so schnell wie der Porsche unter den Raubkatzen, der Gepard.

Die waffentechnische Ausstattung der Antilopen und anderer Huftiere würde jedem Rüstungsexperten nur ein ungläubiges Kopfschütteln entlocken. Warum gehen ihre Hörner schräg nach hinten oder sind seltsam gebogen, so daß man nicht richtig damit zustoßen kann? Ein Horn auf der Stirn, nach vorne gerichtet und spitz wie eine Lanze, vielleicht noch an den Seiten abgeflacht und scharf wie ein Schwert, damit man mit geraden Kopfbewegungen zustechen und mit seitlichen Bewegungen aufschlitzen kann, oder zusätzlich noch zwei zur Seite gerichtete Spießhörner – das wäre eine Bewaffnung, mit der man guten Mutes in den Krieg gegen die Raubtiere ziehen könnte. Warum also gibt es so etwas nicht?

Alle Lebewesen sind in waffentechnisch-überlebenstüchtiger Sicht noch weit vom Optimum entfernt, und diese »Unvollkommenheit« wurde von »Darwinisten« des 19. Jahrhunderts als ein Argument gegen die »Schöpfungshypothese« angesehen, da ein vollkommener Schöpfer nichts Unvollkommenes schaffen könne. Aber das ist ein Irrtum.

Gerade die Unvollkommenheit spricht für das Wirken einer höheren Intelligenz in der Evolution, denn ohne sie könnte das ganze System nicht funktionieren. Total giftige Pflanzen könnten nicht mehr als Nahrung dienen und wären damit für das Ökosystem wertlos. Wenn die Beutetiere unbesiegbar wären, geriete das ökologische Gleichgewicht in Gefahr. Irgendwas bremst anscheinend die Perfektion. Aber was? Ein blinder Darwin-Mechanismus müßte zwangsläufig zu einem Maximum an Giftigkeit und Bewaffnung führen.

Warum haben die Giftpflanzen nicht die Welt erobert? Warum ist die »Bewaffnung« der Tiere nicht tödlicher? Und vor allem: Warum sind gerade Lebewesen mit Eigenschaften, deren »Überlebensvorteil« so offensichtlich ist, wie zum Beispiel Giftigkeit oder Tarnfärbung, nur eine kleine Minderheit?

Die einfachste Antwort auf diese Frage ist: weil die Natur und die Evolution nicht nach »darwinistischen« Prinzipien verfahren.

Bewaffnet mit Schönheit

Darwins »natürliche Selektion« ist per definitionem ein Mechanismus, der Eigenschaften erhalten soll, die im »Kampf ums Dasein« einen »Überlebensvorteil« bilden. Nun gibt es aber offensichtlich auch Merkmale oder Eigenschaften bei Lebewesen, die zwar schön sind, aber im »Kampf ums Dasein« eher einen Nachteil als einen Vorteil darstellen – der Schwanz des Pfaus zum Beispiel, des Argusfasans oder des Paradiesvogels.

Um diese Unstimmigkeit zu bereinigen, führte Darwin in seiner »Entstehung der Arten« den Begriff der »geschlechtlichen Selektion« ein, als eine Art Ergänzung und Alternative zur »natürlichen Selektion«, die immer da einzuspringen hat, wo diese beim besten Willen keine plausible Erklärung liefern kann. Aber so ganz getraut hat Darwin der »geschlechtlichen Selektion« wohl doch nicht, denn 1860 schrieb er in einem Brief an den amerikanischen Botaniker Asa Grey: »Der Anblick einer Feder in einem Pfauenschwanze macht mir übel, sobald ich sie anschaue.«

Die »geschlechtliche Selektion« hatte für Darwin zwei Aspekte. Der erste betraf den Kampf der männlichen um den Besitz der weiblichen Tiere. Hier war er der Ansicht, daß »der Krieg vielleicht am härtesten ist zwischen den Männchen der polygamen Tiere, und diese oft auch mit speziellen Waffen dafür ausgerüstet zu sein scheinen«[118].

Allerdings sind diese »Waffen«, wie wir wissen, bei den meisten Tieren so konstruiert, daß sie geradezu als Vorrichtungen zum Vermeiden und nicht zum Verursachen von Wunden dienen – verschiedene Hörner und Geweihe zum Beispiel. Brunstkämpfe sind in vielen, vielleicht sogar den meisten Fällen ritualisierte Schaukämpfe.

Und was ist das für ein Krieg, bei dem sich die Kolibris mit Schönheit bewaffnen und die Amseln mit Gesang? Selbst Darwin sah ein, daß zum Beispiel bei den Vögeln »der Wettkampf oft einen friedlicheren Charakter hat«, und deshalb bezog er den zweiten Aspekt der »geschlechtlichen Selektion« auf die Vorliebe der weiblichen Tiere einiger Arten für prachtvolle, schöne Männer oder solche, die besonders gut tanzen, singen, Purzelbaum schlagen oder kunstvoll geschmückte Laubhütten bauen können.

In Australien und Neuguinea leben verschiedene Arten von sogenannten Laubenvögeln. Sie bauen für ihre Balzrituale kleine Hütten, die sie kunstvoll mit allen möglichen Objekten verzieren, mit Steinen, Früchten, Federn, Schneckenhäusern – und neuerdings auch mit Glasscherben und Kronkorken. Eine Art schmückt ihre Laube mit Blumen, die täglich ausgewechselt werden, eine andere bemalt sie mit Fruchtfleisch und benutzt dabei ein Stück Baumrinde als Spachtel. Als Wissenschaftler während der Abwesenheit eines Vogels seine Dekoration veränderten, stellte er nach seiner Rückkehr die ursprüngliche Ordnung wieder her. Der Künstler weiß, was er will. Dann lockt er die Henne seines Herzens in seine Liebeslaube und bebalzt sie so lange, bis sie ihn erhört – oder auch nicht. Denn die Damen haben durchaus ihren eigenen Kunstgeschmack.

Es gibt so viele bizarre Balzbräuche bei den Vögeln, daß man darüber ein eigenes Buch schreiben könnte. Es sind ästhetische Orgien, angesichts deren wirklich nur die verstaubtesten Stubengelehrten auf die Idee kommen können, es ginge in der Natur allein ums Überleben und um Fortpflanzungsmaximierung. Das Motto heißt nicht nur »make love, not war« (Liebe statt Krieg), sondern auch »make art, not sex« (Kunst statt Sex). Bei dem immensen Aufwand, den das Vorspiel kostet, bleibt für die Fortpflanzung nicht mehr viel Zeit. Aber anscheinend ist alles erlaubt – die »natürliche Selektion« drückt da wirklich ein, wenn nicht alle beiden Augen zu. Vor allem auch bei den kunstvollen Federkostümen, die einige Vögel tragen und die sie nicht nur beim Fliegen, sondern auch beim Laufen behindern – und alles nur, weil die Damen es so haben wollen?

»Ich sehe keine guten Gründe zu bezweifeln«, schreibt Darwin, »daß weibliche Vögel, indem sie durch Tausende von Generationen die musikalischsten und schönsten Männchen bevorzugen, eine bemerkenswerte Wirkung hervorrufen könnten.«[119]

Bei den Krähen, die ähnlich gebaute Stimmorgane besitzen wie die Nachtigallen, aber anscheinend nicht. Oder sollten die Krähinnen eine Vorliebe für krächzende Schwarzröcke haben?

Gegen die Annahme, daß die künstlerischen Muster von Vögeln oder Insekten durch allmähliche Häufung von kleinen Veränderungen und den besonderen Geschmack der Weibchen entstanden sind, gibt es allerdings ein paar Einwände.

Ein Problem ist die sogenannte »Ausstoßreaktion« bei Tieren, die in Gruppen leben. Wenn ein Tier sich irgendwie im Äußeren über ein gewisses Maß hinaus von den anderen unterscheidet, wird es verjagt oder sogar getötet. Als Verhaltensforscher einer Henne, die auf ihrem Hühnerhof in der Hackordnung eine respektierte Stellung einnahm, zur besseren Kennzeichnung eine Plakette an den Kamm hefteten, wurde sie sofort von den anderen Hennen heftig angegriffen. Nur durch das Eingreifen der Forscher blieb sie am Leben. Als die Plakette entfernt wurde, war der Friede wiederhergestellt.

Ein neugieriger Kolkrabe steckte beim Herumstöbern auf einem Bauernhof seinen Kopf in einen Topf mit Farbe und bekam dadurch einen weißen Schnabel. Als er derart verunstaltet zu seinem Schwarm zurückkehrte, hackten ihn seine Genossen tot.

Ein Paar von Austernfischern hatte zwölf Jahre lang am gleichen Platz gebrütet. Als dem Weibchen während der Mauser eine ausgefallene Feder am Kopf festklebte, die seltsam zur Seite stand, jagte sie ihr Mann davon und suchte sich eine neue Partnerin.

Solche und ähnliche Beispiele kennt man nicht nur von Vögeln. Veränderungen im Äußeren, die auffällig sind, werden also abgelehnt, können sogar tödlich sein. Veränderungen aber, die unauffällig sind, fallen nicht auf und können so auch keine große Wirkung haben.

Zumal die Wahrnehmung der Tiere oft auch nur auf grobe Reize reagiert und nicht auf die Feinheiten von Mustern. Dies haben verschiedene Untersuchungen und Experimente von Verhaltensforschern gezeigt. Ein Rotkehlchenhahn zum Beispiel balzt mit Inbrunst einen roten Federbüschel an, während er einen weiblichen Jungvogel, der, noch ohne rote Brustfärbung, daneben sitzt, nicht beachtet.

Der Biologe Adolf Portmann kam nach Experimenten mit Schmetterlingen zu folgendem Ergebnis: »Die Wirkung der Farbmuster im Zusammenfinden der Geschlechter ist bei einem Verwandten des Perlmutterfalters, beim Kaisermantel, geprüft worden. Beide Geschlechter tragen ein goldbraunes Kleid mit lebhaft schwarzem Muster. Wird einem auf der Partnersuche fliegenden Kaisermantel ein anderer im künstlichen Modell dargeboten, so zeigen die vielfach variierten Experimente, daß die Größe des Modells wichtig ist und daß die goldbraune Farbe dasein muß. Das schwarze Muster aber kann variieren, es darf mager ausfallen, übertrieben entwickelt sein oder ganz fehlen – für das Gelingen der Geschlechterbegegnung ist das belanglos. Das Muster als solches, wie ›optisch‹ es für uns auch wirkt, ist in den Einzelheiten seiner Form, ja in Sein oder Nichtsein funktional belanglos.«[120]

Daß bestimmte besondere Merkmale und Muster also durch Bevorzugung entstehen können, muß man angesichts solcher Beobachtungen in Frage stellen. Bestenfalls die Erhaltung eines einmal vorhandenen Musters ließe sich noch dadurch erklären. Aber woher kommt das Muster? Diese Frage muß nach wie vor als unbeantwortet gelten.

Es ist auch zweifelhaft, daß die Damen tatsächlich immer den Schönsten wählen. Bei den Beifußhühnern Nordamerikas ist es zum Beispiel üblich, daß zur Paarungszeit an die 400 farbenprächtige Hähne immer an der gleichen Stelle in der Prärie zusammenkommen. Auf einer »Arena« von etwa 800 Metern Länge und 200 Metern Breite stellen sie sich auf, präsentieren ihre Federpracht und blasen ihre Kehlsäcke auf, bis sie sich mit einem Knall entladen und zusammenfallen. Es gibt keine Kämpfe zwischen den Beifußhähnen, aber die Aufstellung ist dennoch streng geregelt. Im Zentrum der »Arena« haben die ältesten Hähne ihre Stammplätze, nach außen folgen die jüngeren, die jeweils einen Platz weiter nach innen rücken, wenn einer der Alten stirbt. Alles ohne Kampf. Und dann treten die Damen auf, begutachten die Anstrengungen der Männchen und wählen – nicht etwa die schönsten, sondern die ältesten. Etwa 74 Prozent der

Weibchen paaren sich mit den vier »Meisterhähnen« im Zentrum, dann folgen in der Gunst der Hühner die nächstjüngeren »Vizemeister«, und nur ein kleiner Rest läßt sich von Schönlingen aus den hinteren Rängen besteigen.

Wenn aber nicht der Schönste den Sieg davonträgt, wie soll man dann seine Schönheit durch »sexuelle Selektion« erklären? Wie soll man sie überhaupt erklären? Schönheit, die einen an der Flucht vor Feinden hindert, ist nicht gerade ein »Überlebensvorteil«. Endlos lange Balzrituale, Laubenbau oder akrobatische Flugvorführungen sind auch alles Angewohnheiten, die im »Kampf ums Dasein« wenig nützen und dazu noch viel Zeit kosten – die man im »darwinistischen« Sinne natürlich viel effektiver durch Fortpflanzung nützen könnte.

Die beiden Selektionsarten kollidieren hier also, und eigentlich müßte die »natürliche Selektion« den artistischen oder ästhetischen Unfug, den die »geschlechtliche Selektion« (oder wer auch immer) produziert, wegselektieren. Aber dann gäbe es keine Pfauen, Paradiesvögel, Argusfasane und dergleichen. Irgendwas muß also die »natürliche Selektion« hier gebremst oder sogar außer Kraft gesetzt haben. Aber was? War sie es etwa selbst? Hat sie vielleicht eine heimliche Schwäche für die Kunst?

Zauberwort »Anpassung«

Für Darwin konnte die »natürliche Selektion« alles. Sie war für ihn eine schöpferische Instanz. Ob ihm das bewußt war, darf bezweifelt werden, aber jedenfalls hat er sie durch seinen Sprachgebrauch dazu gemacht. »Welche Schranken«, so schrieb er, »kann man dieser Kraft setzen, welche durch lange Zeiten hindurch tätig ist und die ganze Constitution, Struktur und Lebensweise eines jeden Geschöpfes rigoros prüft, das Gute begünstigt und das Schlechte verwirft? Ich vermag keine Grenze zu sehen für diese Kraft, welche jede Form den verwickeltsten Lebensverhältnissen langsam und wunderschön anpasst.«[121]

»Anpassung« ist ein Standardbegriff im »Darwinismus«. Der Polarfuchs ist an die Kälte angepaßt und der Wüstenfuchs an die Wärme. Die Hände des Maulwurfs ans unterirdische Graben und die Hände der Kopflaus ans Sichanklammern an Haaren. Die Hände der Fledermäuse ans Fliegen und die Hände der Delphine ans Schwimmen. Die Schönheit der Vögel ist eine Anpassung an den Geschmack ihrer Herzenshennen, die Häßlichkeit der Tiefseefische eine Anpassung an die Dunkelheit. Die Schnelligkeit des Geparden ist eine Anpassung an die Jagd, die Langsamkeit der Schnecke eine Anpassung an ihre kriechende Lebensweise.

»Alles an den Lebewesen beruht auf Anpassung«, schrieb August Weismann, »wenn auch nicht alles auf der Anpassung im Sinne Darwins.« Was hat er damit gemeint?

Für Darwins Vorläufer Lamarck war Anpassung eine aktive Angelegenheit. Die Lebewesen verändern sich, einem »inneren Bedürfnis« nach Vollkommenheit folgend, und passen sich so den äußeren Gegebenheiten an. Dabei aber nicht sich unterordnend, sondern den eigenen Wünschen gemäß. Durch verstärkten Gebrauch bzw. Nichtgebrauch verändern sich Merkmale oder Eigenschaften, und diese Veränderungen werden an die Nachkommen weitergegeben.

Darwin lehnte Lamarcks Begründung ab: »Der Himmel bewahre mich vor Lamarcks Nonsens einer ›Tendenz zum Fortschritt‹!«[122] Aber die Idee von Veränderung durch Gebrauch und Nichtgebrauch und ihre Vererbung hat er übernommen. »Veränderte Gewohnheiten bringen eine erbliche Wirkung hervor«, schreibt er in der »Entstehung der Arten«. Die verkümmerten

Augen der Maulwürfe zum Beispiel sieht er als Folge von »Nichtgebrauch«, die schon beim neugeborenen Menschen dickere Haut an den Fußsohlen als Folge des »vermehrten Gebrauchs« durch den aufrechten Gang. Ebenso die im Verhältnis zur Wildente leichteren Flügel- und schwereren Beinknochen der Hausente: »Diese Veränderung kann man getrost dem Umstande zuschreiben, daß die zahme Ente weniger fliegt und mehr geht.«[123]

August Weismann lehnte die »Vererbung erworbener Eigenschaften« kategorisch ab. Diese Auffassung wurde als »Neodarwinismus« bezeichnet und ist auch heute noch ein wesentlicher Bestandteil des »darwinistischen« Dogmas. Anpassung ist also nach Weismann kein aktiver Vorgang mehr, sondern nur noch als eine zufällige »Angepaßtheit« zu verstehen, die bereits bei der Geburt vorhanden ist und entweder in die Umwelt hineinpaßt oder nicht und deshalb von der Selektion gefördert oder beseitigt wird.

Obwohl er sie auf diese Weise zu einer Sklavin des Zufalls degradierte, war die Anpassung für Weismann ein Zauberwort, mit dem sich alles erklären ließ. Wo kommen zum Beispiel die Blumen her? »Die Blumen sind Anpassungen der höheren Blütenpflanzen an den Insektenbesuch.«[124] So einfach ist das. Wie haben sich vierbeinige, landlebende Säugetiere in fischartige Wale verwandelt? »Alle diese Veränderungen sind aber Anpassungen an das Wasserleben.« Wieso wurden Reptilien zu Vögeln? »Alles, was sie zu Vögeln macht, beruht auf Anpassung an das Luftleben.« Warum haben die Autos Räder? Um im Stil dieser Argumentation zu antworten: Sie sind eine Anpassung an das Fahren auf der Straße.

Die »Darwinisten« haben es sich angewöhnt, viele Merkmale und Eigenschaften als Anpassung an bestimmte Lebensumstände zu erklären. Was sie dabei oft übersehen haben, ist wie gesagt die Tatsache, daß viele dieser »Anpassungsmerkmale« in Wirklichkeit die *Voraussetzung* für das Überleben in einer bestimmten Umgebung sind – und daher nicht seine Folge sein können. Der Darmparasit kann seine Unverdaulichkeit nicht erst als Anpassung an sein Leben im Darm erworben haben; er brauchte sie von Anfang an, sonst wäre er gleich verdaut worden. Die Fische hatten keine Zeit, in Anpassung an das Landleben Beine und Lunge zu erwerben; sie brauchten beides, um überhaupt an Land herumspazieren zu können. Eigenschaften, die in einer neuen Umgebung oder für eine andere Lebensweise nützlich sind, mußten also entstanden sein, bevor sie nützlich wurden.

Die »Darwinisten« haben hierfür den ebenso schönen wie unlogischen Begriff der »Präadaption« erfunden, der »Vorausanpassung«. Anpassung ist aber per definitionem etwas, das im nachhinein geschieht – und »*Voraus*anpassung« ist ein ebenso sinnvoller Ausdruck wie »*Vorab*schlußfolgerung«. Aber der gesamte »Darwinismus« ist ja gewissermaßen eine »Vorabschlußfolgerung« – und da paßt eine »Vorausanpassung« durchaus ins Bild.

Was aber nicht so gut ins Bild paßt, ist die Frage, wie sie entstehen konnte. Nach Darwin muß ja jede Veränderung von Vorteil sein – und worin besteht der Vorteil einer Antwort, für die es noch gar keine Frage gibt?

Es wäre auch höchst einseitig, alle Erscheinungen in der Natur nur als »Anpassungen« zu verstehen. Die Bäume zum Beispiel sind nicht in Anpassung an die Schwerkraft in den Himmel gewachsen, sie haben sich in Auflehnung, im Widerstand gegen die Schwerkraft aufgereckt – sie sind lebende Denkmäler der Nichtanpassung. Nur die Pflanzen, die am Boden kriechen, zeigen wirklich Anpassung an die Schwerkraft. Was aber hat einige von ihnen dazu bewogen, gegen die Schwerkraft zu rebellieren? Worin bestand der Überlebensvorteil dieser Kraftanstrengung, die überdies die Erfindung neuer Baustoffe und neuer Technologien mit einschloß? Geniale Erfindungen wie Zellulose und Lignin oder die Spaltöffnungen der Blätter und nicht zuletzt die Blätter selbst – all das sind keineswegs einfach Anpassungen an irgendwelche Umweltbedingungen. Und warum mußten sie immer größer werden? Moose, Farne, Gräser und Sträucher demonstrieren täglich ihre Überlebenstüchtigkeit durch ihre Existenz. Wozu also Bäume? Und dann auch noch Giganten, die an die 4000 Jahre alt und 135 Meter hoch werden – höher als der Turm des Freiburger Münsters?

Nicht »Anpassung« der Lebewesen an die Umwelt, sondern ihre »Gestaltung« war es, die die Welt verändert und auf den heutigen Stand gebracht hat. Von Anfang an. Der Arbeit von Photosynthese treibenden Einzellern verdanken wir unsere Atmosphäre und den Ozonschild, der die harte UV-Strahlung abschirmt: unverzichtbare Grundlagen unseres Lebens. Die Erfindung der Photosynthese war keine Anpassung. Wenn unsere Urahnen, die Einzeller, sich nur an die »Uratmosphäre« und an die »Ursuppe« angepaßt hätten, dann säßen sie immer noch dort. Und die Evolution wäre ausgefallen. Was die Evolution vorangetrieben hat, war die Erfindung von »Neuheiten«: Photosynthese, vielzellige Organismen, Kiefer und Zähne, Flossen, Beine, Flügel, Herz und Lunge, Nerven und Gehirn. Pure Anpassung, auch wenn sie noch so lange winzig kleine Veränderungen ansammelt, kann im Gegensatz zur Meinung Darwins und der »Darwinisten« nichts Neues erfinden. Anpassung kann vielleicht Flossen perfektionieren, aber sie kann keine Beine daraus machen.

Darwin war der Ansicht – das hat er in seinem Buch immer wieder betont –, daß die Entstehung neuer Merkmale und Eigenschaften und, darauf aufbauend, die Entstehung neuer Arten auf unzähligen sehr kleinen (»infinitesimally small«) Veränderungen beruht, die alle vorteilhaft im »Kampf ums Dasein« sein müssen und sich im Verlauf langer Zeiträume akkumulieren. Durch immer weiter fortschreitende Anhäufung kleinster Veränderungen sollen dann auch neue Gattungen, Familien, Ordnungen, Klassen, Unterstämme und schließlich Stämme entstehen. Mit anderen Worten: Aus dem »Urschleim«, aus einem Einzeller entsteht der Mensch – über unzählige kleine Zwischenschritte und Abstufungen, darunter Weichtier, Fisch, Amphibie, Reptil, Säugetier, Primat. Für alle anderen heute lebenden Lebewesen gilt das nämliche.

Bei dieser Auffassung gibt es nun allerdings einige ernsthafte Probleme, die auch Darwin durchaus schon gesehen hatte, die er aber beiseite schob, ohne wirklich ernsthaft darauf einzugehen. Verständlich, denn wenn er es getan hätte, wäre ihm nichts anderes übriggeblieben, als seine »Entstehung der Arten« in den Papierkorb zu werfen. Da ist zum Beispiel die Frage, wie winzigste Anfänge eines neuen Merkmals oder Organs bereits einen solchen »Überlebensvorteil« darstellen könnten, daß sie ihrem Träger dazu verhelfen, sich durchzusetzen, sich mehr als seine Kollegen zu vermehren und diese zu verdrängen.

Den Giftstachel einer Biene kann man sicherlich als einen »Überlebensvorteil« ansehen, wenn er vorhanden ist. Aber wie sieht der erste, winzige Beginn eines solchen komplexen Merkmals aus? Und welchen »Überlebensvorteil« könnte er haben? Es gibt auch Bienen, die keinen Stachel besitzen und trotzdem zurechtkommen. Ihr funktionierender »Sozialstaat« ist sicher ein »Überlebensvorteil« für unsere Honigbienen, aber es gibt auch Bienenarten, bei denen die einzelnen Tiere allein leben. Giftigkeit ist sicher ein »Überlebensvorteil«, aber die Giftigen sind in allen Bereichen nur eine verschwindend kleine Minderheit.

Wenn also selbst der vollendete Stachel, der vollendete Sozialstaat, die vollendete Giftigkeit keine derart unabdingbaren

»Überlebensvorteile« sind, so daß die Mehrheit ohne dergleichen auskommt – wie soll dann ein erster zaghafter Ansatz bereits ein »Überlebensvorteil« sein?

»Ein fünfprozentiges Fliegenkönnen ist besser, als überhaupt nicht zu fliegen«,[125] meinte Richard Dawkins. Wenn das so ist, warum hat dann inzwischen nicht alles Lebendige Flügel? Die Mehrheit der Lebewesen kommt ganz ohne Flügel aus, bei etlichen Insektenarten haben die Weibchen ihre Flügel wieder verloren, und auch verschiedene Vogelarten legten ihre Flügel ab und verzichteten aufs Fliegen – ohne dadurch ihre Überlebensfähigkeit beeinträchtigt zu haben. Inwiefern sollte da ein erster fünfprozentiger Ansatz von Flugvermögen bereits ein derartiger Überlebensvorteil sein, daß er sich im »darwinistischen Kampf ums Dasein« durchsetzt?

Die Bakterien kommen ohne Verbesserungen und Neuerungen seit einigen Milliarden von Jahren prächtig zu Rande, und beweisen damit, daß man all die vielen Vielzellerauswüchse gar nicht braucht, weder zum Überleben noch zur Fortpflanzung. Es ist dies alles eigentlich nur »l'art pour l'art« – überflüssige Verzierung. So muß man es jedenfalls sehen, wenn man die »darwinistische« Ansicht teilt, daß es in der Evolution nur um Überleben und Fortpflanzung geht.

Einer seiner Zeitgenossen, der Zoologe St. George Mivart, hat Darwin bereits mit solchen Fragen nach dem »Nutzen der ersten rudimentären Anfänge« von Merkmalen konfrontiert. Darwin gibt keine überzeugenden Begründungen seiner These, er redet sich heraus. Er kann darin »keine logische Unmöglichkeit« sehen, noch eine »unüberwindliche Schwierigkeit, weiter daran zu glauben«, oder einen »guten Grund, daran zu zweifeln«. Bei einigen Organen gibt er zu bedenken, daß sie ursprünglich einem anderen Zweck dienten. So könne die Lunge beispielsweise aus der Fischblase der Fische entstanden sein – aber er versäumt zu erklären, woraus die Fischblase ihrerseits hervorgegangen ist. Die heutige Wissenschaft lehnt diese Erklärung ohnehin ab, sie nimmt im Gegenteil an, daß die Fischblase aus einem lungenartigen Gebilde entstand.

In einigen Fällen gibt Darwin unumwunden zu, daß er keine Erklärung hat: »Es ist daher unmöglich zu vermuten, durch welche nützliche Abstufungen das eine in das andere umgewandelt werden konnte, es folgt aber hieraus durchaus nicht, daß derartige Abstufungen nicht existiert haben.«[126] Nichtnachweisbarkeit ist hier also, wie bei den fehlenden Zwischenformen im Fossilbericht, kein Indiz für ihre Nichtexistenz. Normalerweise sieht die Naturwissenschaft dies anders und hält alles nicht Wäg- und Meßbare für Hokuspokus. Aber im Zuge einer allgemeinen »Darwinophrenie« spaltet man getrost sein Bewußtsein und bastelt sich aus dem Unbeweisbaren seine Beweise.

Sprunghafte Schritte

Es ist in der Tat unmöglich, sich konkrete Abläufe vorzustellen, wie über unzählige kleine Veränderungen, von denen dazu noch jede einzelne vorteilhaft sein soll, ein komplexes Organ entstehen oder sich in ein anderes, noch komplexeres verwandeln könnte. Wie verwandelt sich eine Flosse in ein Bein? Ein Bein in einen flugfähigen, befiederten Flügel? Wie Herz und Kreislauf eines Reptils in den eines Säugetiers? Wie sind aus Reptilschuppen Vogelfedern und Säugetierhaare entstanden? Wie verwandelt sich ein vierbeiniges Landsäugetier in einen beinlosen, fischflossigen Delphin? Über unzählige zufällige kleine Veränderungsschritte, von denen jeder einen Vorteil im »Kampf ums Dasein« bedeutete? Und bei jeder dieser Zwischenstufen muß es sich um eine lebendige und im »Kampf ums Dasein« überlebensfähige Kreatur handeln. Wenn die Knochen im Ohr der Säugetiere schrittweise aus den Kieferknochen von Reptilien entstanden sein sollen, wie die »Darwinisten« annehmen, dann müssen alle Zwischenformen, wie abenteuerlich auch immer sie ausgesehen haben mögen, doch immerhin imstande gewesen sein, zu kauen und zu hören. Denn es ist sicherlich kein »Überlebensvorteil«, taub zu sein und nicht beißen zu können.

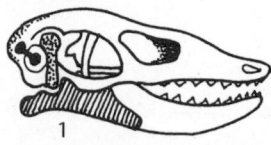 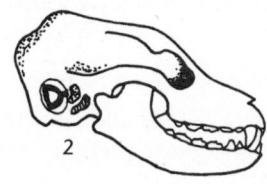

Schematische Darstellung der vermuteten Umwandlung der Kiefergelenkknochen beim Reptil (1) zur den Gehörknöchelchen der Säugetiere (2). Artikulare = Hammer (schraffiert); Quadratum = Amboß (punktiert); Columella = Steigbügel (schwarz).

All diese vielen Veränderungen, die rein zufällig entstanden sein sollen, müssen sich dann auch noch, ebenfalls rein zufällig, in einer bestimmten Richtung akkumulieren, die der Zufall aber nicht kennen kann – wenn er wirklich der Zufall ist und nicht irgendein verkleidetes Schöpfungsprinzip. Dabei sind sie auch noch – so scheint es jedenfalls im nachhinein – auf einen Endpunkt hin gerichtet, der offenbar so schnell und gezielt angesteuert wird, daß im Fossilbericht von all den Zwischenschritten nichts zu finden ist – nur der Ausgangs- und der Endpunkt.

Aber ein Zufallsprozeß ist keine Einbahnstraße. »Tausend Wege gehen vom Ziel ab, einer führt hin«, sagte der französische Philosoph Montaigne. Der Zufall geht mal vorwärts, mal rückwärts, mal drei Schritte vor und zwei zurück, mal einen zurück und zwei nach vorn – eben zufällig und nicht gezielt. Und auf lange Sicht gesehen, geht er, dem »Gesetz der großen Zahl« folgend, ebenso viele Schritte nach vorn wie zurück, so daß er im Endeffekt auf der Stelle tritt.

»Ließe sich irgendein zusammengesetztes Organ nachweisen, dessen Vollendung nicht möglicherweise durch zahlreiche kleine aufeinander folgende Modificationen hätte erfolgen können, müßte meine Theorie unbedingt zusammenbrechen«, schrieb Darwin in der »Entstehung der Arten«. Man könnte hier beinahe jedes »zusammengesetzte Organ« nehmen, denn sie alle sind erst funktionsfähig, wenn sie komplett sind – aber man braucht gar nicht erst bis zur Organebene zu gehen. Darwins Theorie bricht schon auf der molekularen Ebene zusammen.

Die erste Zelle brauchte ein Mindestmaß an Komponenten, um lebendig zu sein – ein allmählicher Übergang von unbelebten Molekülen zu ihr »durch zahlreiche kleine aufeinander folgende Modificationen« ist in der Praxis unmöglich. Denkmodelle wie Manfred Eigens »Hyperzyklus«, wo Proteine und Nukleinsäuren sich gegenseitig kopieren, sind unrealistisch und pure Science-fiction.

Das gleiche gilt für die Enzyme – komplexe Moleküle, deren Wirksamkeit von ihrer räumlichen Struktur abhängig ist. Wird diese Struktur verändert, verliert das Enzym seine Wirksamkeit – es kann also nicht »durch zahlreiche kleine aufeinander folgende Modificationen« entstanden sein oder sich verändern. Es funktioniert – oder es funktioniert nicht. Und das gilt auch für die Photosynthese, ein komplexer chemischer Prozeß, der bereits zu Beginn der Evolution aufgetreten ist, um nicht zu sagen, »erfunden« wurde. Er funktioniert nur, wenn alle Komponenten vorhanden sind, wie sollte er also »durch zahlreiche kleine aufeinander folgende Modificationen« entstanden sein?

Wenn es sich um kleinere Abwandlungen innerhalb einer Art oder Übergänge von nahe verwandten Arten innerhalb einer Gattung handelt, kann man kleine, schrittweise Veränderungen als Erklärung allenfalls noch akzeptieren. Wenn zum Beispiel das Muster von Schmetterlingen, bei gleicher Flügelform, ein wenig variiert oder wenn man Amphibien, die für den Laien äußerlich gleich aussehen, verschiedenen Arten zuordnet, weil sie sich nicht miteinander paaren. Oder wenn Paläontologen im Steinheimer Becken versteinerte Schnecken der Gattung Gyraulus ausgraben, deren Gehäuse vor etwa fünfzehn Millionen Jahren im Laufe der Zeit etwas größer oder eckiger oder kegelförmiger wurden. Aber wenn man auch solche Veränderungen zur Not »durch zahlreiche kleine aufeinander folgende Modificationen« erklären kann, für größere Veränderungen oder gar ausgesprochene Neuerungen, für das Entstehen von Schnecken, Amphibien oder Schmetterlingen aus Würmern oder was auch immer reicht eine solche Erklärung nicht aus.

Erfahrung und Logik sagen uns, daß echte Neuerungen immer sprunghaft in Erscheinung treten. Als der Mensch das Rad erfand, mußte er es ganz erfinden – er hat nicht erst ein fünfprozentiges Rad erfunden und es dann nach und nach zu einem hundertprozentigen ausgebaut, denn ein Rad macht erst Sinn, wenn es rund ist. Mit einem tortenstückförmigen Radbruchteil an der Achse kann man nicht radeln. Der nächste Sprung in der Entwicklung, vom Rad zum Karren, konnte auch nicht in vielen kleinen Zwischenschritten erfolgen, denn ein Karren mit 1,25 Rädern macht auch keinen Sinn. Es müssen schon zwei Räder sein. Wenn diese Stufe erreicht ist, können kleine Veränderungen im Material oder in der Bauweise den Karren verbessern – hier wäre ein schrittweiser Fortschritt wieder möglich. Aber der nächste Entwicklungssprung, vom zweirädrigen Karren zum vierrädrigen

Wagen, muß wieder in einem großen Schritt erfolgen. Es gibt hier keine Zwischenstufen, weil sie unbrauchbar und unsinnig sind.

Dennoch glauben die »Darwinisten« nach wie vor, daß die Evolution sich »gradualistisch«, langsam, schrittweise vollzogen hat.

Nun müßte es aber bei einer langsamen, schrittweisen Veränderung ungeheuer viele Zwischenformen gegeben haben, zwischen den einzelnen Arten, Gattungen, Familien, Ordnungen, Klassen und Stämmen – und zwar um so mehr, je weiter sie voneinander entfernt sind. Aber man findet sowohl unter den heute lebenden Kreaturen als auch unter den Versteinerungen im Fossilbericht davon keine Spur. Was die »Darwinisten« als »Zwischenformen« verkaufen, sind in Wirklichkeit keine: Ichthyostega ist – nach allem, was man heute weiß – eine Amphibie gewesen und Archaeopteryx ein Vogel. Und selbst wenn man sie als »Zwischenformen« akzeptiert, dann stehen sie viel zu einsam in einer endlosen Leere, um fortlaufende Übergänge glaubhaft zu machen. Sie sind wie die Azoren zwischen Amerika und Afrika einsame Inseln in einem weiten Ozean, wo dem »darwinistischen« Denkmodell zufolge eine feste Landverbindung existieren sollte.

Inzucht und Wirbel im Pool

Um das Fehlen der vielen Zwischenformen zu erklären, haben die »Neodarwinisten« die »Evolution in Populationen durch Isolation« erfunden. Unter »Population« versteht man eine Gruppe von Individuen der gleichen Art, die die Möglichkeit haben, sich untereinander zu paaren. Es ist allerdings eine pure und nicht einmal besonders logische Spekulation, daß sich Artenwandel in kleinen Gruppen, die aus irgendwelchen Gründen – zum Bei-

Der sogenannte »Urvogel« Archaeopteryx
(Abdruck im Plattenkalk der Juraformation von Solnhofen).

spiel durch geographische oder klimatische Veränderungen –
isoliert wurden, leichter vollziehen könnte.

Auch Darwin hat den Begriff der »Isolation« bereits gebraucht,
aber er war sich über ihre Bedeutung offenbar unschlüssig. Einerseits hält er sie für »ein wichtiges Element bei der durch natürliche Zuchtwahl bewirkten Veränderung der Arten«, andererseits
möchte er dann aber »doch im Ganzen genommen glauben, daß
große Ausdehnung des Gebietes noch wichtiger«[127] sei. Und sicherlich ist die Wahrscheinlichkeit für selektionsfähige Abänderungen in einer großen Gruppe höher als in einer kleinen. An
anderer Stelle dient ihm sogar die Isolierung als Begründung dafür, daß einige Lebewesen sich im Verlauf der Evolution nicht
verändert haben: weil sie nämlich »eigentümliche oder abgeson-

derte Wohnorte haben, wo sie einer weniger heftigen Konkurrenz ausgesetzt gewesen sind und wo ihre geringe Anzahl die Aussicht auf das Auftreten begünstigender Abänderungen geschmälert hat.«[128]

Außerdem ergibt sich in kleinen, isolierten Gruppen das Problem der Inzucht, das Darwin als etwas Negatives ansah, weil er meinte, daß »Inzucht Kraft und Fruchtbarkeit vermindert«[129]. Ernst Mayr allerdings ist mit seiner Theorie der Artenbildung in geographisch isolierten Populationen anderer Meinung. »Solche beginnenden Arten«, meint er, »die eine Phase der Inzucht durchlaufen, sind zuweilen der Schauplatz einer besonders raschen Umwandlung, und sie hinterläßt infolge der geographischen Isolierung und der kurzen Dauer solcher Gründerpopulationen keine Spuren in der Überlieferung von Fossilien.«[130] Aber abgesehen davon, daß diese These völlig unbeweisbar ist, da ja die Spuren fehlen – deren Fehlen dann genialerweise auch noch als Bestätigung der These gewertet wird –, ist es nicht besonders überzeugend, wenn hier die Inzucht zum eigentlichen Motor der Evolution erklärt wird. Naturbeobachtungen zeigen zumindest ganz deutlich, daß Inzucht bei kleinen Tiergruppen zu Gendefekten und Degenerationsproblemen führt, nicht aber zur Entstehung neuer Arten.

Voraussetzung für den Artenwandel nach Darwin sind Varianten innerhalb einer Art, deren veränderte Merkmale einen Vorteil im »Kampf ums Dasein« bilden. »Kommen nützliche Abänderungen nicht vor«, schrieb er, »so kann die Natur keine Auswahl zur Züchtung treffen.«[131]

Wie solche »Abänderungen« entstehen, wußte Darwin nicht, er setzte sie einfach voraus und ließ ihre Begründung offen. Später, als man mehr über die Vererbung wußte, beschlossen die »Darwinisten«, die unterschiedlichen Merkmale von Lebewesen durch den Begriff »Mutation« zu erklären. Darunter versteht man Veränderungen in der Erbsubstanz, an Genen oder Chromosomen, die durch zufällige Fehler beim Kopieren der Erbinformation zustande kommen. Als sich dann nach und nach herausstellte, daß viele solcher Mutationen »neutral« sind, das heißt keine Veränderung von Merkmalen oder Eigenschaften bewirken, nahm man neben oder sogar anstelle der Mutation, noch die »Rekombination« zur Hilfe.

»Das Material, mit dem die Selektion arbeitet«, schreibt Ernst Mayr, »ist nicht Mutation, vielmehr bringt die Rekombination elterlicher Gene die neuen Genotypen hervor, welche die Entwicklung von Individuen steuern, diese werden in der nächsten Generation wieder der Selektion ausgesetzt.«[132] Was heißt das?

Die höheren Lebewesen haben jeweils zwei zu Chromosomen zusammengefaßte Sätze von Genen, einen vom Vater, einen von der Mutter, die während der Erzeugung von Keimzellen in einzelne Chromosomensätze zerlegt und bei der Zeugung dann wieder zu einem doppelten zusammengefügt, »rekombiniert« werden. Die »Darwinisten« behaupten nun, daß durch diese doppelt vorhandenen, »allelen« Gene Veränderungen möglich werden, die zu neuen Merkmalen und Eigenschaften führen, bis hin zum Artenwandel. Aber diese allelen Gene sind, beim Menschen beispielsweise, allesamt Menschengene, die zwar minimale Abweichungen aufweisen, aber doch zum Beispiel immer eine menschliche Nase bilden – und keinen Elefantenrüssel. Wenn sie überhaupt für die Formbildung verantwortlich sind, was ja noch keineswegs erwiesen ist. Und es ist schwer einzusehen, wie sich aus der Kombination von artspezifischen Allelen ein Artenwandel ergeben könnte, auch wenn es im »Genpool« einer Population noch so viele davon gibt. Ich kann Tausende von Tischlerwerkzeugkästen miteinander kombinieren – ich werde trotzdem dadurch nicht einen einzigen Klempnerwerkzeugkasten bekommen. Ich kann noch so viele Gebrauchsanweisungen für Radiogeräte kombinieren, es wird daraus trotzdem keine Gebrauchsanweisung für ein Fernsehgerät oder für einen Videorecorder. Wie also durch Rekombination wesentliche Veränderungen äußerer Merkmale zustande kommen sollen, die über die Grenzen der Art hinausgehen, ist rätselhaft – wie so vieles an der »darwinistischen« Logik. Und eine Aussage wie die folgende von Ernst Mayr ist schwer nachzuvollziehen: »Für den Populationsdenker ist Variation unbegrenzt. Daher existiert eindeutig eine Möglichkeit, über die Grenzen einer Art hinauszugehen.«

Der Begriff »Genpool«, der die Summe aller Gene einer Population bezeichnet, ist eine abstrakte Konstruktion, die von den Populationsgenetikern erfunden wurde, um den »Darwinismus« mathematikfähig zu machen und ihm dadurch das Mäntelchen exakter Wissenschaftlichkeit umzuhängen. Aber auch wenn man Evolution als »Veränderung der Genfrequenz in Populationen« definiert – eine Binsenweisheit, von der einige »Darwinisten« inzwischen Abstand genommen haben –, so ist doch die Berechnung von Genfrequenzen in Populationen nur ein mathematisches Glasperlenspiel. Man geht von ungesicherten Zahlen als Grundlage aus und bewegt sich ausschließlich in einem rein theoretischen Zahlenraum – pure Theoriekosmetik, mit der man sich die Darwindogmen schönrechnet.

Das Ganze hätte allenfalls Sinn, wenn es eine statistisch-zufällige Verteilung von Genen gäbe, und die wiederum würde ein statistisch-zufälliges Sexualverhalten voraussetzen – aber das gibt es nicht. Vorlieben, Abneigungen, Beziehungen, »soziale Normen« und andere Unwägbarkeiten schränken den freien Genaustausch erheblich ein und sind von der schlichten Mathematik der Populationsgenetik nicht zu erfassen. Statistische Rechenexempel sind vielleicht bei der Paarung von Atomen anwendbar, aber nicht, wenn es sich um Lebewesen handelt und die Frage, wie durch Vererbung und Abwandlung aus einer Art eine andere entstehen soll.

Der Begriff der »Art«, der bei Darwin noch etwas verwaschen war, wird heute definiert als eine Gruppe von Individuen, die sich untereinander paaren können, aber nicht mehr mit anderen Gruppen – verwandten Arten zum Beispiel.

Der Übergang von einer Art zur anderen muß sich konkret an einem oder mehreren Individuen vollziehen – bei solchen, die sich geschlechtlich vermehren, mindestens an zweien, einem männlichen und einem weiblichen, denn sonst stirbt die Art aus, bevor sie angefangen hat. Dieser Übergang ist in einer kleinen Gruppe genauso schwierig wie in einer großen – eher sogar noch schwieriger, da von der Statistik her die Chance einer solchen synchronen Veränderung bei vielen Individuen wahrscheinlicher ist als bei wenigen. Nichtsdestoweniger ist auch da die Wahrscheinlichkeit noch astronomisch gering – und einen Nachweis dafür, daß es überhaupt möglich ist, sucht man vergeblich.

Die Erfahrung zeigt, daß der »Selektionsdruck« offenbar ein arterhaltendes Prinzip ist – er verhindert Veränderungen, die über ein bestimmtes Maß hinausgehen, indem er »Mißgeburten« beseitigt. Wie dabei aber ein Artenwandel zustande kommen soll, ist ungeklärt. Darwins Beispiele stammen aus der Haustierzucht, wo es nicht um neue Arten, sondern nur um neue Rassen geht. Und sein »Evolutionsmechanismus« stammt aus der Gesellschaftsphilosophie.

»Durch die Untersuchung domestizierter Produkte bin ich zu dem Schluß gekommen, daß Auslese das Prinzip des Wandels ist, und als ich dann Malthus las, erkannte ich sofort, wie dieses

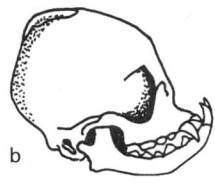

Vergleich der Schädelform von Wolf (a) und Pekinesen (b).
Nicht maßstabsgerecht.

Prinzip anzuwenden sei«,[133] schrieb Darwin 1859 an Alfred Russel Wallace.

Aber es gibt eine unübersehbare Diskrepanz zwischen der »menschlichen« und der »natürlichen Selektion«. Während der Mensch sich den Hund, der ja vom Wolf abstammen soll, in acht- bis zehntausend Jahren zu den absurdesten Formen zurechtgezüchtet hat, ist der Wolf geblieben, wie er war. Aus der Felsentaube, die sich im gleichen Zeitraum nicht veränderte, hat der Mensch in ein paar tausend Jahren eine Fülle von bizarren Vogelgestalten gezüchtet. Und dabei wurde die Artgrenze nicht einmal überschritten – es handelt sich nur um neue Rassen, nicht um neue Arten.

Darwin war der Meinung, die »natürliche Selektion« sei »eine unaufhörlich zur Tätigkeit bereite Kraft und des Menschen schwachen Bemühungen so unermeßlich überlegen, wie es die Werke der Natur überhaupt denen der Kunst sind«[134]. Aber in Wirklichkeit ist es genau umgekehrt: Die menschliche Züchtung hat die Form der Tiere bis zur Unkenntlichkeit verändert, die »natürliche Selektion« hat sie erhalten. Offensichtlich ist sie mehr an der Erhaltung der Arten interessiert als an ihrer Veränderung.

Kein Wunder also, wenn Darwins Buch über »Die Entstehung der Arten« kein einziges konkretes Beispiel für die Entstehung einer neuen Art durch »natürliche Selektion« enthält, sondern

Felsentaube

Verschiedene Taubenrassen und das »Ursprungsmodell«, die Felsentaube.

nur erfundene Beispiele und Spekulationen darüber, daß so etwas doch unter Umständen möglich sein könnte!

Und auch die Lieblingsbeispiele der »Neodarwinisten« zeigen keinen Artenwandel: Der dunkle Birkenspanner ist immer noch ein Birkenspanner. Die bereits erwähnten jahrzehntelangen Versuche mit Taufliegen, bei denen die Mutationsrate künstlich um das bis zu 75 000fache erhöht wurde, haben nichts anderes ergeben als Taufliegen – zwar mit Veränderungen, aber ohne eine Verbesserung, geschweige denn einen Artenwandel. Bislang waren, das zeigen Erfahrung und Experiment, weder Mutation noch Selektion tatsächlich in der Lage, die Entstehung einer neuen Art oder gar Gattung zu demonstrieren – dennoch gelten sie nach wie vor bei den »Darwinisten« als die großen Alleskönner.

Sprachverwirrung und ungelöste Rätsel

Der Verhaltensforscher Konrad Lorenz meinte: »Je älter ich werde, desto mehr festigt sich in mir die Überzeugung, daß das gesamte stammesgeschichtliche Werden durch die beiden großen Konstrukteure des Artenwandels Mutation und Selektion verursacht ist.« Wobei allerdings diese beiden »Konstrukteure« per definitionem nur blinde und unintelligente Kräfte sind. Was würde wohl mit einem Kunstkritiker geschehen, der sagte: »Je älter ich werde, desto mehr festigt sich in mir die Überzeugung, daß das gesamte bildhauerische Werk Michelangelos durch die beiden großen Skulpteure Hammer und Meißel geschaffen wurde?« Ich denke, man würde den Mann, wenn er es ernst meinte, als reif für die Irrenanstalt betrachten. Aber derartige sprachliche Verirrungen findet man im »Darwinismus« häufig.

In Darwins Sprachgebrauch ist die »Selektion« eine schöpferische Instanz, die »zum Besten der Art« nur solche (zufälligen) Abänderungen »benützt«, die für jedes Wesen »vorteilhaft sind«. Per definitionem ist diese omnipotente »Selektion« dann aber lediglich die Summe von Umweltbedingungen und -einflüssen, ohne Ziel, ohne Absicht und Intelligenz. Doch Umweltbedingungen selektieren nicht – und da wird man sich entscheiden müssen für die eine oder andere Bedeutung, denn beides zusammen geht nicht. »Selektieren« heißt (das kann man im Duden nachlesen): mit einer Absicht, oder im Hinblick auf einen besonderen Zweck, etwas gezielt auswählen. Wenn man also behauptet, es stecke keine Absicht, kein Ziel und kein Zweck hinter der Evolution, dann ist das Wort »Selektion« fehl am Platze. Sofern man es aber benutzt, dann kann man nicht gleichzeitig behaupten, es gäbe keine Absicht, kein Ziel, keinen Zweck in der Evolution.

Solche sprachlichen und logischen Ungereimtheiten gehören

zum Standardrepertoire der »darwinistischen« Argumentation. Vor allem wimmelt es von »Schöpfungsvokabular«. Während man einerseits jede Einwirkung einer höheren Ordnung oder Intelligenz in der Evolution kategorisch ablehnt, wird ständig davon geredet, daß die Natur »erfindet«, das Leben »entwickelt« die Evolution »ausprobiert«, der Zufall »gestaltet« und dergleichen Unsinn mehr. Was immer man unter »Natur« verstehen mag, wenn sie erfindet, entwickelt, gestaltet, ausprobiert, dann ist sie eine schöpferische Instanz.

Richard Dawkins benutzte in seinem gleichnamigen Buch, um die Selektion zu charakterisieren, den Ausdruck »ein blinder Uhrmacher«. Aber ein Blinder, vor allem wenn er weder jemals eine Uhr in der Hand gehabt hat noch überhaupt weiß, was »Zeit« ist, kann keine Uhr zusammenbauen. Und jemand, auf den diese Aussage zutrifft, kann auch – blind oder nicht – kein Uhrmacher sein.

Die »Darwinisten« gebrauchen ständig Begriffe anders, als sie definiert sind. Daraufhin angesprochen, reagieren sie wie beispielsweise Ernst Mayr: »Darüber hinaus interpretieren die Kritiker das Wort ›zufällig‹ völlig falsch. Der Begriff bedeutet auf Variation angewandt, daß sie nicht als Reaktion auf die Bedürfnisse des Organismus erfolgt.« Tatsächlich benutzen die »Darwinisten« (nicht nur Mayr) das Wort »zufällig« völlig falsch – nämlich nicht im Sinne der allgemeingültigen Definition –, und die Kritiker »interpretieren« nicht, sondern stellen lediglich diesen Sachverhalt fest.

Das Verfahren der »Darwinisten« läßt sich an folgendem Beispiel illustrieren. Da sagt jemand: »Der Hund miaut.« Darauf aufmerksam gemacht, daß nach allgemeinem Sprachgebrauch nicht der Hund »miaut«, sondern die Katze, meint er (in beleidigtem Tonfall): »Ich meine ja Katze, wenn ich Hund sage.« Anstelle von »Hund« muß man hier nur die entsprechenden »darwinistischen« Begriffe einsetzen – »Zufall«, »Selektion«, »Kampf ums Dasein« usw.

Lewis Carroll, ein Zeitgenosse von Darwin, hat in seiner Erzählung »Alice hinter den Spiegeln« folgende Szene beschrieben:

>»Ich verstehe nicht, was Sie mit ›Glocke‹ meinen«, sagte Alice.
>Goggelmoggel lächelte verächtlich. »Wie solltest du auch –
>ich muß es dir doch zuerst sagen. Ich meinte: Wenn das kein
>einmalig schlagender Beweis ist!«
>
>»Aber ›Glocke‹ heißt doch gar nicht ›ein einmalig schlagen-
>der Beweis‹«, wandte Alice ein.
>
>»Wenn *ich* ein Wort gebrauche«, sagte Goggelmoggel in
>recht hochmütigem Ton, »dann heißt es genau, was ich für
>richtig halte – nicht mehr und nicht weniger.«
>
>»Es fragt sich nur«, sagte Alice, »ob man Wörter einfach
>etwas anderes heißen lassen kann.«
>
>»Es fragt sich nur«, sagte Goggelmoggel, »wer der Stärkere
>ist – weiter nichts.«

Es ist durchaus möglich, daß Lewis Carroll Darwins Buch gekannt hat, da seine Erzählung erst 1872 erschien, dreizehn Jahre nach der »Entstehung der Arten«. Besser und einfacher kann man die Strategie der »Darwinisten« jedenfalls kaum beschreiben!

Durch die Verwendung von Schöpfungsvokabular lügt man sich in die eigene Tasche, denn durch diese Art der Formulierung wird die Absurdität mancher Argumente nur verschleiert. So ist etwa die »natürliche Selektion« im »darwinistischen« Sinne nicht schöpferisch. Sie kann wie gesagt Unbrauchbares beseitigen, nicht aber neues Brauchbares erfinden. Sie kann zerstören, aber nicht aufbauen. Wenn sie es könnte, wäre sie keine blinde Kraft, sondern eine schöpferische Instanz. »Arten entstehen nicht durch den Kampf ums Dasein, sondern sie vergehen durch ihn«, sagte der Botaniker de Vries.

Richard Dawkins hat die zerstörende Wirkung der Selektion ins Konstruktive umzudefinieren versucht, indem er auf das Beispiel des Bildhauers verwies: »Der Bildhauer nimmt nur weg, und dennoch entsteht eine schöne Statue. Aber dieses Bild kann irreführen, denn ein paar Leute stürzen sich schnellstens geradewegs auf den falschen Teil der Metapher, daß der Bildhauer ein bewußter Baumeister ist, und verpassen den wichtigen Teil, daß der Bildhauer mit Subtraktion arbeitet und nicht mit Addition.«[135] Dabei hat Dawkins selbst aber die wichtige Tatsache verpaßt, daß nicht die Subtraktion das entscheidende ist, sondern die Art und Weise, wie sie geschieht. Wenn irgendwer – ein »blinder Uhrmacher« zum Beispiel – einfach mit dem Hammer ein paar Stücke von einem Marmorblock »subtrahiert«, ist das Ergebnis ein ruinierter Stein, dessen Entsorgung noch Geld kostet. Wenn ein Michelangelo ein paar Stücke von einem Marmorblock »subtrahiert«, entsteht ein unsterbliches Kunstwerk, das Millionen wert ist. Allein schon dieser Preisunterschied zeigt, daß es nicht einfach um »Subtraktion« geht, sondern darum, sie in der richtigen Art und Weise auszuführen. Und dazu gehören Intelligenz, Talent – bis hin zum Genie – und solides handwerkliches Können. Wenn die »natürliche Selektion« durch Wegnehmen gestalten soll, dann muß sie über die genannten Fähigkeiten verfügen. Aber das kann sie nicht, es sei denn, sie ist eine schöpferische Instanz.

Alles in allem müssen wir zu dem Schluß kommen, daß die entscheidenden Fragen der Evolution mit der »darwinistischen« Argumentationsweise nicht befriedigend zu erklären sind.

Wie kommen Schmetterlinge zustande? Was veranlaßt einen besseren Wurm dazu, sich in ein buntes Flugobjekt zu verwan-

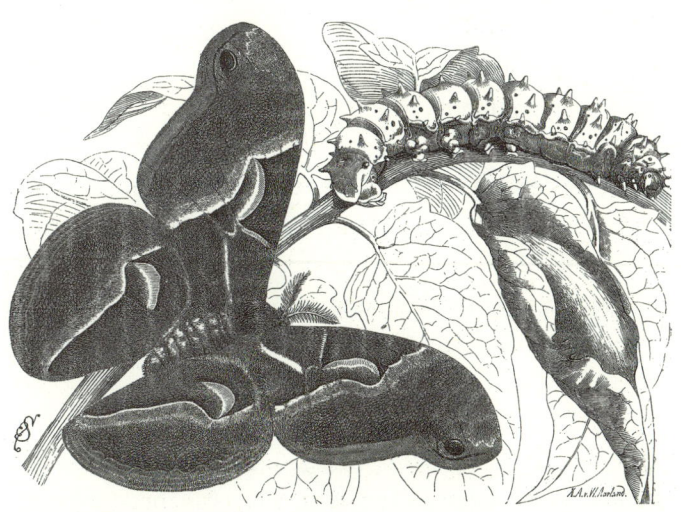

Ailanthus-Spinner (Saturnia Cynthia) mit Raupe und Puppengespinst, aus Alfred Brehms »Tierleben«.

deln? Vom »darwinistischen« Standpunkt des »survival of the fittest« aus gesehen, könnte man verstehen, wenn eine Raupe immer gefräßiger wird, wenn sie immer mehr Nahrungspflanzen für sich nutzbar macht, wenn sie immer »tarnfarbener«, immer giftiger wird und – nachdem sie sich mit einer andersgeschlechtlichen Raupe gepaart hat – immer mehr Eier legt, um sich so weit wie möglich auszubreiten und so viele andere Arten wie möglich zu verdrängen. Aber dieses ist nicht geschehen. Statt dessen verpuppt sich die Raupe, zieht sich, für einen längeren Zeitraum unbeweglich und wehrlos, in sich selbst zurück, löst den eigenen Körper auf und bastelt sich einen neuen, der völlig anders gebaut ist. So als ob ein Auto für ein paar Wochen in der Garage verschwindet und dann als Flugzeug wieder zum Vorschein kommt. Wie macht sie das – und vor allem: warum? Wie könnte etwas Derartiges aus einer Akkumulation vieler kleiner Veränderungen entstanden sein? Ein Rätsel – mit dem »darwinistischen« Denkmodell nicht zu erklären.

Dabei ist der Schmetterling nur eines von vielen tausend Insekten – und noch nicht einmal das komplizierteste –, die solche und andere höchst seltsame Verwandlungen durchmachen. Warum leben die bereits erwähnten Siebzehnjahrzikaden siebzehn Jahre unter der Erde, machen sich dann die Mühe, sich in Flugobjekte zu verwandeln, nur um einen· guten Monat lang durch die Lüfte zu tanzen und sich zu paaren? Warum treiben sie es nicht gleich im Untergrund und sparen sich den ganzen Aufwand? Was hat das ganze Geflatter für einen »Überlebensvorteil«? Und wie steht es mit den Eintagsfliegen, die sich der mühsamen Metamorphose unterziehen, nur um einen Tag lang zu fliegen? Warum tun sie es nicht den Würmern und anderen Kriechern gleich? Es geht doch sehr gut auch ohne Luftbegattung – wozu also der ganze Umstand? Wo ist da bloß der »Überlebensvorteil« versteckt?

Wie wurden vierbeinige Landsäugetiere zu Walen und Delphinen? Über welche, wie auch immer gearteten Zwischenstufen? Wie wurden aus Reptilien Vögel? Die genialste Antwort darauf hat Ernst Haeckel gefunden: »Die Vögel sind aus eidechsenartigen Reptilien dadurch entstanden, daß die fliegende Ortsbewegung an die Stelle der kriechenden trat, die Vorderbeine der letzteren verwandelten sich in die Flügel der ersteren.«[136] Aber wo sind die unzähligen Zwischenstufen, die den Übergang von der kreuchenden zur fleuchenden Ortsbewegung dokumentieren könnten?

»Autant de questions, autant de silence«, meinte, in einem ähnlichen Zusammenhang, der renommierte französische Biologe Pierre Grassé: So viele Fragen, so wenig Antworten.

3. Der Mythos von den »missing links«

> »Seit Darwins Zeiten steht das Beweismaterial der
> Paläontologen ja im Widerspruch zum Gradualismus.
> Dennoch wurde die Botschaft der Fossilurkunden ein-
> fach übergangen – ein merkwürdiger Tatbestand und
> ein beachtenswertes Kapitel in der Geschichte der
> Wissenschaft, das alle angeht, die sich mit Fossil-
> forschung befassen.«   S. M. Stanley

»Es ist wahrlich eine großartige Ansicht, daß der Schöpfer den
Keim alles Lebens, das uns umgibt, nur wenigen oder nur einer
einzigen Form eingehaucht hat und daß, während unser Planet
den strengen Gesetzen der Schwerkraft folgend sich im Kreise
schwingt, aus so einfachem Anfange sich eine endlose Reihe der
schönsten und wundervollsten Formen entwickelt hat und noch
immer entwickelt.«[137] Mit diesen Worten beendet Charles Darwin sein Buch über die »Entstehung der Arten« und zeigt damit
nebenbei, daß er Gott, den Schöpfer, den er gerade auf über 500
Seiten aus der Schöpfung vertrieben hat, doch immer noch
heimlich im Ranzen mit sich herumträgt.

Nach dem Motto »Sich vermehren, sich verändern, läßt die
Stärksten leben und die Schwächsten sterben«[138] entwickelte sich
aus dem »Urschleim« wie alles andere auch, der Mensch. In endlos langen Zeiträumen, in unzähligen kleinen Schritten, über
zahllose Zwischenstufen, wie zum Beispiel den Wurm, den Fisch,
die Amphibie, das Reptil, das Säugetier und noch einiges andere
mehr, vollzog sich die Evolution. Beobachten läßt sich dieser
Prozeß leider nicht, weder in der Gegenwart, denn dazu vollzieht

er sich zu langsam, noch in der Vergangenheit, denn die ist ja vergangen.

Es bleiben lediglich ein paar versteinerte Überreste, sogenannte »Petrefakten« (aus griech. »pétros« = »Stein« und lat. »facere« = »machen«) oder »Fossilien« (von lat. »fodere« = »ausgraben«) – spärliche Indizien, aus denen die Wissenschaft mit sehr viel Phantasie mühsam die Geschichte des Lebens zu rekonstruieren versucht. Fast immer mit dem Wunsch im Hinterkopf, das »darwinistische« Evolutionsmodell zu bestätigen. Aber leider entspricht das Bild, das sich aus dem Petrefaktenpuzzle ergibt, so gar nicht dem, was Darwin sich vorgestellt hatte.

Die »großen Übergänge« zwischen Fischen und Amphibien zum Beispiel, Amphibien und Reptilien, Reptilien und Säugetieren und Vögeln sind wie gesagt immer noch ungeklärt. Nach Darwin müßte es unzählige Übergangsformen geben und gegeben haben – aber man findet keine, weder unter den lebenden Lebewesen noch unter den steinernen Relikten ihrer Vorfahren. Die Fakten – vor allem die Petrefakten – sind nach wie vor das große Ärgernis der »Darwinisten«, und sie führen auch zu heftigen Kontroversen im eigenen Lager, zum Beispiel die zwischen »Gradualisten« und »Saltationisten«, Anhängern einer schrittweisen bzw. einer sprunghaften Evolution. Man ist sich keineswegs so einig, wie man nach außen hin demonstriert.

Das Entstehen ebenso wie das Vergehen von Arten ist nach Darwins Auffassung eine allmähliche und langsame Angelegenheit. Unglücklicherweise zeigen die versteinerten Zeugnisse der Evolution ein ganz anderes Bild. Nicht nur einzelne Arten, sondern auch Gattungen, Familien und ganze Ordnungen treten plötzlich in Erscheinung, ohne Vorwarnung sozusagen, und verschwinden dann auch ebenso plötzlich wieder. Lange Zeit passiert anscheinend gar nichts auf evolutiver Ebene, dann mit einem Mal wieder sehr viel. Am Übergang vom Perm zur Trias verschwinden etwa 95 Prozent der Tierarten im Meer. Was ist da passiert? Offenbar nichts »darwinistisch«-kleinschritthaft Allmähliches.

Ende der dreißiger Jahre wurde vor der südafrikanischen Küste ein Quastenflosser gefangen, Vertreter eines urtümlichen Fischgeschlechts, von dem man annahm, daß es schon vor 130 Millionen Jahren ausgestorben sei. Bienen, das zeigen Exemplare, die sich in Bernstein erhalten haben, sehen heute fast genauso aus wie vor fünfzig Millionen Jahren. Der Ginkgobaum, ein Zeitgenosse der Saurier, wächst, blüht und gedeiht immer noch, als ob ihn die »natürliche Selektion« nichts anginge. Das Neunauge leistet sich die Unverfrorenheit, einen Fischtyp zu repräsentieren, der vor 500 Millionen Jahren einmal Mode war, und die Bakterien sind sogar seit über zwei Milliarden Jahren höchst erfolgreiche Fortschrittsverweigerer.

Immer wieder stößt man auf die Frage, wie ein Denkmodell, das ständige »Zufallsmutation« und »natürliche Selektion« als einzige Gestaltungsfaktoren gelten läßt, diese Beständigkeit erklären will. Schimmert hier nicht eher ein übergeordnetes Prinzip durch, das die Variation von Lebewesen begrenzt, deren Funktion für den Aufbau der Biosphäre lebenswichtig ist? Das dafür sorgt, daß bestimmte »Rollen«, die für den Evolutionsprozeß wichtig sind, auch immer richtig besetzt werden? Und das den Konkurrenzkampf bremst, damit es eben nicht zu einem »survival of the fittest« kommt und die Vielfalt erhalten bleibt? Der Darwinsche »Krieg der Natur« ist ein destruktives Prinzip – und es hieße die Tatsachen auf den Kopf stellen, wenn man ihn zur Ursache für einen solch gigantischen konstruktiven Prozeß machen wollte, wie es die Bildung der irdischen Biosphäre war – und ist.

All diese – von den »Darwinisten« etwas überheblich – als »lebende Fossilien« bezeichneten »Antidarwinisten« widersprechen durch ihre Anwesenheit darüber hinaus ganz entschieden der Ansicht des Meisters, »daß eine Form, welche gar keine Änderung und Vervollkommnung erfährt, der Austilgung preisgegeben ist«. Irgend etwas stimmt da nicht. Aber was? Ich vermute, es ist der »Darwinismus«. Denn Billionen von Billiarden von Bakterien können sich doch wohl nicht irren – oder? Und mit ihnen hat das ganze Spektakel angefangen, vor mehr als drei Milliarden Jahren. Sie sind die Protagonisten der Evolution, damals wie heute.

»Evolution ist der Prozeß, durch den sich Pflanzen und Tiere ändern«[139], schrieb der amerikanische Paläontologe George G. Simpson. Aber das ist nur die halbe Wahrheit. Denn ein doch ganz wesentlicher Aspekt der Evolution wird von den »Darwinisten« gewöhnlich übersehen – oder zumindest nicht erwähnt: Die sogenannte Anpassung der Lebewesen an ein weitgehend beständiges Milieu ist kein durchweg passiver Prozeß, denn sie wachsen nicht nur einfach in die Umweltbedingungen hinein, sie gestalten und verändern auch die Umwelt nach ihren Bedürfnissen, und sie haben die Erde zu dem gemacht, was sie heute ist.

Sie haben aus einem toten Steinklumpen einen lebenden Planeten gemacht in Milliarden Jahre langer Arbeit – und sie haben dabei mehr miteinander gearbeitet als gegeneinander. Und auch das, man könnte sogar sagen: Das vor allem ist Evolution – der Aufbau und Ausbau eines ganzen Planeten. Von einem öden Steinhaufen, wie man ihn von Bildern von Mars oder Merkur her kennt, zu jenem »blauen Juwel« in der schwarzen Wüste des Weltalls, das die Apolloastronauten so eindrucksvoll fotografiert haben.

Das heutige Gesicht der Erde ist ein Produkt der Lebewesen; und weder die »Anpasser« noch die »Kraftprotze« haben diese Arbeit vollbracht, sondern die »Gestalter«. Es waren kleine und kleinste Lebewesen, vor allem Bakterien, die hier Erstaunliches geleistet haben und immer noch leisten. Die ungefähr 30 Zentimeter dicke Schicht fruchtbaren Bodens, auf der und von der wir alle leben, ist ein Produkt der Lebewesen, und sie ist fruchtbar, weil sie lebendig ist. Jedenfalls da, wo der Mensch sie durch seine Umweltsünden und seine Intensivlandwirtschaft noch nicht ruiniert hat.

Das Leben baut auf dem Lebendigen auf, nicht auf dem Toten. Die Lebewesen selbst haben durch ihre Lebensäußerungen immer wieder die Grundlage für neues Leben geschaffen – für reicheres, vielfältigeres, schöneres, intelligenteres und liebevolleres Leben. Aber wie haben sie das gemacht? Die Spuren, die sie hinterlassen haben, sind spärlich, aber es sind die einzigen greifbaren Fakten, die, wenn auch lückenhaft, den Ablauf der Evolution dokumentieren. Versteinerung ist aber kein gesteuerter, sondern ein zufälliger Prozeß – und vor allem: Die Natur produziert, im Gegensatz zum Menschen, keinen Abfall. Alles, was aufgebaut wird, wird auch wieder abgebaut, ein toter Körper ist Nahrung für viele Lebewesen, und die lassen bestenfalls die Knochen übrig. Nur in Ausnahmefällen sind versteinerte Lebewesen komplett erhalten.

»Nach vorsichtigen Schätzungen sind bei mindestens 99 Prozent aller fossilen Tiere und einer großen Zahl fossiler Pflanzen nur Skelett oder Hartteile erhalten. Bei Wirbeltieren werden gewöhnlich nur die harten Knochen und die noch härteren Zähne überliefert«[140], schreibt George G. Simpson. Und sein Kollege Stephen Jay Gould ergänzt: »Ein berühmter Paläontologe bemerkte einmal, die Geschichte der Säugetiere, wie sie aus den Fossilien bekannt ist, bestehe im wesentlichen darin, Zähne zu paaren, um leicht modifizierte Abstammungszähne hervorzubringen.«

Ein Evolutionskalender

Schwierig ist auch die zeitliche Einordnung der Fossilien. Eine Datierung ist nur im groben möglich, die Zahlen, die dabei genannt werden, ändern sich ständig, und auch die Einordnung der Funde ist mit dem nötigen Vorbehalt zu betrachten. Wenn man auf hundertprozentige Sicherheit verzichtet, so ergibt sich aber alles in allem doch ein brauchbarer Überblick über die wesentlichen Abschnitte der Evolution.

Die ältesten Reste fossiler Lebewesen – vermutlich Bakterien – werden zur Zeit auf ein Alter von etwa 3,8 Milliarden Jahren geschätzt. Diese Einzeller ließen sich dann mehr als drei Milliarden Jahre Zeit, bis sie auf die Idee kamen, sich zu vielzelligen Organismen zusammenzuschließen. Untätig waren sie in der Zwischenzeit allerdings nicht, denn sie vermehrten sich fleißig, erfanden die Photosynthese und die Sexualität, indem sie begannen, in kooperativer Weise ihre Gene auszutauschen, sie taten sich zusammen, um die modernen Zellen, die Eucyten, zu schaffen, und arbeiteten, Sauerstoff produzierend, am Aufbau unserer Atmosphäre.

In Gesteinsschichten, die zwischen 550 und 600 Millionen Jahre alt sind, fand man die ältesten Spuren von Vielzellern, die vielleicht Pflanzen, vielleicht Tiere waren, vielleicht auch beides oder keines von beidem. Diese Ediacara-Organismen – so genannt nach ihrem ersten Fundort in Südaustralien – waren seltsame Gebilde, über deren Einordnung in die Stammesgeschichte sich die Wissenschaftler noch nicht einig sind. Manche sahen aus wie eine Kreuzung zwischen Farnblatt und Adlerfeder, andere wie plattgefahrene Kartoffelknödel oder Schupfnudeln, wie ein Designerarmband oder wie Weihnachtsplätzchen. Diese seltsame Gesellschaft verschwand im Verlauf des Kambriums (von etwa 540/570 bis 500/490 Millionen Jahre vor unserer Zeit), vermutlich im Wirbel eines – in geologischen Maßstäben – hektischen Umbruchs, den man als »kambrische Explosion« bezeichnet hat. Sie ereignete sich wahrscheinlich vor etwa 530 Millionen Jahren und produzierte in einem schöpferischen Rundumschlag, innerhalb von nur fünf Millionen (oder vielleicht auch mehr) Jahren, die Grundmuster fast aller späteren Tierstämme.

»Die kambrische Explosion war sicherlich das bemerkenswerteste und rätselhafteste Ereignis in der Geschichte des Lebens«[141], meinte der amerikanische Paläontologe Stephen Jay Gould. »Es ist kaum übertrieben zu behaupten, daß nach dem Kambrium die damals geschaffenen anatomischen Grundbaupläne nur noch mehr oder weniger variiert wurden. Drei Milliarden Jahre Einzelligkeit, dann fünf Millionen intensiver Kreativität und hinterher mehr als 500 Jahrmillionen Herumprobieren mit den einmal vorgegebenen Grundmustern – das entspricht kaum einem natürlichen, zwangsläufigen und stetigen Trend zu Fortschritt und zunehmender Komplexität.«[142]

Wie man die vieldiskutierte Frage, ob die Evolution denn nun zu mehr Fortschritt und Komplexität geführt hat, beantwortet, hängt davon ab, welche Kriterien man zur Beurteilung heranzieht. Wenn es nur um Fortpflanzung und Überlebensfähigkeit geht, sind die Bakterien immer noch besser als wir, und ein Fortschritt ist nicht zu erkennen. Betrachtet man nur die anatomischen Grundmuster, ist die Verbesserung bescheiden. Sofern man allerdings die Musikalität als Maßstab nimmt, dann ist schon ein erheblicher Zuwachs zu finden von den kambrischen Würmern bis hin zu Mozart. Und das gleiche gilt auch für viele andere Qualitäten wie zum Beispiel Intelligenz, Schönheit und Gefühl.

Ende des Kambriums »wimmelte« es im Meer von Schwämmen, Quallen, Ringel- und Plattwürmern, Muscheln, Schnecken, Stachelhäutern und Gliederfüßern, vor allem Trilobiten.

Im Ordovizium (etwa 500/490 bis 440 Millionen Jahre vor unserer Zeit) tauchten unter Wasser die ersten Wirbeltiere in Gestalt kieferloser Urfische auf, und die Algen begannen Riesenformen zu bilden.

Im Silur (etwa 440 bis 400/410 Millionen Jahre vor unserer Zeit) wagten sich die ersten Pflanzen aufs trockene Land, erst Nacktfarne, später dann auch bärlappähnliche Gefäßsporenpflanzen. Ihnen folgten, als erste bekannte Landtiere, Skorpione und Tausendfüßer.

Im Devon (400/410 bis 345/360 Millionen Jahre vor unserer Zeit) breiteten sich Farne, Schachtelhalme und Bärlappgewächse aus, die ersten Amphibien betreten die Bühne, und Lungenfische, Quastenflosser und Ammoniten tummeln sich im Meer – zusammen mit all den anderen Lebewesen, die schon vor ihnen da waren.

Im Karbon (etwa 345/360 bis 265/290 Millionen Jahre vor unserer Zeit), dem wir unsere Steinkohle verdanken, wachsen die Farnpflanzen zu Baumgröße heran, die Schachtelhalme werden riesig, und die ersten Nadelbäume tauchen auf. Zwischen die vorherrschenden Amphibien mischen sich die ersten Reptilien und Fluginsekten, darunter Riesenlibellen von fast 80 Zentimeter Spannweite.

Im Perm (etwa 265/290 bis 220/250 Millionen Jahre vor unserer Zeit) breiten sich Palmfarne, Ginkgobäume und Nadelhölzer aus. Die Altamphibien erreichen den Höhepunkt ihrer Formenvielfalt, und neue Gruppen von Reptilien treten auf, darunter die ersten Saurier. Mit einer gigantischen Katastrophe Ende des Perm endet auch das Erdaltertum (Paläozoikum).

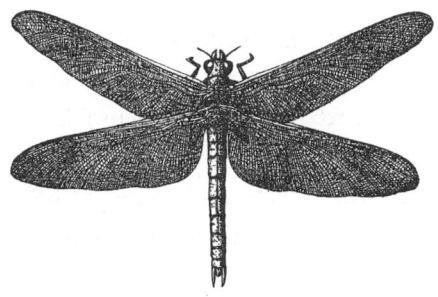

Riesenlibelle (Meganeura monyi) aus dem Oberkarbon.
Die Grundform des Libellentypus hat sich seither nicht verändert.

In der Trias (etwa 220/250 bis 180/210 Millionen Jahre vor unserer Zeit) entwickeln die Reptilien viele neue Formen, sie kehren als Meeressaurier ins Meer zurück und beginnen als »Theriodontia« Säugetiermerkmale auszubilden. Im Pflanzenreich sind nach wie vor Palmfarne, Ginkgobäume und Nadelhölzer vorherrschend. Und schließlich erscheinen, sich noch bescheiden im Hintergrund haltend, die ersten Säugetiere.

Im Jura (etwa 180/210 bis 135/145 Millionen Jahre vor unserer Zeit) kommt endlich die große Zeit der Saurier – sie bevölkern als Flugsaurier die Luft, als Meeressaurier das Wasser und als Dinosaurier das Land. Darunter Brontosaurus und Brachiosaurus, die größten Tiere, die jemals gelebt haben. Die Säugetiere halten sich nach wie vor zurück, und der »Ahnherr« der Vögel taucht auf: Archaeopteryx.

In der Kreide (etwa 135/145 bis 65 Millionen Jahre vor unserer Zeit) macht Tyrannosaurus Rex die Gegend unsicher, und die Flugsaurier schwingen sich zu Giganten auf, etwa Pteranodon mit 11 Metern Flügelspannweite. Weitere Vögel treten auf, bei den Säugetieren finden sich Kloakentiere, Beuteltiere und Insektenfresser, und die Blütenpflanzen beginnen sich auszubreiten. Eine globale Katastrophe, vermutlich durch einen Asteroideneinschlag ausgelöst, der die Saurier und viele andere Tiere und Pflanzen zum Opfer fallen, beendet diesen Zeitabschnitt.

Mit dem Tertiär (etwa 65 bis 2 Millionen Jahre vor unserer Zeit) beginnt die Erdneuzeit (Känozoikum) und der große Auftritt der Säugetiere, Vögel und Blütenpflanzen, die sich in einem erstaunlich kurzen Zeitraum – in geologischen Maßstäben – zu der heutigen Formenvielfalt entwickeln. Und am Ende dieses Abschnitts tauchen die ersten Vertreter der Gattung Homo auf und machen von nun an, im Quartär (von etwa 2 Millionen Jahre vor unserer Zeit bis heute), in zunehmendem Maße die Gegend unsicher.

Die hier genannten Zahlen sind, um mit Darwin zu sprechen, »in einem weiten und metaphorischen Sinne« zu verstehen. Es handelt sich um einen Querschnitt aus verschiedenen Publikationen, von denen nur selten einmal zwei übereinstimmen, und mit großer Wahrscheinlichkeit sind sie ohnehin alle falsch. Aber das ist nicht so entscheidend. Wichtiger sind der Ablauf des Geschehens und die Reihenfolge, in der die einzelnen Lebewesen auftreten und auch wieder verschwinden. Hier kann der Fossilbericht – die Gesamtheit der von den Paläontologen in eine zeitliche Reihenfolge gebrachten versteinerten Zeugnisse der Evolution – uns mittlerweile ein brauchbares Bild liefern, und wenn etwas Darwins Ansichten bestätigen könnte, dann dies. Aber leider stehen die steinernen Dokumente, wie der Paläontologe Otto Schindewolf es ausdrückte, »in schroffem Gegensatz zu der darwinistischen Deutung des stammesgeschichtlichen Geschehens«[143].

Nach Darwin verändern sich die Arten bekanntermaßen in unzähligen kleinen Schritten über einen langen Zeitraum hinweg, und mit zunehmender Veränderung ergeben sich allmählich neue Gattungen, dann neue Familien, dann neue Ordnungen, Klassen und schließlich Stämme. Nach dieser Auffassung müßten zuerst viele ähnliche Arten entstehen, die sich allmählich

Farnwald der Steinkohlezeit, gezeichnet von Ernst Haeckel,
aus »Natürliche Schöpfungsgeschichte«.

voneinander entfernen, dann einzelne Gattungen bilden, die alle durch viele Zwischenglieder miteinander verbunden sind, während immer weiter neue Arten entstehen, die aus den Gattungen in Familien überleiten, ebenfalls über unzählige Zwischenformen, und über immer weitere Arten schließlich zu Ordnungen führen usw. Alles langsam, schrittweise und kontinuierlich. Alles miteinander verflochten in einem großen Netzwerk von Formen. Und alles ohne scharfe Trennungen ineinander übergehend. Außerdem müßte man, da der Ablauf ja schrittweise und die Veränderungen zufällig sein sollen, auch eine richtungslose Zufallsverteilung der Formen erwarten. Aber die Realität des Fossilberichts zeigt ein völlig anderes, genau umgekehrtes Bild.

Vom Schwanz her aufgezäumte Evolution

Am Anfang entstanden, in relativ kurzer Zeit, die einzelnen Stämme mit ihren klar gegeneinander abgegrenzten Typenmerkmalen. Alles, was sich dann bis heute – über einen Zeitraum von mehr als 500 Millionen Jahren – an Veränderungen ergeben hat, ist, in einer gestaffelten Hierarchie von Abwandlungen, doch immer im Rahmen dieser Grundbaupläne geblieben. Innerhalb der Stämme haben sich Klassen gebildet, innerhalb der Klassen Ordnungen, innerhalb der Ordnungen Familien, innerhalb der Familien Gattungen und innerhalb der Gattungen Arten. Alles ineinandergeschachtelt als Abwandlung des jeweils übergeordneten Grundbauplans. Und je höher man in der Hierarchie geht, desto größer werden die Abstände und die formalen Unterschiede – die vermittelnden Zwischenformen sucht man vergeblich.

Der Mensch, der zur Ordnung der Primaten gehört, sieht seinen äffischen Vettern aus der gleichen Ordnung noch einigermaßen ähnlich. Aber verglichen mit anderen Ordnungen innerhalb der Klasse der Säugetiere, den Igeln aus der Ordnung der Insektenfresser oder den Delphinen aus der Ordnung der Cetacea, sind die Unterschiede schon recht beachtlich. Und dennoch sind die grundsätzlichen Gemeinsamkeiten nicht zu verkennen. In der Fortpflanzung, im Herz-Kreislauf-System, in der Grundordnung der Skelette, die selbst in so unterschiedlichen Abwandlungen wie bei den Fledermäusen oder Walen noch erkennbar wird. Bis hin zu Details, deren Sinn schwer zu verstehen ist. So haben zum Beispiel alle Säugetiere sieben Halswirbel. Die Giraffe macht damit einen sehr langen und die Spitzmaus einen sehr kurzen Hals – aber immer sind es sieben Wirbel. Die Vögel produzieren ihre langen Hälse einfach durch Vermehrung der Wirbelzahl, und die Saurier haben es ebenso gehalten. Wer oder was könnte für diese Beschränkung der Säuger auf die Siebenzahl bei Halswirbeln verantwortlich sein? Darauf gibt es bislang keine Antwort. Sicher ist nur, daß es sich dabei nicht um den Zufall handelt.

Noch größer ist der Unterschied des Menschen zu anderen Klassen innerhalb des Unterstammes der Wirbeltiere, zu den Reptilien oder Amphibien beispielsweise. Aber wenn man das Skelett eines Frosches und eines Menschen nebeneinander betrachtet, fallen auch hier die Übereinstimmungen gleich ins Auge. Fünf Finger zum Beispiel – und vieles andere mehr.

Ähnlichkeit im Allgemeinen und Grundsätzlichen, Unterschiede im Speziellen und in der einzelnen Individualität – das zeichnet die Angehörigen der einzelnen Unterabteilungen der Stämme aus. Unterschiede, die aber nicht entstanden sind in einem Auseinanderdriften von unten her, in einer Verallgemeinerung des Speziellen, sondern von oben, von der höheren Ordnungskategorie herab in einer Abwandlung und Spezialisierung des Allgemeinen.

»Insgesamt gelangen wir zu dem Urteil«, so schrieb Otto Schindewolf, »daß die stammesgeschichtlichen Vorstellungen Darwins bzw. des dogmatischen »Darwinismus« das Pferd beim Schwanze aufgezäumt haben. Das Wesen der Stammesentwicklung besteht nicht in der Rassen- und Artenbildung, nicht in Differenzierungen und Anpassungen, sondern entscheidend für das Fortschreiten der Entwicklung und die Aufrechterhaltung des Lebens ist die Herausgestaltung von Bauplänen höherer Ordnung, neuer Typen, die immer wieder die entstandenen einseitigen Anpassungen zurückschrauben und den Stamm vor dem allgemeinen Vergreisungstode bewahren.«[144]

Darwin war sich bewußt, daß sein Mechanismus des Artenwandels durch viele kleine Veränderungsschritte unzählige Zwischenformen verlangt: »So muß daher die Anzahl der Zwischen- und Übergangsglieder zwischen allen lebenden und erloschenen Arten ganz unbegreiflich groß gewesen sein. Aber sicherlich haben sie, wenn die Theorie richtig ist, auf der Erde gelebt.«[145] Die generelle Abwesenheit dieser Zwischenformen bei den heute lebenden Kreaturen versuchte er damit zu erklären, daß die Zwischenformen von ihren »fitteren« Nachfolgern verdrängt wurden und daher ausgestorben seien. Dann aber hätte man wenigstens Spuren von ihnen im Fossilbericht finden müssen – doch auch da glänzten sie durch Abwesenheit. Dies nun wiederum schob Darwin auf die »außerordentliche Unvollständigkeit unserer paläontologischen Sammlungen«[146]. Er war aber zuversichtlich, daß sich im Laufe der Zeit Belege für diese »fehlenden Bindeglieder« (»missing links«) noch finden würden.

Heute, fast 150 Jahre später, ist der Fossilbericht um vieles vollständiger – aber noch immer fehlen die »missing links«. Und Ichthyostega beispielsweise, oder Archaeopteryx, die gewöhnlich als solche verkauft werden, können diese Rolle nicht über-

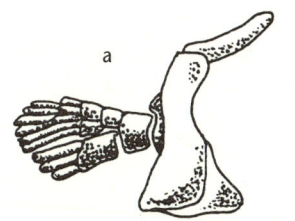
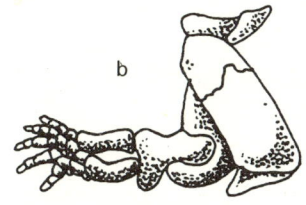

Von der Brustflosse des Quastenflossers Sauripterus (a) bis zum Vorderbein der urtümlichen Amphibie Eogyrinus (b) ist es noch ein weiter Weg – und Zwischenformen fehlen.

nehmen. Die als erste Amphibie betrachtete Ichthyostega ist von ihren mutmaßlichen Vorfahren, den Quastenflossern, baulich so weit entfernt, daß man noch Dutzende von Zwischenformen finden müßte. Und »Archaeopteryx«, so meinte Otto Schindewolf, »ist trotz mannigfacher Anklänge an die Reptilien ein echter Vogel; die Typengrenze zwischen Reptilien und Vögeln ist noch immer nicht durch kontinuierliche, lückenlose Bindeglieder überwunden«.

Der »Neodarwinismus« begründet dies wie gesagt damit, daß solche Übergangsformen sich in kurzer Zeit in kleinen, geographisch isolierten Populationen entwickelt und daher keine Spuren hinterlassen haben – aber das ist eine pure Spekulation. Die Insel Neuseeland ist seit der Tertiärzeit, also seit über sechzig Millionen Jahren, isoliert, aber es haben sich dort weder besondere Neuerungen in der Tierwelt, wie zum Beispiel Säugetiere und moderne Reptilien, noch ein auffallender Formenreichtum entwickelt. Statt dessen finden sich hier »lebende Fossilien« wie die Brückenechse, und die Fauna ist eher ärmlich im Vergleich zu nichtisolierten Gegenden, in denen sich im gleichen Zeitraum das gesamte Säugetierspektrum entwickelt hat.

Und darüber hinaus wäre es doch zumindest sehr seltsam,

wenn unter den vielen Versteinerungen – in allen Schichten, über 600 Millionen Jahre hin – eben gerade die Geschöpfe nicht versteinert wurden, die das »darwinistische« Denkmodell stützen könnten. Da drängt sich schon ein bißchen der Verdacht auf, daß sie gar nicht existiert haben. Und mit der »Lückenhaftigkeit des Fossilberichts« kann man sich heute nicht mehr herausreden.

»Eine beachtliche Spanne von etwa 500 Millionen Jahren«, schrieb George G. Simpson, der auch zum harten Kern der »Darwinisten« zählt, »vom frühen Kambrium bis heute, ist die Fossilüberlieferung trotz all ihrer Mängel reichhaltig und im Grunde genommen durchgehend.«[147]

Und Otto Schindewolf fand bei seinen Untersuchungen von Ammoniten, deren spiralförmige Schalen gute und vollständige Versteinerungen liefern, »scharfe und plötzliche Formenwandel« in Erdschichten, deren Abfolge ohne Unterbrechung ist. Er kam zu der Schlußfolgerung: »Es müssen hier ursprüngliche Diskontinuitäten, natürliche Sprünge der Entwicklung, nicht aber zufällige Fundumstände und Lücken der Überlieferung vorliegen.«[148]

Schrittweise Sprünge

Es sind aber nicht nur die Tatsachen, die gegen das Vorhandensein der Zwischenformen sprechen, sondern auch logische Überlegungen – denn Zwischenformen machen keinen Sinn. Eine Meerjungfrau ist im Wasser nur ein halber Fisch und an Land nur ein halber Mensch. Sie ist Fischen und Menschen in ihrem jeweiligen Element unterlegen, und ein Platz dazwischen, wo sie heimisch werden könnte, gibt es nicht. Wenn es darum geht, sich im »Kampf ums Dasein« zu behaupten, hat sie wenig Chancen. Und das gilt auch für vierbeinige Fische, geflügelte Reptilien und alle möglichen anderen fabelhaften Zwischenformen.

Selbst wenn man eines Tages Versteinerungen von gefiederten Sauriern fände, wäre damit die Frage nicht gelöst, wie sich Federn durch unzählige kleine Veränderungen, von denen jede einen Vorteil im »Kampf ums Dasein« darstellte, aus Reptilschuppen entwickelt haben könnten. Es gibt auf diesem Weg der kleinen Schritte zwangsläufig irgendwann einen Punkt, wo die sich verändernde Schuppe zwar keine funktionierende Schuppe mehr ist, aber auch noch keine funktionierende Feder – und diese Lücke kann nur durch einen Sprung überwunden werden.

Wenn bei der Verwandlung eines Reptils in ein Säugetier drei Kieferknochen zu Ohrknochen werden sollen – auch davon war schon die Rede –, geht dies ebenfalls nicht ohne Sprünge ab, denn die Tiere, an denen sich der Übergang vollzog, mußten ja auf jeder Stufe ihrer Entwicklung kauen und hören können – sonst hätten sie wohl kaum überlebt.

Wenn der Kreislauf eines Reptils sich schrittweise in den eines Säugetiers oder Vogels verwandeln soll, so gibt es auch hier gleichermaßen einen Punkt, wo das Alte nicht mehr, das Neue aber noch nicht da ist – und hier ist ebenso ein Sprung nötig.

Wenn ein Propellerflugzeug sich in einen Düsenjet verwandeln soll, über viele kleine Schritte, von denen jeder ein funktionsfähiges Flugzeug ergeben soll, ist irgendwann ein Sprung unumgänglich. Und ein Lebewesen muß, wenn es sich verwandeln soll, doch immer lebens- und fortpflanzungsfähig sein – man kann es nicht einfach stillegen und umbauen.

Auch bei der Entstehung des organischen Lebens muß es irgendwann einen Sprung gegeben haben: von einer Ansammlung unbelebter Moleküle zu einer lebenden Zelle. Dies ist ein qualitativer Sprung, der sich nicht durch unzählige kleine Zwischenschritte überbrücken läßt.

Wer oder was aber bewirkt einen solchen Sprung? Der Zufall sicher nicht.

Echte Neuerungen, große Übergänge müssen zwangsläufig in Sprüngen erfolgen, die zumindest groß genug sind, um von einer alten brauchbaren und sinnvollen Form zu einer anderen neuen, aber ebenfalls brauchbaren und sinnvollen Form hinüberzuführen. Wenn die Natur ein vierbeiniges Landsäugetier in einen Wal oder eine Fledermaus verwandeln soll, kann das nur über verschiedene Sprünge gehen – falls die Zwischenformen lebensfähig sein sollen.

Andererseits dürfen diese Sprünge aber keine Unterbrechungen sein, denn die Kette des Lebens muß ja kontinuierlich weitergehen. Wo aber und wie soll dann die Umwandlung stattfinden?

Otto Schindewolf kam durch seine »aus dem fossilen Stoff gewonnenen Erfahrungen« zu dem Ergebnis, »daß die Typen sich in frühontogenetischen Entwicklungsstadien durch eine sprunghafte Erwerbung der neuen Typenmerkmale umgestaltet haben«[149]. Während der Embryonalentwicklung also muß das Neue entstehen! Wie an anderer Stelle schon ausgeführt wurde, kam er zu dem Schluß: »Dementsprechend liegt eine tiefe Kluft zwischen dem ersten Vertreter eines neuen Typus und seinen Eltern, die dem Vortypus, also etwa einer anderen Ordnung angehören. [...] Der erste Vogel kroch aus einem (abgewandelten) Reptilei. Es gilt durchaus der Satz ›Natura facit saltus‹, die Natur macht doch Sprünge!«[150]

Ein so umfangreicher und rascher Umbau während der Embryonalentwicklung ist aber durch eine Reihung ungezielter Zufälle nicht mehr zu erklären – ein blinder Mutations-Selektions-Mechanismus kann etwas Derartiges nicht bewerkstelligen.

Es ist daher kein Wunder, daß Schindewolf in den vierziger Jahren, als die »Darwinisten« gerade ihre »synthetische Theorie des Neodarwinismus« formulierten, mit seinen Ansichten nur Ablehnung hervorrief. Man bezeichnete ihn als »Idealisten«, was bedeuten sollte, daß er sich an einem »idealen Wunschbild« orientiere und nicht an der Realität. Aber dieser Vorwurf ist ungerechtfertigt. Schindewolf hat die fossilen Dokumente viel realistischer betrachtet als die meisten seiner Kollegen. Doch seine Ansichten waren eben – abgesehen von seiner grundsätzlichen Zustimmung zur Abstammungslehre, die er als »Denknotwendigkeit« bezeichnete – undarwinistisch. Aber das ist kein Nachteil, denn die Evolution hält es ebenso.

Darwins angenommener Mechanismus der vielen kleinen Schritte findet keine Bestätigung in der Realität. Er würde einen gleichmäßigen, stetigen Ablauf der Evolution verlangen: Neue Arten erscheinen ganz langsam und allmählich, und ihr Verschwinden muß ebenso langsam geschehen. Darwin meinte sogar, »daß das gänzliche Erlöschen einer ganzen Gruppe von Arten ein langsamerer Vorgang als ihre Entstehung ist«.

Doch auf lange Zeiten unveränderter Formen (»Stasis«) folgen Abschnitte rapider (im geologischen Sinne) Veränderungen. Nicht nur Arten, sondern auch Familien und Ordnungen erscheinen abrupt und komplett ausgebildet – bleiben über einen mehr oder weniger langen Zeitraum unverändert – und verschwinden dann ebenso abrupt. Wieder andere Arten bleiben über Hunderte von Millionen von Jahren so gut wie unverändert. Darwin, der diesen Sachverhalt kannte, meinte: »Einige Organismen müssen eben einfachen Lebensbedingungen angepaßt sein.« Obwohl er wie gesagt andererseits behauptete, »daß eine Form, welche gar keine Änderung und Vervollkommnung erfährt, der Austilgung preisgegeben ist«[151].

Er drehte sich hier, wie auch anderswo, die Sache so hin, wie er sie brauchte. Obwohl der faktische Evolutionsablauf, so wie ihn der Fossilbericht dokumentiert, einen sehr »sprunghaften« Eindruck macht, hielt Darwin unerschütterlich an dem alten Grundsatz fest: »Natura non facit saltus« – die Natur macht keine Sprünge.

Auch bei scheinbar kontinuierlichen Entwicklungslinien, wie zum Beispiel bei den Pferden, gibt es Unstimmigkeiten im Detail. Hier erscheint nun wiederum die Entwicklung zu klar und gradlinig auf ein Endergebnis hin gerichtet, um noch als absichtsloser Zufall durchgehen zu können. Und die häufig zitierte Annahme, daß deshalb aus einem hundegroßen Waldbewohner unser heutiges Pferd wurde, über viele kleine Zwischenschritte, weil jeweils diejenigen, die schneller vor Raubtieren davonlaufen konnten, größere Überlebenschancen hatten, ist nicht so besonders einleuchtend. Denn es nützt einem Tierkind wenig, wenn seine Mutter schneller vor Raubtieren davonlaufen kann als andere Mütter. Und die meisten Raubtiere mögen Kinder – weil sie leichter zu fangen sind. Unter diesem Aspekt betrachtet, müßte sich die Entwicklung eher in Richtung auf wehrhaftere und nicht auf schnellere Mütter bewegt haben.

Während die Entwicklung der Pferde, von der formalen Veränderung her betrachtet, kontinuierlich erscheint, ist sie es auf der zeitlichen Ebene keineswegs. Es zeigen sich Sprünge und Lücken, es gab Perioden schneller und langsamer Entwicklung, es finden sich Abzweigungen und Sackgassen. Mehrfach starben große Gruppen aus. Die Rückbildung der Zehen von ursprünglich fünf auf eine verlief nicht nur unregelmäßig in der Zeit, sondern auch an Vorder- und Hinterbeinen asynchron. Das »Urpferd« Hyracotherium besaß vier Zehen an den Vorderfüßen, an den Hinterfüßen jedoch nur drei. Ein seltsamer Kontrast zwischen geradlini-

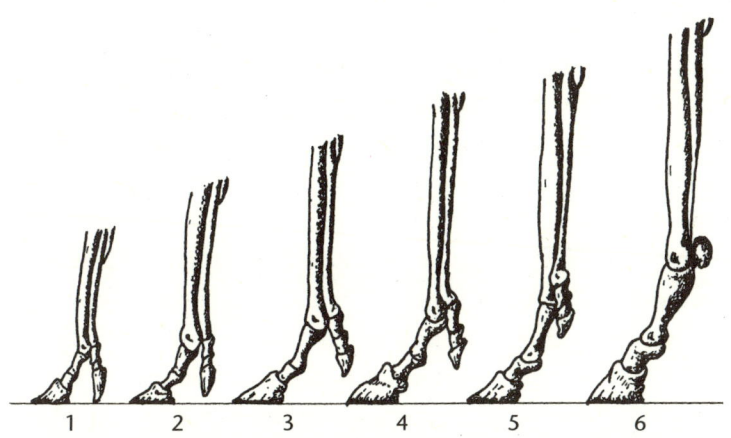

Die Beine verschiedener Vorfahren unserer heutigen Pferde zeigen die erstaunlich gradlinige formale Entwicklung: 1 Mesohippus bairdii (Mitteloligozän); 2 Miohippus intermedius (Oberoligozän); 3 Parahippus atavus (Mittelmiozän); 4 Merychippus primus (Mittelmiozän); 5 Merychippus eohipparion (Mittelmiozän); 6 Pliohippus lullianus (Unterpliozän).

ger Entwicklung im formalen und Unregelmäßigkeit im historischen Ablauf.

Ähnlich erscheint auch das Grundmuster der Evolution insgesamt. Statt Gleichmäßigkeit und Kontinuität zeigt es sprunghafte Wandlungen und häufige Tempowechsel – aber nicht zufällig, sondern in einer geordneten, rhythmischen Gliederung. Ein neuer Abschnitt beginnt, so Otto Schindewolf, gewöhnlich mit einer »Epoche explosiver, labiler Formbildung«. Es folgt dann »eine Phase stabiler, allmählicher Fortentwicklung und Ausmodellierung im Rahmen der gelegten Grundlagen«, die sich über einen sehr langen Zeitraum erstrecken kann. Bei einigen bewährten Modellen dauert sie bis in die Gegenwart hinein an, bei anderen endete sie in einer »Periode des Niederganges und Aussterbens«.

Schindewolf belegte seine Drei-Phasen-Theorie mit überzeugenden Beispielen aus dem Tier- und Pflanzenreich, und er war nicht der einzige, der diese Auffassung vertrat. Verschiedene andere Wissenschaftler hatten vor ihm bereits diesen Rhythmus entdeckt, darunter Ernst Haeckel, der von einer Aufblüh-, Blüte- und Verblühzeit der Stämme sprach.

Auch im Leben des Menschen finden sich diese drei Stufen: Jugend, Reife und Alter. Und sein Wachstum ist ebenfalls sprunghaft, mit kurzen Phasen rapider Veränderung, auf die dann lange Abschnitte allmählicher und stetiger Entwicklung folgen. Und wenn, wie es Haeckels »biogenetische Grundregel« besagt, die Individualentwicklung die Stammesgeschichte widerspiegelt, dann verweist die Entwicklung des Menschen ganz eindeutig auf eine Evolution, in der sich sprunghaft-kurze und langsam-stetige Entwicklungsphasen abwechseln.

Der Philosoph Karl Jaspers fand entsprechende dreistufige Abläufe übrigens auch in der menschlichen Geschichte, und der Kulturhistoriker Paul Ligeti fand sie in der Kunst. Es handelt sich hier offenbar um ein durchaus elementares Phänomen, das mehr Aufmerksamkeit von seiten der Wissenschaft verdiente.

Schindewolfs Ansichten wurden von der »Darwin-hat-doch-recht«-Fraktion beiseite geschoben als Entgleisungen eines Außenseiters. Aber Anfang der siebziger Jahre brachten die amerikanischen Paläontologen Nils Eldredge und Stephen Jay Gould das Thema wieder auf die Tagesordnung. Sie waren durch ihre Forschungen auf das von Schindewolf beschriebene Evolutionsmuster gestoßen: kurze Zeiten heftiger »explosiver« Veränderungen wechseln sich ab mit langen Zeiträumen, in denen sich nichts oder nur wenig ändert. Sie nannten dies »punktuelles Gleichgewicht« (»punctuated equilibrium«) und wiesen auch auf die fehlenden Zwischenformen und den sprunghaften Formenwandel hin. Ein Teil der Wissenschaftler schloß sich ihnen an, und seither streiten sich die Anhänger der sprunghaften (»saltationisti-schen«) mit den Anhängern der schrittweisen (»gradualisti-schen«) Evolution. Da aber auch die »Saltationisten« innerhalb des Darwindogmas bleiben wollten, definierten sie die Sprünge als viele kleine Schritte, die von der Evolution so heimlich voll-zogen werden, daß man nur Anfangs- und Endpunkt zu sehen bekommt und dadurch den Eindruck gewinnt, es habe sich um einen Sprung gehandelt.

Was aber hindert uns daran, wenn im Fossilbericht nicht vor-handene Zwischenformen trotzdem als existent vorausgesetzt werden, anzunehmen, daß beispielsweise auch zur Zeit der Sau-rier schon Menschen gelebt haben? Zwar hat man bis jetzt noch keine ernstzunehmende Spur davon gefunden – aber das besagt ja nicht, siehe oben, daß es sie nicht gab. Und damit wäre dann doch endlich die immer noch ungeklärte Frage beantwortet, wer oder was die Saurier ausgerottet haben könnte …

Im Gegensatz zu seinen Nachfolgern hatte Schindewolf den Mut, klar auszusprechen, was sich aus seinen paläontologischen Forschungen ergab: »Das Organisationsgefüge einer Familie oder einer Ordnung ist danach nicht durch fortgesetzten Artenwan-del in einer langen Artenkette geworden, sondern es ist sprung-haft, diskontinuierlich entstanden durch unmittelbare Umprä-gung der Typenkomplexe von Familie zu Familie, von Ordnung zu Ordnung, von Klasse zu Klasse. [...] Der entscheidende allge-meine Vorgang der Stammesentwicklung besteht damit nicht im Artenwandel, sondern im Typenwandel. [...] Die Artbildung stellt insofern nur einen, und zwar den ergebnisärmsten Sonder-fall des allgemeinen Prinzips des Typenwandels dar und ist die-sem untergeordnet.«[152]

Die Frage, was nun die eigentliche Ursache für den Typenwan-del war, mußte Schindewolf allerdings offenlassen. Er wußte nur, was es nicht war: nämlich die Selektion – von der er annahm, daß sie »gewissermaßen nur die oberflächlichste Schicht der Merkmale berührt und betrifft«[153].

Die natürliche Selektion kann also keine neuen Typen schaffen, sondern nur sozusagen die Kanten abschleifen, die letzten speziellen Anpassungsmerkmale der Arten beeinflussen. Sie kann allenfalls die Schnäbel von Vögeln modifizieren, und auch das nur innerhalb bestimmter Grenzen – aber sie nicht in Nasen oder Rüssel verwandeln.

Von den bis ins Äußerste spezialisierten Arten führt dann jedoch kein Weg weiter in die evolutive Zukunft – sie sind stammesgeschichtliche Sackgassen. Es waren nicht die »Anpasser« und »Spezialisten«, die die Evolution vorangebracht und die großen Neuerungen eingeführt haben, sondern die zwar weniger spezialisierten, aber dafür anpassungsfähigeren Lebewesen. Ein Umstand, den man im Hinblick auf die Entwicklung der menschlichen Gesellschaft im Auge behalten sollte.

Tatsächlich gibt es einiges, was für diese Ansicht spricht. Es gibt zum Beispiel schlangenförmige Fische, schlangenförmige Amphibien und schlangenförmige Reptilien. Aber es hat sich nicht kurzerhand eines aus dem anderen entwickelt, was naheliegend wäre, sondern aus dem beinlosen Fisch wurde eine vierbeinige Amphibie, die dann ihre Beine wieder verlor und zum Schlangenlurch wurde. Andere vierbeinige Amphibien verwandelten sich indessen in vierbeinige Reptilien, von denen einige dann gleichermaßen wieder durch Beinverlust die Schlangenform erwarben. Warum dieser Umstand? Und überhaupt: Wenn man gerade schrittweise Beine entwickelt hat, weil sie ein Selektionsvorteil waren, welcher Selektionsvorteil liegt dann darin, sie schrittweise wieder zu verlieren?

Ebenso sind die Fledermäuse nicht aus den Flugsauriern her-

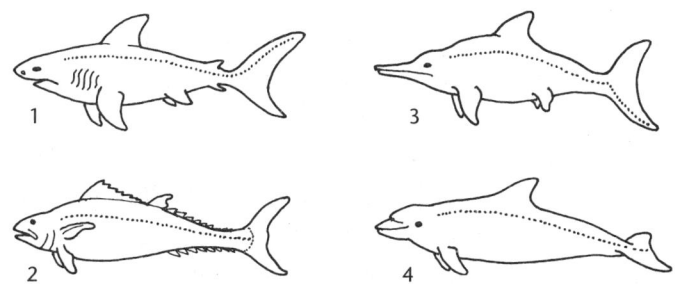

Weitgehende Übereinstimmung der äußeren Gestalt bei Haifisch (1), Thunfisch (2), Ichthyosaurier (3) und Delphin (4). Nicht maßstabsgerecht.

vorgegangen und die Delphine nicht aus den Ichthyosauriern, den Meeresechsen – obwohl sich ihre Gestalten sehr ähnlich sind. Delphine wie Fledermäuse entstanden aus recht unspezialisierten Säugetieren, die wiederum aus recht unspezialisierten Reptilien hervorgingen. Und die Evolution ging auch hier zweimal den gleichen Weg – sie machte aus vierbeinigen Reptilien Flieger und Schwimmer und aus vierbeinigen Säugetieren ebenfalls. Zwischenformen sind in beiden Fällen nicht zu finden, ja nicht einmal konkret vorstellbar. Warum dieser seltsame Umweg? Warum nicht ein einfacher Übergang, von Art zu Art, in einem »darwinistischen« Kleine-Schritte-Prozeß?

Warum mußten überhaupt die Saurier verschwinden? Was war mit ihnen nicht in Ordnung?

Unfälle und Tempowechsel

Heute geht man davon aus, daß eine globale Katastrophe, hervorgerufen durch den Einschlag eines etwa 10 Kilometer großen Asteroiden am Nordrand der Halbinsel Yukatan im heutigen Mexiko, die Ursache war. Diese erstmals Anfang der achtziger Jahre von dem amerikanischen Physiker Luis W. Alvarez geäußerte Hypothese wird durch eine Reihe ernstzunehmender Indizien gestützt und inzwischen von vielen Wissenschaftlern anerkannt.

Dennoch ist es schwer zu erklären, wie eine Katastrophe so selektiv vorgehen kann, daß sie in allen Lebensbereichen die Saurier »aus dem Verkehr zieht«, aber andere Lebewesen nicht. Haie und kleine Fische, Krokodile und Schildkröten sind verschont geblieben, die Meeressaurier nicht. Vögel überlebten und traten das Erbe der Flugsaurier an, die verschwanden. Die Saurier, die auf dem Land lebten, gingen unter – die Säugetiere blieben und traten an ihre Stelle. Was stimmte nicht mehr mit den Sauriern, die soviele Millionen Jahre die herrschende Klasse auf dem Planeten waren und etliche frühere Katastrophen überlebt hatten, ja sogar – Ironie des Schicksals – einer Katastrophe, die die Amphibien dezimierte, vermutlich ihren Siegeszug verdankten?

Katastrophen gab es reichlich im Laufe der Evolution, und sie sind ebenfalls ein Ärgernis für das »darwinistische« Denkmodell.

Anfang des 19. Jahrhunderts war unter Geologen Cuviers Katastrophentheorie in Mode, nach der die geologischen Veränderungen in der Erdgeschichte durch immer wiederkehrende Katastrophen verursacht worden waren. Bei diesen Katastrophen waren nach Cuviers Auffassung die vorhandenen Lebewesen jeweils ausgetilgt und anschließend wieder neu geschaffen worden. In Opposition zu Cuvier entwickelten – interessanterweise gleichzeitig, aber unabhängig voneinander – der Engländer Lyell und der Deutsche von Hoff die Theorie des »Aktualismus« oder »Uniformismus«, nach der die Veränderungen der Erdoberfläche durch allmähliche, kleine Schritte erfolgt sei.

Darwin war ein Freund und Anhänger Lyells, und das Motiv des langsamen Wandels durch viele kleine Entwicklungsschritte spiegelt sich in seiner Evolutionstheorie wider: Parallel zu der allmählichen Veränderung der Erde geschah auch die Veränderung der auf ihr wohnenden Lebewesen. Das wiederholte Auftreten von Katastrophen hätte dieses Bild nur gestört, also lehnte Darwin es ab. Hinweise auf Massensterben im Fossilbericht erklärte er, wie die fehlenden Zwischenformen, als Täuschungen in Folge der »äußersten Unvollständigkeit der geologischen Urkunden«.

Heute wissen wir aber, daß es tatsächlich immer wieder Katastrophen gab – zahllose kleinere und zum Teil gewaltige, von globalen Ausmaßen. Außer der Kreide-Tertiär-Katastrophe, der vor etwa 65 Millionen Jahren die Saurier zum Opfer fielen, gab es noch vier andere welterschütternde Kataklysmen. Am schlimmsten war die Perm-Trias-Katastrophe vor etwa 250 Millionen Jahren, bei der etwa 95 Prozent der vorhandenen Arten von Meereslebewesen vernichtet wurden. Was diese gewaltigen Katastrophen im einzelnen hervorgerufen hat, ist noch umstritten – ein Teil jedoch wurde mit großer Wahrscheinlichkeit durch den Aufprall von Kometen- oder Asteroidentrümmern auf der Erde verursacht. Einige Wissenschaftler glauben sogar Indizien dafür gefunden zu haben, daß große Katastrophen sich regelmäßig etwa alle 26 Millionen Jahre ereignen.

Wie auch immer – diese häufigen Unterbrechungen im allmählichen Verlauf der Entwicklung sind nicht in Darwins Sinne. Zumal es den Anschein hat, daß gerade im Anschluß an solche »Weltuntergänge« eine Phase intensiver Neubildung von Lebensformen stattgefunden hat. Der amerikanische Paläontologe David Raup vertrat sogar die These, daß die Katastrophen der »Motor der Evolution« seien.

Wenn man davon ausgeht, daß bei der Perm-Trias-Katastrophe im Meer 95 Prozent der Arten ausgestorben sind, und annimmt, daß die Evolution sich aus unzähligen kleinen Veränderungsschritten auf der Artebene ergibt, dann müßte sie hier mit den restlichen 5 Prozent auf einem nahezu präkambrischen Niveau quasi noch einmal von vorn beginnen. Und sie würde sehr viel länger brauchen, um das Leben wieder zu regenerieren, als es tatsächlich der Fall war.

Aber selbst wenn diese Rechnung nicht stimmen sollte, sicher ist, daß die Katastrophen nicht in das »darwinistische« Bild einer gleichmäßigen, langsamen, kleinschritthaften Evolution hinein-passen.

Was ebenfalls nicht hineinpaßt, sind die großen Unterschiede im Entwicklungstempo. Wenn man von der »darwinistischen« Vorstellung ausgeht, daß die stammesgeschichtliche Entwicklung in der Evolution durch die Akkumulierung kleiner vererbter Veränderungen geschieht, dann müßte dies logischerweise um so schneller vor sich gehen, je kürzer die Generationsdauer ist. Aber wie gesagt haben sich erstaunlicherweise gerade die Einzeller mit einer extrem kurzen Generationsdauer, zum Beispiel Bakterien, die sich etwa alle halbe Stunde verdoppeln, in den vergangenen 600 Millionen Jahren kaum verändert, während im gleichen Zeitraum die gesamte Evolution der Vielzeller ablief – mit einer fast unvorstellbaren Fülle von Verwandlungen.

Die Entwicklung der Säugetiere im Känozoikum lief viel schneller ab als die anderer Tierklassen, obwohl ihre Generationsfolge länger ist. Und bei den Säugern selbst wiederum haben die Elefanten mit ihrer außerordentlich langen Generationsfolge sich viel rascher verändert als beispielsweise die Nagetiere mit ihrer um vieles kürzeren Generationsdauer.

Arten, die am gleichen Ort nebeneinander leben, verändern sich oft ebenfalls in ganz unterschiedlicher Geschwindigkeit. Während eine Art sich rasch verändert, verändern sich andere überhaupt nicht oder nur sehr wenig. Die Buntbarsche im Viktoriasee haben in unglaublich kurzer Zeit Hunderte von verschiedenen Arten hervorgebracht, aber die Lungenfische, die zwischen ihnen herumschwimmen, sind seit Jahrmillionen sich selbst treu geblieben. Und die sogenannten »lebenden Fossilien« haben sich zum Teil sogar seit Hunderten von Jahrmillionen kaum oder gar nicht verändert.

Der Molukkenkrebs Limulus ist 200 Millionen Jahre alt, und der Armfüßer Lingula, ein muschelähnlicher Meeresbewohner, sogar 440 Millionen. Selbst einzelne Arten können sehr lange Zeit unverändert bleiben. Atrypa reticularis, ebenfalls ein Armfüßer, hat es auf sechzig Millionen Jahre gebracht, und ein Krebs namens Triops cancriformis auf 180 Millionen. Unter den Pflan-

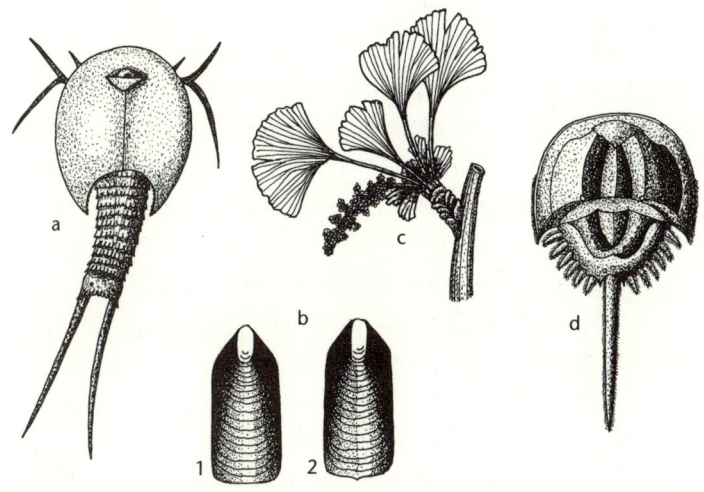

Verschiedene »lebende Fossilien«: a Triops cancriformis; b Lingula, ordovizische (1) und heutige (2) Form; c Ginkgo biloba; d Limulus walchi.

zen tun sich der Ginkgo mit 160 Millionen und das Bärlappgewächs Selaginella mit 250 Millionen Jahren hervor. Nicht zu vergessen die Bakterien, die auch hier wieder die Weltmeister im unveränderten Altern darstellen.

Einige Wissenschaftler sind der Auffassung, daß sich die Evolution insgesamt beschleunigt hat, was die Ausbildung immer komplexerer und höher organisierter Lebewesen angeht. In der Tat ist in den ersten zwei Milliarden Jahren nach Entstehung (oder Erfindung oder Erschaffung) des Lebens auf der Erde nicht viel passiert. Die Mikroben waren unter sich und hatten offenbar nichts Besseres zu tun, als »Ursuppe« zu schlürfen und sich zu vermehren. Die Evolution der Vielzeller beschränkt sich in etwa auf die letzten 600 Millionen Jahre, die große Zeit der Säugetiere auf zirka sechzig Millionen und die Entwicklung des Menschen, vom »Homo erectus« an gerechnet, auf ungefähr 500 000 Jahre. Es ist schwer zu sagen, ob das tatsächlich eine Beschleunigung der Entwicklung von höherer Komplexität bedeutet – aber falls das so ist, spricht dies gegen einen Zufallsablauf.

Eine zufällige Entwicklung müßte mit zunehmendem Schwierigkeitsgrad immer langsamer werden. Wenn ich ein Puzzle mit hundert Teilen durch Schütteln der Aufbewahrungsschachtel zusammensetzen will (falls das überhaupt möglich ist), wird dies länger dauern als bei einem Puzzle, das nur aus zehn Teilen besteht. Eine beschleunigte Entwicklung mit zunehmender Komplexität ist nur bei einem intelligenten System möglich, das aus seinen Erfahrungen, aus Erfolgen und Fehlern lernt – und das kann der Zufall ebensowenig wie die »natürliche Selektion«. Es sei denn, man betrachtet sie, wie die »Darwinisten« das insgeheim tun, als schöpferische Instanzen.

Auf der anderen Seite sind seit etwa 500 Millionen Jahren keine neuen Stämme mehr aufgetreten, und seit dem Erdmittelalter gab es keine neuen Ordnungen mehr. Etliche Millionen verschiedener Arten – wie viele es genau sind, vermag niemand zu sagen, die Schätzungen gehen von zwei bis über zehn Millionen – lassen sich in ein Typenraster von nur 26 Stämmen einordnen. Diese Zahl ist umstritten, aber selbst wenn es ein paar mehr oder weniger sein sollten, zeigt sich hier jedenfalls eine deutliche Verlangsamung der Entwicklung auf den oberen Ebenen der Evolution und eine Beschleunigung auf den unteren. Was hat das zu bedeuten?

Was auch immer – nach Zufall sieht das nicht aus, und auch nicht nach einer Bestätigung für das »darwinistische« Denkmodell.

Ungeheure Beständigkeit einerseits und unglaubliche Veränderung anderseits machen die Evolution aus. Und es ist unmöglich, hier die gleiche blinde Kraft für diese Gegensätze verantwortlich zu machen. Extrem konservativ und extrem progressiv zugleich – das schaffen nicht einmal menschliche Politiker, die flexibler und prinzipienloser sind als alles andere, was die Evolution geschaffen hat. Und wenn die gleiche Kraft gleichzeitig gezielt bremsen und beschleunigen soll, dann erfordert dies Beurteilungs- und Entscheidungsfähigkeit. Und die können weder der Zufall noch die »natürliche Selektion« haben, es sei denn, man betrachtet sie wiederum als schöpferische Instanzen.

Welches Bild ergibt sich nun im Blick auf die Dokumente der Vergangenheit von der Evolution? Wie der »Stammbaum«, den die frühen »Darwinisten«, wie zum Beispiel Ernst Haeckel, entworfen haben, sieht es nicht aus. Eher wie ein Wald. In dem die einzelnen Stämme der Lebewesen tatsächlich auch die Stämme sind, mit den Klassen als großen und den Ordnungen als kleineren Ästen, den Familien und Gattungen als Zweigen und den Arten schließlich als Blätter, die kommen und gehen, je nach Jahreszeit. Einige der Bäume sind noch frisch, andere ähneln den tausendjährigen Eichen im Reinhardswald, Baumruinen, an denen vielleicht noch ein oder zwei Äste lebendig sind. Und alle sind durch ihre Wurzeln, die von Einzellern gebildet werden, unterschwellig verbunden – zu einem organischen Gebilde, einer Art Gesamtorganismus.

Wenn Haeckels »biogenetische Grundregel« besagt, daß die Ontogenese, die Entwicklung des einzelnen Individuums, der Phylogenese, der Stammesgeschichte dieses Individuums, entspricht, dann muß umgekehrt auch die Stammesgeschichte der Entwicklung eines einzelnen Individuums entsprechen. Die Phylogenese der Lebewesen wäre demnach die Ontogenese der Evolution, die so etwas wie ein heranwachsender Organismus ist.

Ein seltsamer Gedanke?

In einem Vortrag über »Das Problem der Menschwerdung« sagte 1926 der holländische Anatom Ludwig Bolk: »... für mich ist Evolution nicht ein Resultat, sondern ein Prinzip, sie ist für die organisierte Natur, als Ganzes und als Einheit gedacht, dasselbe, was Wachstum für das Individuum ist, und gleich wie letzteres dem Einfluß und der Einwirkung äußerer Faktoren unterworfen. Diese aber können niemals schaffend wirken, sondern nur modellierend. Das Wesen der Evolution entzieht sich, wie ich meine, bisher noch der Analysierung, denn die Evolution ist eine Funktion nicht des individuellen, sondern des ›Gesamtlebens‹. Alles Organische zusammen bildet einen Organismus, mit eigenen Wechselwirkungen zwischen den einzelnen Teilen, mit eigenen Wachstums- und Differenzierungsgesetzen. Was wir als Evolution erkennen, ist die Manifestierung der Differenzierung im makrokosmischen Gesamtorganismus.«

Vielleicht kann uns diese Sicht ein wenig helfen, die Unterschiede und Rhythmen in der Struktur und Geschwindigkeit der Evolution zu begreifen, deren Ursache wir, wenn wir ehrlich sind, noch nicht erkannt haben. Die aber – soviel ist sicher – weder zufällig ist noch »darwinistisch«.

4. Der Mythos vom »Zufall«

> *»Der Zufall ist nichts als das Maß unserer*
> *Unwissenheit.«*   Henri Poincaré

Im »darwinistischen« System ist der »Zufall« eine Art Zauberstab, der immer dann die gewünschten Ergebnisse herbeizaubert, wenn rationales Denken sie beim besten Willen nicht liefern kann. Er ist ein »darwinistischer« Deus ex machina, je nach Bedarf Schöpfer oder Erhalter, Verhinderer oder Gestalter – der Gott Mosis und der Bibel ist dagegen ein Amateur. Dummerweise ist und kann im allgemeinen Sprachgebrauch der Zufall nichts von alledem, was die »Darwinisten« ihm zutrauen. Und ich denke, man sollte auch von Wissenschaftlern verlangen, daß sie sich an die Logik und den allgemeinen Sprachgebrauch halten.

Jacques Monod, der französische »Darwinist« und Nobelpreisträger für Medizin, war der Meinung, »daß einzig und allein der Zufall jeglicher Neuerung, jeglicher Schöpfung in der belebten Natur zugrunde liegt. Der reine Zufall, nichts als der Zufall, die absolute blinde Freiheit als Grundlage des wunderbaren Gebäudes der Evolution – diese zentrale Erkenntnis der modernen Biologie ist heute nicht mehr nur eine unter anderen möglichen oder wenigstens denkbaren Hypothesen – sie ist die einzig vorstellbare, da sie allein sich mit den Beobachtungs- und Erfahrungstatsachen deckt.«[154]

Dies ist ein Glaubensbekenntnis, aber keine wissenschaftliche Aussage. Und solche »glaubenschaftlichen« Aussagen sind eine Frage des Standpunktes und der Interpretation. Ein anderer

könnte mit dem gleichen Recht sagen, daß für ihn die »Beobach-
tungs- und Erfahrungstatsachen« der Evolution sich nur mit der
Annahme einer höheren schöpferischen Intelligenz decken, die
bewußt und absichtlich das Ganze steuert. Der Dichter Georges
Bernanos meinte »Vielleicht ist das, was wir Zufall nennen, die
Logik Gottes ...«

Hinter jedem sogenannten »Zufall« kann sich sowohl eine Absicht verbergen, von der wir nichts wissen, als auch eine Gesetzmäßigkeit, die wir noch nicht erkannt haben.

Nehmen wir spaßeshalber einmal an, ein Forschungsroboter
käme von Alpha Centauri in seiner fliegenden Untertasse zur
Erde geflogen und beobachtete nun von oben den Münchner
Hauptbahnhof. Weil er ein Maschinenwesen ist, kann er keine
Menschen wahrnehmen, und auch seine Beobachtungsgeräte
sprechen nur auf Maschinen an. Er beobachtet von oben den
Verkehr und stellt fest, daß sich dort einige unterschiedlich gro-
ße Einheiten bewegen – in einer chaotischen, zufälligen Art und
Weise. Weil sie sich offenbar von selbst bewegen, nimmt er an,
daß es sich um lebende Systeme handelt, und er nennt sie daher
»Auto-Mobile-Systeme«.

Nach einer Weile stellt er fest, daß sich einige dieser »Auto-Mobilen-Systeme«, und zwar die langen, blau-weiß gefärbten, offenbar doch gesetzmäßig bewegen, denn sie fahren immer die gleichen Strecken und halten immer an den gleichen Stellen an.
Dies hängt vermutlich mit einer Codesequenz zusammen, die
aus drei Zeichen besteht und als Stopcodon fungiert: BUS.

Andere »Auto-Mobile-Systeme«, zum Beispiel die beigefarbe-
nen mit einem kleinen Kennzeichen auf der Oberseite, bewegen
sich dagegen rein zufällig und chaotisch. Sie versammeln sich
zwar von Zeit zu Zeit am gleichen Ort, aber auch dies geschieht
nach keiner erkennbaren Gesetzmäßigkeit.

Wieder andere der »Auto-Mobilen-Systeme« bewegen sich gar nicht. Sie sind offenbar tot. Der Roboter beamt eines mit seinem Transmitterstrahl an Bord der Untertasse und seziert es. Er stellt fest, daß es ein Fortbewegungssystem hat, bestehend aus vier Rädern, er entdeckt einen Motor, ein Lenksystem, dessen oberer Teil blockiert ist, sowie ein paar andere Teile, die er nicht genau identifizieren kann. Aber das System hat immerhin alles, was es braucht, um sich von selbst zu bewegen. Daß es dies jetzt nicht tut, liegt wohl daran, daß es an einer Blockade des Lenksystems gestorben ist ...

Im Gegensatz zu diesem außerirdischen Forschungsroboter wissen wir natürlich, daß ein parkendes Auto nicht tot ist und daß ein Taxi nicht zufällig zum Bahnhof fährt, sondern weil der Fahrgast es wünscht. Und hinter dem scheinbar chaotischen Weg verbirgt sich die schöpferische Leistung des Taxifahrers, der in der Hauptverkehrszeit ein paar Umwege fährt, die ihn schneller ans Ziel bringen.

Auch ist der Fahrer weder ein Bestandteil des Autos noch eine Eigenschaft, die sich zufällig und automatisch beim Zusammenbau der einzelnen Autoteile ergibt. Und man könnte Tausende von abgestellten Autos »sezieren«, ohne einen Fahrer zu finden.

Ein Biologe, der durchs Mikroskop sich anschaut, was im Innern einer Zelle abläuft, ist mindestens genauso weit vom eigentlichen Geschehen entfernt wie der Forschungsroboter in unserem Beispiel – wenn nicht noch weiter.

Wenn man nur das Endergebnis eines Vorgangs kennt, ist es oft unmöglich, mit Sicherheit zu sagen, ob er zufällig oder absichtlich geschah. Allerdings wird der Zufall um so unwahrscheinlicher, je komplexer und geordneter das Ergebnis ist. Wenn ich zwei Würfel liegen sehe, die beide eine Sechs zeigen, kann ich als Erklärung akzeptieren, daß dies durch zufälliges

Würfeln zustande kam. Wenn ich aber ein fertig zusammengesetztes Puzzle mit 800 Teilen vorfinde, kann ich nicht mehr glauben, daß sich dies zufällig durch Schütteln der Schachtel ergeben
hat. Und Merkmale von Lebewesen, und vor allem sie selbst, sind
noch hunderttausendmal komplizierter.

Für den »Zufall« spricht – wo immer ihn die »Darwinisten« zitiert haben – lediglich die Tatsache, daß man ihn, auch wenn er
noch so unwahrscheinlich ist, nicht grundsätzlich ausschließen
kann. Es mag also erlaubt sein, an einen »Zufall« zu *glauben* –
wobei man anderen die Freiheit zubilligen muß, an einen
»Nichtzufall« zu glauben.

Aber die *Behauptung* (im Sinne einer Tatsachenfeststellung),
daß eine Mutation beispielsweise »rein zufällig« geschehen sei,
ist vom erkenntnistheoretischen Standpunkt aus unzulässig.
Denn um sie aufstellen zu können, müßte man alle am Geschehen beteiligten Faktoren untersucht haben und eine Absicht
oder Lenkung mit Sicherheit ausschließen können. Dies aber ist
unmöglich, da wir nicht alle beteiligten Faktoren untersuchen
können: Spätestens an der »Heisenbergschen Unschärfegrenze«
enden unsere Meßmethoden. Und gerade jenseits dieser Grenze,
im subatomaren Bereich, spielt sich Entscheidendes ab – denn
hier ist die Basis der wichtigsten chemischen Reaktionen, ohne
die es weder Moleküle noch Zellen, noch Lebewesen gäbe.

Evolutionslotterie

Immer wieder liest man in der »darwinistischen« Literatur, daß
neue Merkmale und Eigenschaften bei Lebewesen durch »Zufallsmutationen« entstanden sind. Diese »Zufallsmutationen«
sind zufällige Fehler bei der Kopierung von Erbinformationen. So

meinte zum Beispiel Richard Dawkins: »Die DNS-Moleküle sind, im Vergleich zu den genauesten Kopierverfahren der Menschen, erstaunlich wiedergabegetreu, aber sogar ihnen unterlaufen gelegentlich Fehler, und letzten Endes sind es diese Fehler, die eine Evolution möglich machen.«

Dabei geben die »Darwinisten« zu, daß die überwiegende Mehrzahl der Zufalls- oder Chaosmutationen keine Verbesserung bedeutet, sondern eine störende Verschlechterung. Und die lebende Zelle sieht das genauso, denn sie hat ein ganzes Team von Reparaturenzymen produziert, die nichts anderes zu tun haben, als solche chaotischen Störungen aufzuspüren und zu reparieren. Es schränkt die Möglichkeit von Veränderung durch »Mutationen« natürlich ganz erheblich ein, wenn die Zelle bestrebt ist, sie sofort wieder zu entfernen. Es ist also schon unwahrscheinlich, daß eine solche »Mutation« überhaupt erhalten bleibt, doch potenziert sich die Unwahrscheinlichkeit noch dadurch, daß diese ja eine »Verbesserung« darstellen soll.

Da aber *eine* »Mutation« mit Sicherheit nicht einmal ausreicht, um auch nur ein einziges Protein zu verändern, man also für eine am fertigen Organismus bemerkbare und damit selektionsfähige Veränderung eine ganze Reihe solcher – auch noch aufeinander abgestimmter – »Mutationen« braucht, bewegt sich die Unwahrscheinlichkeit dafür in einem Bereich, der jenseits jeder für die Vernunft akzeptierbaren Größenordnung liegt. Und das Argument der »Darwinisten«, daß durch die ungeheuer lange Zeit, die zur Verfügung stand – Hunderte von Millionen von Jahren –, die Chancen für einen Haupttreffer in der Evolutionslotterie sich bis zur Gewißheit steigern, ist falsch.

Richard Dawkins meinte zwar: »Würden wir hundert Millionen Jahre lang jede Woche unseren Lottozettel ausfüllen, so würden wir sehr wahrscheinlich mehrere Male den Haupttreffer machen.« Das Dumme ist nur: Wenn wir jeden Freitag 10 Mark einzahlen, und es dann nach der statistischen Wahrscheinlichkeit geht, und wir nur alle Million Jahre einmal gewinnen, zahlen wir ganz schön drauf.

Schlimmer noch: Murray Eden, Professor für Elektrotechnik am Massachusetts Institute of Technology, hat errechnet, daß bei sechs Mutationen – und ebenso viele Ziffern muß man ja beim Lotto richtig treffen –, die beispielsweise für eine selektionsfähige Veränderung bei einem Lebewesen notwendig sein könnten (es könnten aber genauso gut noch mehr sein), man sogar eine Milliarde Jahre warten müßte, bis etwas Derartiges zufällig geschehen würde. Wir wären also schon tausendmal pleite, bevor der Lotteriegewinn auch nur annähernd in greifbare Nähe gerückt wäre.

Zufallsmutationen als Begründung für Verbesserungen, für das Entstehen neuer Eigenschaften und Merkmale heranzuziehen erscheint schon bei theoretischer Betrachtung höchst unlogisch – in der Praxis kann dies inzwischen als widerlegt gelten.

Seit Anfang des Jahrhunderts experimentieren die Genetiker mit der in diesem Buch bereits mehrfach erwähnten Taufliege Drosophila, weil sie eine kurze Generationsdauer und sehr große Chromosomen hat, die gut zu beobachten sind. Man hat in diesen Experimenten durch künstliche Mutagene – Radioaktivität, Chemikalien und ähnliches – die natürliche Mutationsrate auf das bis zu 75 000fache gesteigert. Trotzdem hat es in all den Jahren wie gesagt keine Verbesserung, geschweige denn einen Artenwandel gegeben. Das Beste, was dabei herauskam, war eine veränderte Augenfarbe, der Rest bestand in mehr oder weniger verkrüppelten Taufliegen. Obwohl diese Experimente – bislang zumindest – gegen die Hypothese der Verbesserung durch Zufallsmutationen sprechen, werden sie von einigen »Darwinisten« als Bestätigung ihrer Auffassung zitiert – ein klarer Fall von Etikettenschwindel.

Andere Experimente und Untersuchungen haben gezeigt, daß viele Mutationen »neutral« sind, das heißt gar keinen Einfluß auf Merkmale oder Eigenschaften haben. Dies ist auch den »Darwinisten« nicht verborgen geblieben, und deshalb haben sie, was erbliche Veränderungen und Neuerungen angeht, die Betonung von der »Mutation« auf die »genetische Rekombination« verlegt. Das ist jetzt das große Zauberwort. Sie soll eine »ungeheure Zahl genetischer Variationen« erzeugen, schwärmt Ernst Mayr – aber was bedeutet das, und wozu ist es gut?

Nehmen wir als Beispiel noch einmal den Menschen, in dessen Zellen sich sämtliche Gene in doppelter Ausführung befinden: Bekanntermaßen stammt ein kompletter Satz von der Mutter, ein weiterer vom Vater. Jedes Gen liegt also in zweifacher, in »alleler« Ausführung vor – einer mütterlichen und einer väterlichen, nennen wir sie der Einfachheit halber einfach M und V. Bei jeder Zellteilung werden die Gene in kleine Pakete – sogenannte Chromosomen – verpackt und dann kopiert. Jede Zelle hat so den kompletten, doppelten M&V-Chromosomensatz. Nur bei der Herstellung von Keimzellen, der sogenannten »Meiose«, werden die Chromosomen aufgeteilt, so daß Sperma- und Eizellen nur jeweils über einen einzelnen Satz verfügen – die bei der Zeugung dann wieder zu einem Doppelsatz vereinigt werden. Die Aufteilung erfolgt nun aber nicht einfach so, daß Gensatz M in die eine und Gensatz V in eine andere Keimzelle kommt, sondern die beiden Gensätze werden durcheinandergemischt, wobei die Verteilung nach allgemeiner wissenschaftlicher Ansicht »zufällig« geschehen soll. Es können also in einer Keimzelle zum Beispiel $1/3$ M- und $2/3$ V-Gene vorhanden sein, in einer anderen $1/2$ V- und $1/2$ M- oder $2/5$ M- und $3/5$ V-Gene usw. –

in allen nur erdenklichen Variationen. Aber was nützen diese Variationen?

Man hat die Erbinformation gelegentlich mit einer »Bauanleitung« für einen Menschen verglichen. Die Gene entsprechen einzelnen Seiten, die zu Kapiteln zusammengefügt sind, zum Beispiel das Kapitel »Ohr« mit den Genen, die für die Bildung des Ohres verantwortlich sein sollen, oder das Kapitel »Auge« mit den Genen, die für die Bildung des Auges zuständig sind. Ob dieses einfache Beispiel zutreffend ist, wage ich zu bezweifeln, aber es wird von den »Darwinisten« gern benutzt.

Die verschiedenen »Kapitel« sind nun zu einzelnen »Bänden« zusammengefügt, den Chromosomen – bei Menschen sind es 23. Bei der Zeugung kommt nun die 23bändige »Bauanleitung« von der Mutter mit der 23bändigen »Bauanleitung« vom Vater zusammen. Dadurch hat jede Zelle die »Bauanleitung« in doppelter Ausführung, und sie kann sich aussuchen, welche sie von Fall zu Fall benutzen will. Wenn zum Beispiel in der einen Ausführung im Kapitel »Auge« unter Augenfarbe »Blau« vermerkt ist, in der anderen »Grün«, kann sie die eine oder die andere Farbe wählen. Sie kann im Kapitel »Ohr« rund oder eckig wählen oder im Kapitel »Nase« lang oder breit. Aber was auch immer ausgewählt wird, es wird immer nur ein menschliches Ohr, eine menschliche Nase, ein menschliches Auge sein. Kein Mäuseohr, kein Adlerauge, kein Elefantenrüssel. Die Variation ist also auf menschliche Merkmale begrenzt. Und so ist nicht einzusehen, wie hier Veränderungen zustande kommen sollen, die über die Grenzen der Art hinausgehen – was im Verlauf der Evolution ja oft geschehen sein muß.

Man kann wie gesagt noch so viele Bauanleitungen für Radios miteinander kombinieren, es wird trotzdem keine Bauanleitung für ein Fernsehgerät dabei herauskommen. Nun ist es möglich, daß bei der Produktion von Keimzellen die Gene ungleichmäßig aufgeteilt werden, daß eine Zelle also aus Versehen zu viele Gene bekommt. Doch das heißt ja nur, daß in ihrer »Bauanleitung« einzelne Seiten oder sogar ganze Kapitel doppelt und nach der Zeugung dann dreifach vorhanden sind. Wenn ich aber in meiner Radiobauanleitung das Kapitel 3 – »Wie installiere ich den Lautsprecher« – dreifach habe, ergibt das nicht mehr Information, sondern nur mehr Papier.

Werden also beim Kopieren oder Rekombinieren der Bauanleitung einzelne Seiten oder ganze Kapitel weggelassen, vertauscht, verdoppelt oder sogar verdreifacht, ergibt sich nicht mehr Information, sondern nur genausoviel oder weniger. Und die Erfahrung zeigt, daß überzählige Chromosomen beim Menschen gewöhnlich geistige und seelische Defekte zur Folge haben, nicht aber zu einem neuen Menschentypus führen.

Die Idee, daß zufällige Fehler beim Kopieren von Bauplänen zu Verbesserungen führen könnten, in einer Größenordnung, die ein Radio in einen Fernsehapparat verwandelt, ist absurd und durch keinen irgendwo in der Natur oder der menschlichen Zivilisation zu beobachtenden Sachverhalt abgedeckt. Ein blindes Huhn findet vielleicht auch einmal ein Korn, aber ein blinder Zufall erfindet keinen Getreidehalm.

»Ich bin mir nicht sicher«, schreibt Richard Dawkins, »wer als erster behauptet hat, daß ein Affe, der willkürlich auf einer Schreibmaschine herumklappert, alle Werke Shakespeares hervorbringen könnte, wenn man ihm nur genügend Zeit ließe.« Der entscheidende Satz hier ist natürlich: »wenn man ihm nur genügend Zeit ließe.«[155]

Der Zeitfaktor wird immer wieder ins Spiel gebracht, wenn es darum geht, den Zufall zu einer schöpferischen Instanz hochzustilisieren. Aber im Gegensatz zu dem, was die »Darwinisten«

meinen, sind lange Zeiträume keine Unterstützung, sondern vielmehr ein Hemmnis für »Zufallsentwicklung«.

In der Wahrscheinlichkeitsrechnung gibt es das sogenannte »Bernoullische Theorem« (so genannt nach dem Schweizer Mathematiker, der es entdeckt hat) oder »Gesetz der großen Zahl«. Es besagt, daß bei Zufallsprozessen mit steigender Anzahl sich die relative Häufigkeit eines gewünschten Ergebnisses immer mehr der Wahrscheinlichkeitsrelation annähert. Was heißt das? Wenn ich eine Münze werfe, habe ich zwei Möglichkeiten: Kopf oder Zahl. Die Wahrscheinlichkeit ist also fünfzig zu fünfzig. Wenn ich jetzt, sagen wir, zehnmal eine Münze werfe und dabei dreimal Kopf und siebenmal Zahl bekomme, dann ist die relative Häufigkeit für Kopf drei und für Zahl sieben. Ein Verhältnis also von dreißig zu siebzig. Und je häufiger ich die Münze werfe, desto mehr muß – nach dem »Bernoullischen Theorem« – dieses Verhältnis sich der Wahrscheinlichkeit annähern, also fünfzig zu fünfzig werden.

Der Naturforscher George Louis Leclerc, Graf von Buffon (1707–1788), Verfasser einer »Allgemeinen und speziellen Naturgeschichte« in 40 Bänden, wollte das Gesetz nachprüfen und war geduldig genug, eine Münze 4040mal zu werfen und kam dabei auf 2048 mal Kopf und 1992 mal Schrift – immerhin ein Verhältnis von 50,7 zu 49,3.

Wenn wir nun berücksichtigen, daß bei einer »Zufallsmutation« auch zwei Möglichkeiten bestehen – entweder sie bewirkt eine Verbesserung oder eine Verschlechterung –, dann wird, je mehr Zeit vergeht und je häufiger solche »Mutationen« auftreten, um so sicherer sich beides ausgleichen, und auf jede Verbesserung wird eine Verschlechterung kommen. Das heißt: Alles bleibt beim alten, eine Evolution findet nicht statt. Und wenn man nun, um diesem Dilemma zu entgehen, einen hypotheti-

schen Mechanismus einführt, der nur die Verbesserungen aufbe-
wahrt, die Verschlechterungen aber heimlich im Zauberhut verschwinden läßt – dann ist es wieder kein Zufallsprozeß mehr,
sondern ein bewußt und intelligent gesteuertes Geschehen, also:
Schöpfung.

Allerdings glauben die »Darwinisten«, in der »natürlichen Selektion« einen solchen Mechanismus gefunden zu haben. »Die
selektive Evolution«, schreibt Jacques Monod, »ist in der Auswahl jener seltenen, kostbaren Störungen begründet, die unter
einer Unzahl anderer gleichfalls in dem riesigen Vorrat des mi-
kroskopischen Zufalls enthalten sind.«[156] Aber die »Selektion«
kann, ungeachtet ihres irreführenden Namens, der ja eine Absicht impliziert, dennoch keine Auswahl treffen, da sie ja im
»Darwinismus« nur als eine Summe der Umweltbedingungen definiert ist. Und Umweltbedingungen können, als blinde und zufällige Kräfte, nicht »selektieren«.

»Was für eine seltsame Geisteshaltung, einen Zufall durch einen anderen Zufall eingrenzen zu wollen«, meinte der französische Biologe Pierre Grassé. Wenn der blinde Zufall den blinden
Zufall führt, dann fallen beide, wie es im Gleichnis heißt, in die
nächstbeste Grube. Und das ist wohl kaum ein Überlebensvorteil
im »Kampf ums Dasein«.

Der Zufall zaubert

Es gibt in der Natur, wohin auch immer man schaut, eine Fülle
von Einrichtungen, die man – zwar menschlich gedacht, aber
nicht unberechtigt – als geniale »Erfindungen« bezeichnet hat.
Das beginnt mit der ersten lebendigen Zelle, die bereits, so
Jacques Monod, »eine kleine Maschine von äußerster Komplexi-

tät und Leistungsfähigkeit« ist, setzt sich fort über Photosynthese, Arbeitsteilung und Differenzierung der Zellen beim Vielzeller bis hin zu Sinnesorganen, Bewegungsorganen und dergleichen mehr.

Da gibt es Ameisen, die sich Herden von Blattläusen halten und mit ihnen umherziehen oder sich Pilzgärten anlegen, in denen sie ihre Nahrung züchten, Spinnen, die ihre Beute mit dem »Lasso« fangen, Vögel, die für ihren Balztanz eigens eine 300 Kubikmeter große und 10 Meter hohe Lichtung im Urwald anlegen, indem sie alle Blätter von den Bäumen abreißen, und Köcherfliegenlarven, die einen Klebstoff erfunden haben, der unter Wasser aushärtet. Da gibt es gelenkige Panzer, Scharnier- und Kugelgelenke, Haftapparate, Bohrer in verschiedensten Ausführungen, Injektionsspritzen, Kneifzangen, geniale Baustoffe und verblüffende Konstruktionen in Minimalbauweise.

Unzählige Male wurden unabhängig voneinander Augen entwickelt, Lochaugen, Blasenaugen, Linsenaugen und Facettenaugen. Vögel, Fledermäuse und Zahnwale benutzen, jedes Tier auf seine Weise, die Sonartechnik. Leuchtinsekten produzieren auf chemischem Wege und mit einem Wirkungsgrad von fast 100 Prozent kaltes Licht. Und Bakterien, Algen, Muschelkrebse, Quallen, Tiefseefische, Pilze und Pilzmückenlarven tun es ihnen nach – wobei sie, mit nur minimalen Abweichungen, das gleiche Prinzip benutzen. Und all das soll durch zufällige Fehler beim Kopieren von Genen entstanden sein? Die Infrarotsensoren der Klapperschlangen und die elektrischen Organe der Fische? Die faltbaren Flügel der Käfer und die selbstreinigende Haut der Lotosblätter? Die genialen Spinnapparate der Webspinnen und ihr konstruktiver Instinkt?

Bei den ursprünglichen Insekten war die Flugmuskulatur direkt an den Flügeln angesetzt, ein Muskel sorgte für den Aufschlag,

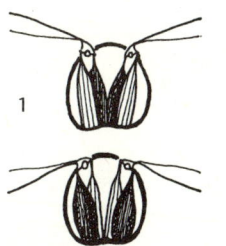 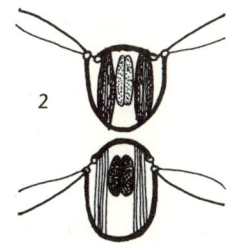

Die Flugmuskeln der Libelle (1) setzen direkt an den Flügeln an und liegen quer zur Körperachse. Bei der Fliege (2) setzen die Flugmuskeln – zwei längs, zwei quer – am Chitinskelett an und bewegen die Flügel indirekt. Schematische Darstellung, nicht maßstabsgerecht.

ein anderer für den Abschlag. Diese Konstruktion begrenzt die maximale Schlagfrequenz – bei den Libellen, die heute noch mit dem »alten Motor« fliegen, sind es etwa zwanzig Schläge pro Sekunde. Fliegen und Bienen verfügen über eine modernere Konstruktion, bei der die Flügel am Chitinskelett ansetzen, das von den Muskeln in schnelle Schwingungen versetzt wird. Damit bringen es Stubenfliegen – die Flugweltmeister unter den Insekten – auf etwa 500 Schläge pro Sekunde. Ein stufenweiser Übergang in kleinen Schritten vom alten zum neuen Flugprinzip ist nicht denkbar. Und was den »Überlebensvorteil« angeht, so zeigt sich, daß die konservativen Libellen die fortschrittlichen Fliegen fressen – und nicht umgekehrt.

Die Bombardierkäfer haben eine »Raketendüse« im Hintern, aus der sie über 100 Grad heiße »chemische Kampfstoffe« abschießen, indem sie Wasserstoffsuperoxyd und Hydrochinon mit Hilfe von zwei Enzymen zünden. Wie soll etwas Derartiges in vielen kleinen Schritten entstanden sein, von denen jeder ein Vorteil im »Kampf ums Dasein« war? Wenn die explosiven Chemikalien sich »zufällig« ergeben und zusammenkommen, bevor »zufällig« die Brennkammer entstanden ist, sprengt der Käfer sei-

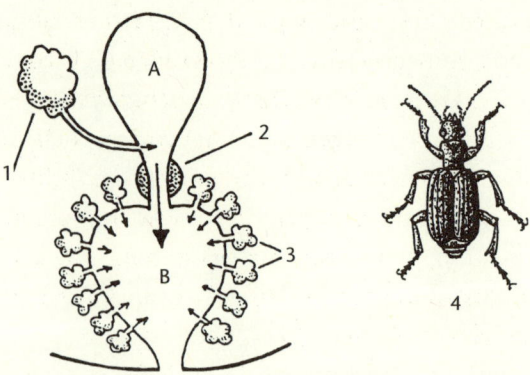

»Brennkammer« des Bombardierkäfers (4): In einer Drüse (1) werden Hydrochinon und Wasserstoffsuperoxyd produziert und in der Vorratsblase (A)
durch einen Schließmuskel (2) zurückgehalten. Bei Gefahr wird das Gemisch
in die »Brennkammer« (B) gedrückt und durch zwei Enzyme aus den seitlichen Drüsen (3) »gezündet«. Die Originalgröße der Käfer liegt zwischen zirka
8 und 17 Millimetern.

nen eigenen Hintern in die Luft – und das ist gewiß kein »Selektionsvorteil«. Diese Konstruktion sieht ganz nach einer Alles-
oder-nichts-Erfindung aus.

Die Larve der Dolchwespe frißt die Innereien des Rosenkäfer-
Engerlings, in dem sie heranwächst, in einer ganz bestimmten
Reihenfolge, damit sie ihren noch lebenden Wirt, den die We-
spenmutter mit einem Stich gelähmt hat, nicht vorzeitig tötet.
Schon die erste ihrer Art muß die richtige Reihenfolge gekannt
haben – sonst wäre sie in einem verfaulenden Engerling verhungert. Auch eine Alles-oder-nichts-Erscheinung.

Schon in den vierziger Jahren kritisierte der Genetiker Richard
Goldschmidt den Zufallsoptimismus der »Darwinisten« und forderte sie auf, »die Evolution der folgenden Erscheinungen durch
Akkumulation und Selektion kleiner Mutanten zu erklären zu
versuchen: Haare bei Säugetieren, Federn bei Vögeln, Segmentie-

rung der Gliederfüßer und Wirbeltiere [...] ferner Zähne, Molluskenschalen, Außenskelette, Komplexaugen (Facettenaugen), Blutkreislauf, Generationswechsel, Gleichgewichtsorgane, Ambulakralsysteme (Wassergefäßsysteme) von Stachelhäutern und deren Füßchen, Nesselkapseln, Giftapparate der Schlangen, Barten der Wale [...] und so weiter.«[157] Die Darwinfraktion kam dieser Aufforderung nicht nach. Statt dessen machte sie sich über Goldschmidts – durchaus berechtigte – Kritik lustig und stempelte ihn zum verschrobenen Außenseiter.

Es gäbe noch unzählige andere Beispiele für »geniale Erfindungen« zu nennen – die Bücher des Zoologen Werner Nachtigall, »Erfinderin Natur« oder »Phantasie der Schöpfung«, sind voll davon – und bei allen führt die Überlegung, wie so etwas durch unzählige kleine zufällige Veränderungen entstanden sein sollte, nur zu einem ungläubigen Kopfschütteln. Hier muß man den Verstand an der Garderobe abgeben, bevor man an »Zufall« glauben kann.

Erstaunlich sind aber nicht nur die Neuerungen, sondern auch die unglaubliche Beständigkeit, mit der die Natur oder die Evolution (oder wer auch immer), Konstruktionsprinzipien beibehält, die sich einmal bewährt haben. Die Geißeln, mit denen sich die Spermien vorwärts bewegen, entsprechen in ihrer Konstruktion genau denen einzelliger Geißeltierchen, mehr noch: Alle geißelartigen Gebilde, ob im Flimmerepitel der menschlichen Lunge oder in den Darmzellen einer Schnecke, sind in dieser Weise aufgebaut. Seit wer weiß wieviel Milliarden von Jahren und in den Körpern der unterschiedlichsten Lebewesen wird dieser Bauplan beibehalten. Ein extremeres Beispiel von »Nichtzufälligkeit« ist wohl kaum denkbar. Des weiteren die Fünffingerigkeit von den Amphibien bis zum Menschen, die sieben Halswirbel aller Säugetiere, der genetische Code, der bei allen Lebewesen gleich ist, oder der Aufbau aller Proteine aus nur zwanzig Aminosäuretypen – obwohl es theoretisch davon Hunderte geben könnte. »Die lebende Welt ist gleichzeitig durch eine offensichtliche Vielfalt und eine verborgene Einheit charakterisiert«[158], schrieb der französische Biologe und Nobelpreisträger François Jacob.

Man stelle sich einmal vor, daß alles, was der Mensch je geschaffen hat, von der Zahnbürste bis zum Auto, vom Großrechner bis zum Küchenstuhl, vom Eiffelturm bis zum Tadsch Mahal – alles, aber auch alles, aus nur zwanzig Bausteinen zusammengesetzt wäre. Wer sollte so etwas koordinieren? Wie könnte man eine so umfassende Einigkeit erzielen? Unvorstellbar. Aber die Natur oder die Evolution (oder wer auch immer) schafft das offenbar spielend. Und der Zufall wurde dabei ganz offensichtlich ausgesperrt.

Immer wieder ist die Natur in der Vergangenheit bei unterschiedlicher Gelegenheit ähnliche oder nahezu gleiche Wege gegangen. Man spricht dann von einer »parallelen« oder »konvergenten« Evolution. Zum Beispiel wurden ähnliche ökologische »Rollen« durch Tiere besetzt, die sich äußerlich ähnlich waren, aber verschiedenen Ordnungen oder sogar Klassen angehörten. Es gab eine Zeitlang eine ganze Palette ähnlicher Tiere, Grasfresser, Laubfresser, Insektenfresser und Raubtiere, von denen die einen als Säugetier- und die anderen als Beuteltiermodelle konstruiert waren. Es gab Beutel»wölfe«, Beutel»marder«, Beutel»bären«, Beutel»mäuse«, Beutel»maulwürfe« usw. Einige »Belegexemplare« existieren noch, vor allem in Australien, die Mehrheit wurde von der effektiveren Säugetierkonkurrenz verdrängt.

Auch viele Technologien und »geniale Erfindungen« sind bei unterschiedlichen Lebewesen in ähnlicher Weise entwickelt worden. Augen, Leuchtorgane, Flugsamen von Pflanzen, die Flü-

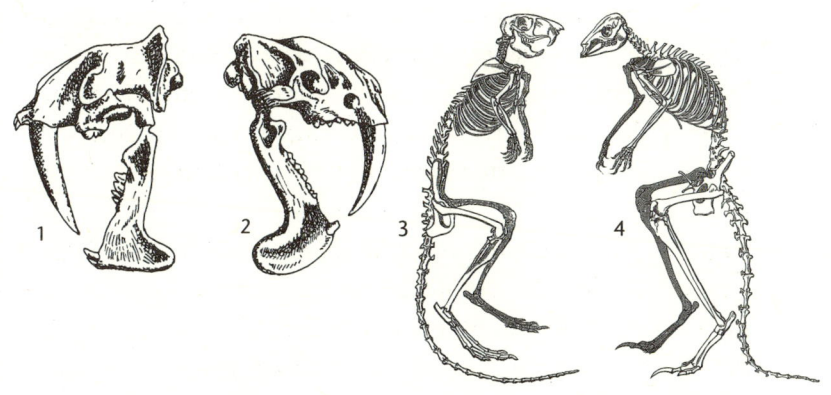

Beispiele formaler Ähnlichkeit von Säuge- und Beuteltieren: 1 Schädel von Eusmilus sicarius (Säugetier); 2 Schädel von Thylacosmilus atrox (Beuteltier) – beide ausgestorben; 3 Gerippe eines Springhasen (Säugetier); 4 Gerippe eines Känguruhs (Beuteltier). Nicht maßstabsgerecht.

gel von Fledermäusen und Flugsauriern, die Form von Ichthyosauriern und Delphinen, die Grabschaufeln an den Beinen von Maulwurf und Maulwurfsgrille zum Beispiel. Die »Darwinisten« erklären solche Bildungen durch »Anpassung« an gleiche Umweltbedingungen – aber diese Erklärung ist dürftig. Kaninchen, Wühlmäuse und andere Tiere sind auch gute Gräber – ohne Maulwurfsschaufeln. Vögel haben ganz andere Flügel als Fledermäuse »in Anpassung an ihre fliegende Lebensweise erworben«. Und andere Säugetiere haben auf dem Weg zu Wasserwesen sich in Fischotter, Robben und Seekühe verwandelt – und nicht in Delphine.

Es gibt so viele Formen der »Anpassung« an unterirdische, luftige oder wäßrige Lebensweisen, daß ihre Entstehung durch bloße Anpassung an solche Lebensweisen nicht zu erklären ist. Und durch Zufall schon gar nicht.

Und das gilt auch für eines der großen Rätsel der Evolution: die

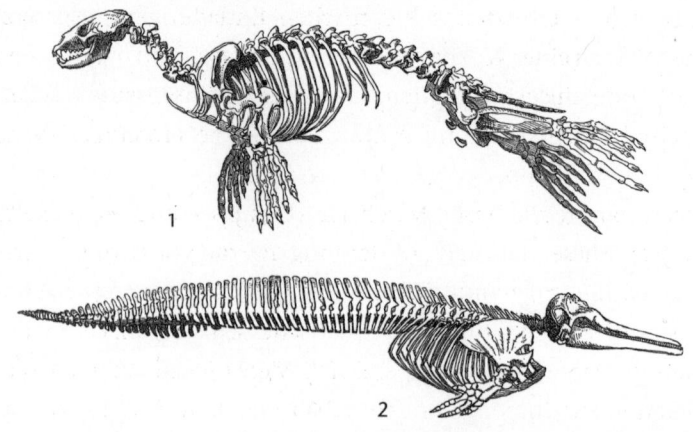

Skelette von Seehund (1) und Delphin (2) im Vergleich: zwei ganz verschiedene Formen und beide angeblich durch »Anpassung an das Wasserleben« entstanden. Nicht maßstabsgerecht.

Entstehung des Lebens, der ersten lebenden Zelle. Das Leben, soweit es heute vorhanden ist, entsteht aus dem Lebendigen: omne vivum ex vivo. Aber wie entstand das Leben, bevor es das Leben gab?

Das gegenwärtig mehrheits- und schulbuchfähige wissenschaftliche Denkmodell ist das von der »zufälligen oder automatischen Selbstorganisation« der Materie. Es basiert auf Experimenten, die der Chemiker Stanley Miller 1953 durchgeführt hat.

Ursuppen ohne Rezept

Geologen waren der Meinung, daß die Uratmosphäre der Erde vor Entstehung des Lebens vor allem Kohlendioxid, Wasserdampf, Ammoniak und Methan enthielt. Ein solches Gasgemisch füllte Miller zusammen mit Wasser in eine Versuchsapparatur, wo es erhitzt und elektrischen Entladungen ausgesetzt wurde. Nach einer Woche erhielt er ein Gemisch von organischen und anorganischen Stoffen, darunter Ameisensäure, Formaldehyd, Milchsäure und Aminosäuren – die Proteinbausteine Glycin und Alanin.

Man nannte die bunte Mischung »Ursuppe« und entwickelte die Hypothese, daß sich auf der jungen Erde vor Urzeiten eine solche Brühe angesammelt habe und darin die ersten Lebewesen entstanden seien – durch automatische Selbstorganisation der Materie. Dabei sollen sich per Zufall Moleküle zu langen Molekülketten zusammengefunden haben, die dann zufällig die Fähigkeit hatten, andere lange Molekülketten zusammenzusetzen. Aus vielen solcher sich gegenseitig zusammensetzender Molekülketten entstand dann zufällig die erste Zelle. Ist das eine realistische Auffassung? Wir wollen sehen.

Die materielle Lebendigkeit der Zelle ist hauptsächlich von zwei Arten von Molekülen abhängig: einmal von den Proteinen, Eiweißstoffen, die aus einigen hundert bis tausend Aminosäuremolekülen bestehen. Einige dieser Proteine, die sogenannten Enzyme, haben die besondere Eigenschaft, andere Moleküle auf- oder umbauen zu können – sie sind sozusagen die Arbeitsmoleküle der Zelle.

Das andere sind die Nukleinsäuren, vor allem die sogenannte Desoxyribonukleinsäure, abgekürzt: DNS. Die DNS ist ein strickleiterähnliches Kettenmolekül, das bei den Bakterien aus einigen Millionen, bei Säugetieren aus vielen Milliarden einzelner Molekülpaare besteht, durch deren Reihenfolge in einem speziellen Code die »Baupläne« gespeichert sind, mit deren Hilfe die Enzyme sämtliche körpereigenen Eiweißstoffe herstellen können. Beim Menschen ist das DNS-Molekül etwa 1 Meter lang, und es paßt in den mikroskopisch kleinen Zellkern nur hinein, weil es erst zu einer Spirale verdreht, dann gefaltet, dann wieder spiralig aufgedreht und noch einmal gefaltet ist.

Dieses Molekül wird bei der Zellteilung verdoppelt, und die neue Zelle erbt damit sozusagen alle »Baupläne«, die für den Zellaufbau nötig sind. Dieser Zellaufbau ist nur möglich durch eine sehr komplizierte und sehr präzise aufeinander abgestimmte Zusammenarbeit zwischen Enzymen und Nukleinsäuren. Daß sich dies nun alles durch Zufall in der »Ursuppe« von selbst gebildet haben könnte, wird heute auch von einer ganzen Reihe von Wissenschaftlern für ausgeschlossen oder zumindest für extrem unwahrscheinlich gehalten.

Hinzu kommt: Die lebendige Zelle kann sich selbst aufbauen, sie kann sich in gewissem Rahmen verändern, sie kann sich teilen, verdoppeln, fortpflanzen. Dies aber sind Eigenschaften der Zelle als lebendes Gesamtsystem und nicht ihrer isolierten Einzelteile. Die DNS, das Erbinformationsmolekül, verdoppelt sich nicht selbst – das Gerede der »Darwinisten« von der »Selbstreplikation«, der Selbstverdopplung der DNS ist Unfug – sie wird vielmehr verdoppelt, und dazu ist ein ganzes Team von Enzymen, von Arbeitsmolekülen, notwendig. Auch diese Enzyme entstehen nicht von selbst, sondern sie werden hergestellt von wieder anderen Enzymen oder ganzen Enzymketten, die wie eine Fließbandmaschinerie zusammenarbeiten. Und sie werden hergestellt anhand der »Baupläne«, die auf der DNS gespeichert und von dort abgelesen und übertragen werden. Auch dies geschieht wiederum nicht von selbst, sondern durch Enzyme, die ihrerseits von Enzymen hergestellt werden, wiederum anhand von »Bauplänen« auf der DNS. Die »Baupläne« können nicht abgelesen werden, bevor die Enzyme vorhanden sind. Diese Enzyme können aber erst hergestellt werden, wenn die »Baupläne« abgelesen sind. Ohne Enzymproduktion keine Ablesung der »Baupläne«, ohne Ablesung der »Baupläne« keine Enzymproduktion. Ohne Ei kein Huhn, ohne Huhn kein Ei. Es kann nicht das eine aus dem anderen entstehen: Es muß beides gleichzeitig bereits am gleichen Ort vorhanden sein.

Und dazu kommt noch ein Problem: In der »Ursuppe«, wo alles durcheinanderwirbelt, kann dieser komplizierte Aufbauprozeß nur dann stattfinden, wenn er durch eine Hülle gegen äußere Störungen geschützt ist. Die Zelle baut zu diesem Zweck eine Membran aus Eiweißen und anderen Stoffen auf, die von Enzymen hergestellt werden. Diese Membran ist also ein Ergebnis der Enzymproduktion. Das heißt: ohne Enzymproduktion keine Membran, ohne Membran keine Enzymproduktion. Wieder muß beides gleichzeitig vorhanden sein, damit es entstehen kann.

Das Buch »Die erfundene Wirklichkeit«, herausgegeben und kommentiert von Paul Watzlawik, enthält unter anderem einen Aufsatz des Biochemikers Francisco Varela, in dem er dieses Membran-Paradox beschreibt und mit einer Grafik des holländischen Malers Maurits Escher verdeutlicht hat: zwei Hände, die sich gegenseitig zeichnen. Solange man in der zweiten Dimension der Zeichnung bleibt, ist das Paradox ihrer Entstehung nicht zu erklären. Erst wenn man die Betrachtungsebene wechselt und in eine höhere Dimension geht, in diesem Fall in die dritte, wird der Vorgang klar: Dort findet man den Grafiker Maurits Escher, der diese Zeichnung angefertigt hat. Ist dementsprechend also das Leben vielleicht der dreidimensionale Entwurf eines vierdimensionalen Designers?

Man hat eine Reihe von sogenannten »Evolutionsexperimenten« gemacht. Dabei haben Biochemiker mit großem intellektuellem und apparativem Aufwand Lebensprozesse im Reagenzglas simuliert, wobei man aber Stoffe verwendet hat, die bereits aus Lebewesen stammten, von Lebewesen produziert wurden, näm-

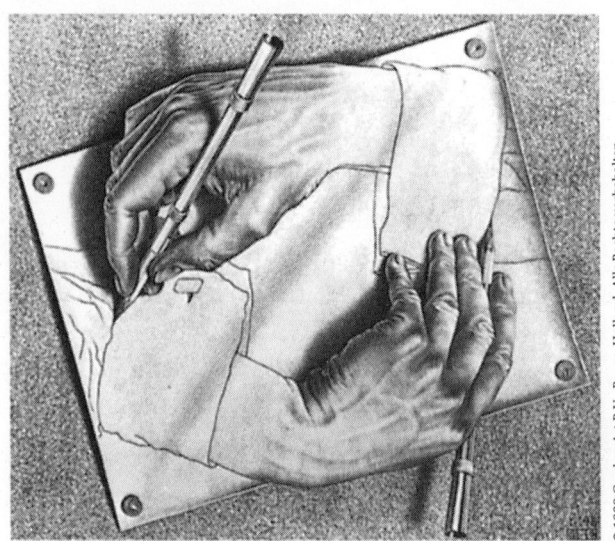

M. C. Escher: »Zeichnen« (Lithographie 1948)

lich Proteine, Enzyme, Amino- und Nukleinsäuren. Bei den sogenannten »Coacervatexperimenten« hat man kleine, zellähnli-
che Gebilde erzeugt – und dabei wurde Gelatine und Gummiarabikum verwendet. Gelatine wird meist aus tierischen Häuten
und Knochen gewonnen, Gummiarabikum aus Ahornsaft. Wie
kommt das nun alles in die »Ursuppe«: die Tiere, die Bäume, die
Biochemiker – lange bevor es Leben gab?

Man hat Viren in ihre Bestandteile zerlegt, und diese haben
sich dann unter besonderen Bedingungen im Reagenzglas wieder
zusammengesetzt. Aber Viren sind nicht lebendig, und Laborbe-
dingungen entsprechen nicht den Realitäten in der freien Natur.

Derartige Experimente werden gelegentlich als »Beweis« für die
»Selbstorganisation der Materie« ausgegeben – aber von einem
solchen Beweis kann hier nicht die Rede sein. Wenn man diese
Experimente auf die »Ursuppensituation« überträgt, sprechen sie

allenfalls für eine »Schöpfungshypothese«. Es hat ja hier schließlich ein höheres, schöpferisches Wesen – in Gestalt des Biochemikers – geplante und gezielte Aktionen mit speziell aufbereiteten Stoffen ausgeführt, die obendrein das Vorhandensein von Leben bereits voraussetzten. Ohne Biochemiker in der »Ursuppe« kein Leben, ohne Leben aus der »Ursuppe« keine Biochemiker.

Auch alle »Computersimulationen« von Lebensvorgängen setzen Computer, Programme und Programmierer voraus – alles Dinge und Maßnahmen, die von einer »höheren Ebene« aus geschaffen und gelenkt wurden – und sind demnach nur Analogien für »Schöpfung« und nicht für »Selbstorganisation«.

Tatsache ist: Wir haben das »Rätsel des Lebens« noch nicht annähernd begriffen, geschweige denn gelöst. Und je mehr wir darüber wissen, desto undurchsichtiger wird das Ganze. Die »darwinistischen« Erklärungsmodelle, wie zum Beispiel Manfred Eigens »Hyperzyklus« – wo sich nach dem Motto »Eine Hand wäscht die andere« Proteine und Nukleinsäuren gegenseitig kopieren sollen –, sind unrealistisch und pure Science-fiction.

Und das Schlimmste an der ganzen Sache (für die »Darwinisten«) ist ein Versuch, mit dem Bruno Vollmert, Biochemiker und Direktor des Polymer-Instituts in Karlsruhe, Anfang der achtziger Jahre nachgewiesen hat, daß sich in der »Ursuppe« aufgrund chemischer Gesetzmäßigkeiten gar keine langen Kettenmoleküle bilden können. Und zwar aus dem einfachen Grund, weil in dem dort vorhandenen Stoffgemisch die »monofunktionellen« Moleküle mit nur einer Bindungsstelle, gegenüber den »bifunktionellen« mit zwei Bindungsstellen, in der Mehrheit sind. Proteine sind lange Kettenmoleküle, und die lassen sich nur aus bifunktionellen Molekülen zusammenfügen – falls ein monofunktionelles Molekül angehängt wird, ist die Kette automatisch zu Ende.

Wenn man sich vorstellt, daß Rangierarbeiter einen Zug zusammenstellen sollen aus Waggons, von denen einige zwei Kupplungen haben, die Mehrzahl aber nur eine, dann ist der Zug automatisch zu Ende, wenn ein Waggon mit nur einer Kupplung angehängt wird. Und wenn dieser Prozeß zufällig ablaufen soll und die Wagen mit einer Kupplung in der Überzahl sind, kann man sich gut vorstellen, daß es keine besonders langen Züge geben wird.

Was die »Ursuppensituation« angeht, kommt noch hinzu, daß bei der Bildung solcher Kettenmoleküle Wasser entsteht und dieses Wasser die Ketten wieder aufsprengt. Wenn man das Wasser nicht entfernt, werden die Ketten ebenso schnell wieder zerlegt, wie sie entstehen. Ohne Biochemiker in der »Ursuppe«, nur mit Hilfe des Zufalls, kommen hier nicht einmal die Bausteine des Lebens zustande, geschweige denn das Leben selbst.

Tatsache ist: Wir wissen nicht, wie und woraus die ersten einzelligen Lebewesen auf unserem Planeten entstanden sind. Und die – sicherlich nicht ganz unrealistische – Annahme, daß sie, sozusagen per Anhalter durch die Galaxis reisend, auf Kometen- oder Meteoritentrümmern hier eingeflogen sind, verlegt das Problem der »Urzeugung« nur auf einen anderen, hypothetischen Planeten.

Tatsache ist: Moleküle setzen sich nicht von allein zu Zellen, Zellen setzen sich nicht von allein zu Organen und Organe nicht von allein zu vielzelligen Organismen zusammen. Bei allen Ordnungsprozessen, die wir beobachten können, wird die Organisation immer von der höheren Integrationsebene aus gesteuert. Der Organismus baut sich aus Organen und Geweben auf, diese wiederum aus Zellen und diese wieder aus Molekülen – nicht umgekehrt. Von einer »zufälligen Selbstorganisation der Materie« kann keine Rede sein.

Allerdings erkennen spezialisierte Zellen – menschliche Hautzellen zum Beispiel – ihresgleichen wieder, verbinden sich miteinander und wachsen, sobald man sie in eine Nährlösung legt. Wenn man sie an speziell geformtem Stützgewebe entlangwachsen läßt, kann man, wie das vor einiger Zeit in den USA gemacht wurde, zum Beispiel ohrähnliche Gebilde zustande bringen. Aber daraufhin zu behaupten, man könne auf diese Weise auch ganze Organe oder Gliedmaßen, eine Leber oder einen Arm, im Reagenzglas, oder besser: Reagenzfaß, züchten – das ist doch maßlos übertrieben.

Ein menschlicher Arm zum Beispiel besteht aus Knochen, Bändern, Muskeln, Nerven, Blutgefäßen, die alle zeitlich und räumlich ganz exakt koordiniert wachsen müssen – zu glauben, man könnte etwas Derartiges im Labor bewerkstelligen, ist eine Illusion. Daß es bei der Embryonalentwicklung geschieht, ist für uns immer noch ein Wunder – das heißt, nicht mit chemischen und physikalischen Gesetzen allein erklärbar. Und es ist nicht nur nicht nachvollziehbar, es ist noch nicht einmal richtig verstanden.

Der Traum von den allmächtigen Molekülen

Während des Embryonalwachstums entsteht in unglaublich kurzer Zeit aus einer Eizelle ein Mensch. Die Zellen teilen sich dabei nicht nur, sie differenzieren sich auch zu weit über 200 verschiedenen Typen – Knochenzellen, Muskelzellen, Leber- und Nierenzellen, Nervenzellen, Blutzellen usw. Diese Zellen bilden Organe und Gewebe aus, ineinander eingebettet wachsen Knochen, Muskeln, Blutgefäße und Nerven zu einer ganz spezifischen Form heran, die dann einen Arm ergibt oder ein Bein, einen Finger oder einen Zeh. Blut entsteht und ein Blutkreislauf, der es transportiert, und ein Herz, das es durch den Körper pumpt, und viele andere höchst zweckmäßige Systeme – und das alles genau aufeinander abgestimmt, in einer äußerst präzisen raumzeitlichen Koordination. Wer oder was bringt dieses Wunderwerk zustande? Die Mehrheit der heutigen Wissenschaftler meint: die Gene. Gene sind einfach genial.

Man muß allerdings schon sehr aufpassen, wenn man sich über Gene informieren will, daß man den Unterschied zwischen Wunschtraum und Wirklichkeit, Theorie und Praxis, wüsten Spekulationen und berechtigten Annahmen nicht übersieht. Es gibt Genetiker, die trauen den Genen alles zu.

Kaum haben sie mit Mühe ein Gen aus einer Bakterie in eine andere verpflanzt, da fabulieren sie auch schon davon, Menschen nach Maß zu züchten. Die Gene werden auf ihren Zungen zu kleinen Intelligenzbestien, die musikalische Genies (daher also der Name!) produzieren, wie Mozart oder Beethoven, die für die Gedichte von Goethe ebenso verantwortlich sind wie für die Skulpturen von Michelangelo, die die Evolution erfunden haben und somit auch die Saurier und die Menschen, die Schmetterlinge und die Hühnerflöhe – winzige Alleskönner im Molekülformat.

Für den englischen Biologen Richard Dawkins sind sie egoistische kleine Monster, die sich vielzellige Körper, auch menschliche, als »Überlebensmaschinen« gebastelt haben, die sie nach eigenem Gutdünken steuern und manipulieren: »Sie sind in dir und in mir, sie schufen uns, Körper und Geist, und ihr Fortbestehen ist der letzte Grund unserer Existenz.«[159]

Der Olymp der »Darwinisten« wird immer voller. Neben den Göttern »Mutation«, »Selektion« und »Zufall« hat sich dort nun auch noch Gott »Gen« eingefunden.

Auf unserer niederen irdischen Ebene der Realität sind die Gene allerdings lediglich molekulare Strukturen auf der DNS, die

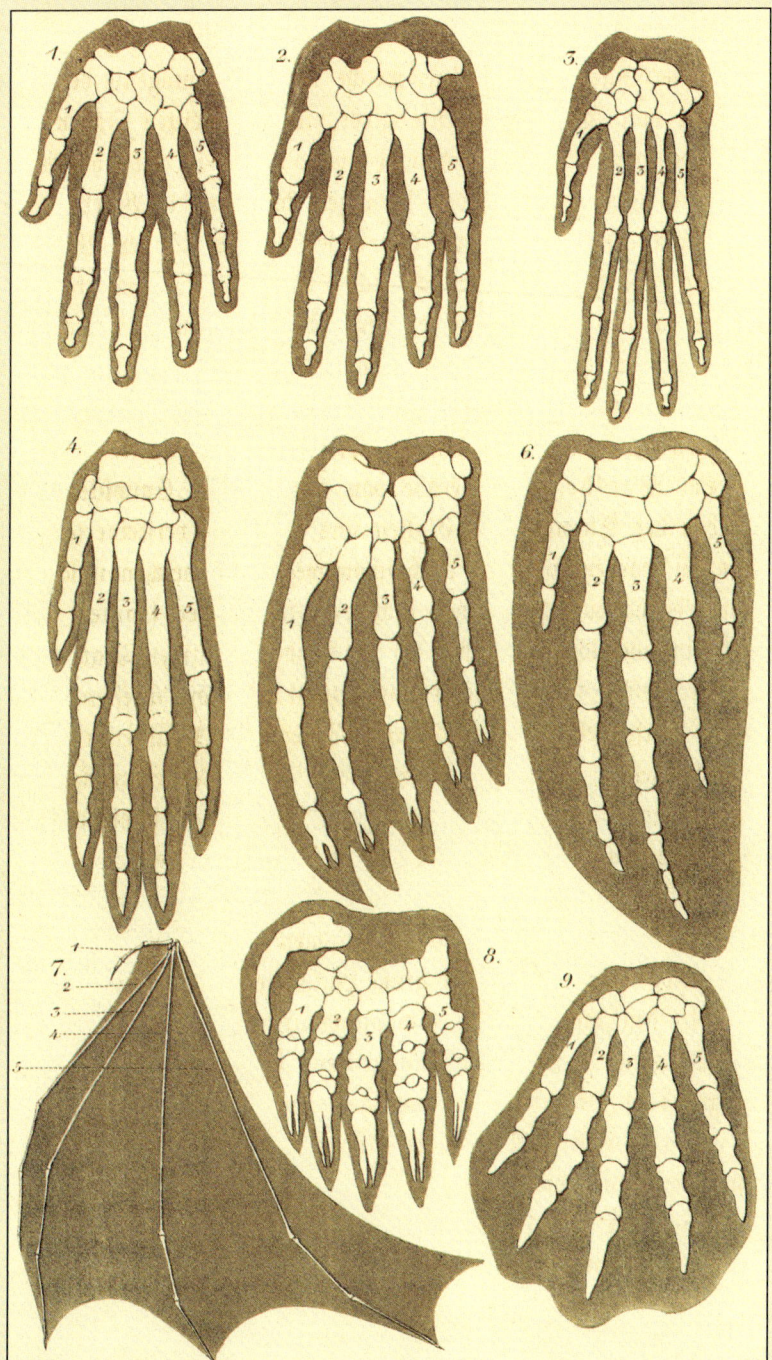

HÄNDE VON NEUN VERSCHIEDENEN SÄUGETIEREN
(aus Ernst Haeckel:»Natürliche Schöpfungsgeschichte«)

1. Mensch, 2. Gorilla, 3. Orang-Utan, 4. Hund, 5. Seehund,
6. Delphin, 7. Fledermaus, 8. Maulwurf, 9. Schnabeltier.

Es gehört zu den Seltsamkeiten der Evolution, daß es neben den ungeheuren Neuerungen und Veränderungen einerseits – vom Einzeller bis zum Eskimo, vom Wurm bis zum Warzenschwein – andererseits auch eine unglaubliche Beständigkeit bei einzelnen Merkmalen, Eigenschaften oder Lebewesen gab.

Die Bakterien haben sich vermutlich seit über zwei Milliarden Jahren nicht wesentlich verändert, das Neunauge seit 500 Millionen, der Molukkenkrebs Limulus seit 200 und der Ginkgo immerhin seit 160 Millionen Jahren.

Alle Lebewesen benutzen den gleichen genetischen Code und bauen sich aus den gleichen zwanzig Aminosäuren auf. Alle geißelartigen Gebilde – ob in den Darmzellen einer Schnecke, bei einzelligen Geißeltierchen, bei Spermien oder im Flimmerepithel der menschlichen Lunge – sind nach dem gleichen Konstruktionsprinzip gebaut. Und dies seit wer weiß wieviel Milliarden Jahren.

Als die ersten amphibischen Wirbeltiere begannen, auf dem Land herumzuwandern, taten sie dies auf Extremitäten mit fünf Zehen. Und dieses Prinzip der fünf Zehen – bzw. Finger – wurde bis heute beibehalten, bei Reptilien, Vögeln, Säugetieren. In allen möglichen Abwandlungen zwar, aber doch immer noch klar erkennbar. Wer oder was sorgt für eine derartige Beständigkeit?

Alle Säugetiere haben sieben Halswirbel. Egal, ob der Hals lang ist wie bei der Giraffe oder kurz wie bei der Spitzmaus – die Zahl der Wirbel bleibt immer die gleiche.

Zufall? Mit Sicherheit nicht.

PFAU UND FEDER

Aus der nüchternen Sicht des Biologen ist der Pfau nichts anderes als ein großes Huhn, präzise gesagt: das größte uns bekannte Huhn. Für die »darwinistisch« orientierten Biologen (und das ist zur Zeit die Mehrheit) ist er außerdem noch ein Ärgernis, denn sein prachtvoller Schweif ist zwar schön anzuschauen, aber beim Angriff ebenso hinderlich wie bei der Verteidigung, und er macht auch die Flucht, zu Fuß oder zu Flügel, nicht einfacher. Eigentlich müßte also die »natürliche Selektion« die Pfauen längst beseitigt haben. Das aber ist offensichtlich nicht der Fall. Mehr noch – die Pfauen sind in ihrer Rolle als unkriegerische Schönlinge nicht allein, es gibt eine Fülle anderer Lebewesen, die sich ebenfalls Schönheit auf Kosten der Überlebenstüchtigkeit leisten können.

Was aber den Pfau angeht, so ist er nicht nur schöner, als es der »Darwinismus« erlaubt, er gestaltet auch noch diese Schönheit nach einem ganz bestimmten ästhetischen Prinzip – das er allerdings mit sehr vielen, vielleicht sogar allen anderen Lebewesen teilt.

Wenn wir uns das eindrucksvolle »Augenmuster« auf seinem zu einem Rad entfalteten Schweif anschauen, dann stellen wir fest, daß die »Augen« nicht beliebig verteilt sind, sondern sich jeweils genau auf den Schnittpunkten logarithmischer Spiralen befinden. Diese logarithmische Spirale findet sich in der Natur häufig: im Schneckenhaus ebenso wie in der Muschelschale, in den Blütenständen der Sonnenblumen und Margeriten, in der Anordnung der Samen im Kiefernzapfen und in der Abfolge der Blattstände bei unzähligen Pflanzen. Diese Spirale ist nach einem Proportionsprinzip konstruiert, das sich auch in den Werken der menschlichen Kunst häufig wiederfindet und dort als »Goldener Schnitt« bezeichnet wird.

Die gesamte belebte Natur, Einzeller und Vielzeller, Pflanzen und Tiere, bedient sich einer gemeinsamen Formensprache – seit über 500 Millionen Jahren.

Wer möchte da noch behaupten, daß die Evolution vom Zufall regiert wird?

MEHRFACHSYMMETRIEN

Wenn man »darwinistisch« orientierte Wissenschaftler fragt, wer oder was für die Form eines Lebewesens verantwortlich ist, antworten sie mit unerschütterlicher Einmütigkeit: die Gene.

Seltsamerweise zeigt uns die Natur aber immer wieder Pflanzen und Tiere, die trotz nahezu identischer Gene eine ganz unterschiedliche Gestalt oder trotz unterschiedlicher Gene eine ganz ähnliche Gestalt haben.

Auch im Körper jedes Individuums produziert die gleiche Art von Zellen mit den gleichen Genen und Proteinen ganz verschiedene Formen: eine Hand beispielsweise oder einen Fuß, ein Ohr oder eine Nase. Woher wissen die einzelnen Zellen, was sie da gerade zu bauen haben?

Die Blüten vieler Pflanzen bilden radialsymmetrische Formen aus, wobei die einkeimblättrigen die Dreieck-Sechseck-Symmetrie bevorzugen – besonders deutlich zu erkennen bei Tulpen und Lilien. Bei den zweikeimblättrigen Pflanzen findet man überwiegend eine Fünfeck-Zehneck-Symmetrie, wie zum Beispiel bei den Rosengewächsen, weniger häufig auch eine Viereck-Achteck-Symmetrie. Meist werden die Symmetrien eingehalten – aber man findet auch immer wieder Mischformen auf der gleichen Pflanze, zum Beispiel eine Primel mit Fünfeck- und Sechsecksymmetrie (r. o.). Der Jasmin hat gewöhnlich Blüten mit vier Blättern. Aber auch Zweige mit vier-, fünf- und sechsblättrigen Blüten nebeneinander (l. o.) sind keine Seltenheit.

Pediastrum elegans (l. M.), eine Wasserpflanze aus der Klasse der geselligen Algetten, zeigt in ihrem Bauplan ebenfalls gleichzeitig Vier-, Fünf- und Sechsecksymmetrien. Die gleichen Gene – unterschiedliche Formen.

Andererseits haben eine Wachsblume (l. u.) und Asteroblastus stellatus (r. u.), ein seit vielen Jahrmillionen ausgestorbenes Meerestier, ein nahezu identisches Baumuster – und sind nicht im entferntesten miteinander verwandt. Unterschiedliche Gene – gleiche Form.

Was also haben die Gene nun wirklich mit der Formbildung zu tun?

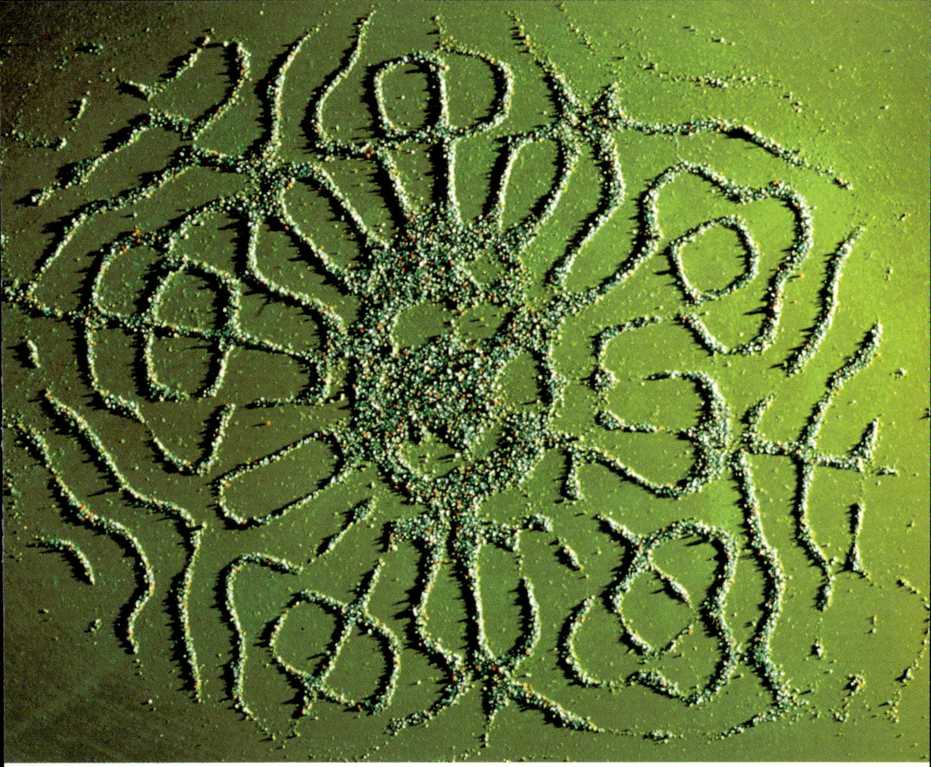
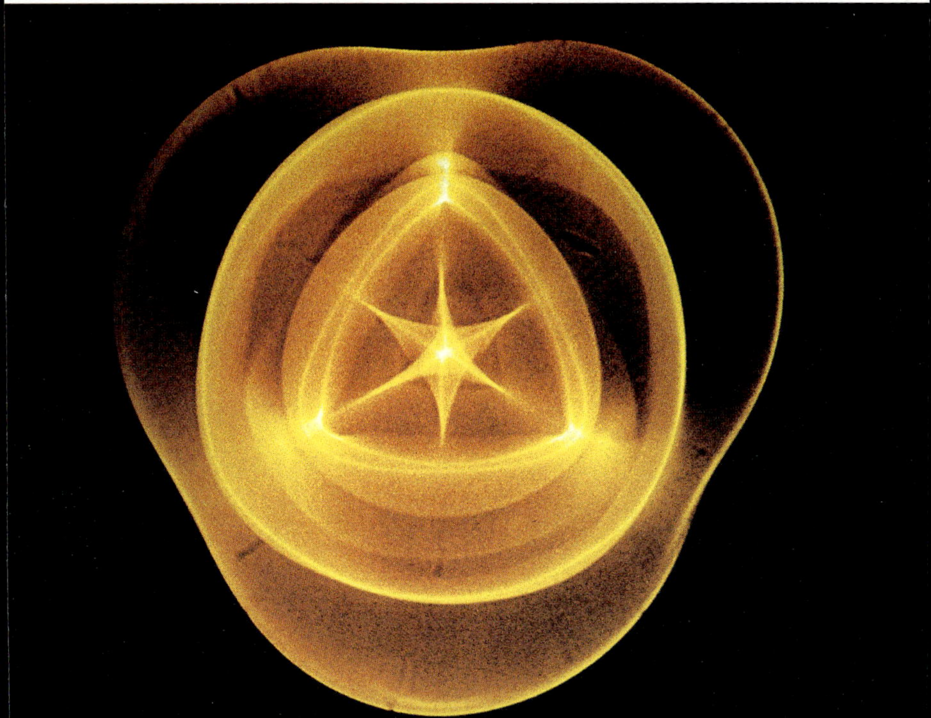

KYMATIK

Erstaunliche Übereinstimmungen mit jenen Mustern und Formen, die sich bei Lebewesen finden, zeigen die »Klangfiguren«, die der Schweizer Arzt, Maler und Forscher Dr. Hans Jenny erzeugte, indem er verschiedene Substanzen in Schwingung brachte.

Solche Klangfiguren sind seit Ende des 18. Jahrhunderts bekannt. Der Physiker Ernst Florens Friedrich Chladni erzeugte sie dadurch, daß er Metallplatten mit feinem Sand bestreute und mit einem Geigenbogen strich. Diese ihm zu Ehren auch »Chladnische Klangfiguren« genannten Schwingungsmuster hat Dr. Jenny zum Vorbild genommen, Chladnis Verfahren aber mit den Mitteln der modernen Technik erweitert und verfeinert.

Er benutzte unter anderem Schwingkristalle, um die unterschiedlichsten Substanzen in Schwingung zu bringen, zum Beispiel: Sand (umseitig oben), Lycopodium (ein feines Pulver aus den Sporen der Bärlapp-Pflanze), Wasser, Terpentin, Glyzerin, Kaolinbrei oder in Honig eingestreute Eisenspäne. Die Vielfalt dieser Muster ist ebenso erstaunlich wie ihre harmonikalen Strukturen, die vor allem in schwingendem Wasser (umseitig unten) besonders klar zum Ausdruck kommen. Je nachdem, welche Frequenz verwendet wird, entstehen Dreiecke, Vierecke, Fünfecke, Sechsecke, Achtecke, Zehnecke oder Zwölfecke – also ganz ähnliche Muster, wie man sie beispielsweise bei Blumen, Seesternen, Quallen, Radiolarien oder Diatomeen findet.

Dr. Jennys Klangfiguren zeigen aber auch, daß durch Schwingungsfelder musterbildende Prozesse entstehen, die Materie in der Bewegung ordnen und gestalten – ebenso wie es bei Lebewesen der Fall ist, wenn sie ihre Körper bilden.

Sie liefern damit eine anschauliche Analogie für jene »morphogenetischen Felder«, die nach Ansicht einiger Wissenschaftler für die Formbildung in der Natur verantwortlich sein sollen.

ohne ihre Enzymgenossen völlig hilflos sind und von denen man mit Sicherheit nur weiß, daß sie »Baupläne« (der Ausdruck ist schon fast zu hoch gegriffen, »Schablonen« wäre zutreffender) für die Herstellung von Proteinen sind oder Ein- und Ausschaltsequenzen für deren Kopierung.

Walter Nagl, ein anerkannter Genetiker und Autor von Lehrbüchern über Genetik, sagte in einem Fernsehinterview (»Jurassic Park in Nachbars Garten?«, ZDF 1996): »Also im Prinzip kann ein Gen ja nur ein Protein kodieren und es dann sozusagen auch mit Hilfe der ganzen anderen Zellregulationsmechanismen zur Produktion bringen. Das Gen selbst allein kann ja überhaupt nichts. Wenn man Gene im Reagenzglas hat, dann können die null Komma null, erst in der Zelle, wenn die ganzen Regulationsmechanismen, die Membran, die Substanzen vorhanden sind, dann kann ein Gen aktiviert werden und kann ein bestimmtes Protein erzeugen. Nun – manche Wissenschaftler, viele heute, vor allem auch in der Medizin, in der angewandten Seite, stehen auf dem Standpunkt, Gene können alles – aber das ist eine völlig eingeengte Sicht. In Wirklichkeit sind die Sachen sehr viel komplexer und man muß eigentlich zugeben: In den meisten Fällen weiß man nicht, wie's wirklich abläuft. Es weiß heute kein Mensch, wie aus einer Eizelle ein Organismus entsteht, warum aus einer Mauseizelle eine Maus wird und aus einer Menscheneizelle ein Mensch – die Gene sind fast gleich. Die Gene zwischen Menschenaffen und dem Menschen selbst sind zu 99,9 Prozent identisch, und trotzdem sind wir ja verschieden, irgendwo. Also – da sieht man, daß man eigentlich den Kernpunkt nicht kennt, noch nicht erkannt hat, woran es liegt. Die Gene sind sicher der Faktor, der die Produkte liefert – aber erklären tun sie nichts, sozusagen.« So unterschiedlich können Ansichten von Wissenschaftlern sein.

Häufig liest man die Formulierung »Gene steuern ...« – was auch immer. Im Lande Darwin, »somewhere over the genebow«, wo die Selektion gestaltet und der Zufall erfindet, da mag das möglich sein. Hierzulande, in der Wirklichkeit, bedeutet »steuern« eine intelligente, bewußte Handlung, die vor allem voraussetzt, daß man weiß, wo man hinwill. Und wenn die Gentechnologen behaupten, daß ihre Gene – die ja nichts anderes sind als Moleküle – steuern, dann müssen diese Moleküle offensichtlich intelligent sein. Intelligenter sogar – wenn sie ein Lebewesen zusammenbauen können – als die klügsten menschlichen Erfinder und Ingenieure. Die Frage nur, wo diese molekulare Intelligenz sitzt, können sie nicht beantworten.

Tatsache ist, daß die Gene außerhalb der Zelle nichts vermögen und daß sie innerhalb der Zelle eine eher passive Rolle spielen, abgelesen, kopiert, repariert, auseinandergenommen und wieder zusammengesetzt werden. Mit einem »Steuermann« passiert so etwas normalerweise nicht. Wenn man einmal nüchtern betrachtet, was sich in der Zelle abspielt, erscheinen die Gene weniger wie ein Handwerker, sondern eher wie ein Werkzeugkasten, den die Zelle benutzt, um gewisse Dinge herzustellen.

Ein Gen ist, wie gesagt, definiert als ein Abschnitt auf der DNS, der den »Bauplan« für ein Protein enthält. Diese Proteine sind Eiweißmoleküle, die aus einigen tausend Aminosäuren bestehen und spezielle Aufgaben zu erfüllen haben. Einige sind als Bausteine und Arbeitsmoleküle am Aufbau der Zelle beteiligt, andere transportieren als Botenstoffe Information oder schalten andere Gene ein und aus. Seltsam ist allerdings, daß nur ein kleiner Teil der DNS aus Genen besteht, nämlich etwa 5 Prozent, nach Ansicht einiger Wissenschaftler sogar nur 2 Prozent. Was der überwiegende Rest macht, ist noch nicht geklärt. Er wurde teilweise als »Abfall-DNS« oder auch »parasitäre DNS« bezeichnet, weil man der Meinung war, daß er nutzlos ist. Aber diese Vorstellung erscheint abwegig, weil es höchst unwahrscheinlich ist, daß die Natur, die sonst immer sehr effektiv arbeitet, ausgerechnet bei diesem wichtigen Molekül eine Ausnahme machen sollte. Und es hat sich auch gezeigt, daß kein neues Lebewesen entstehen kann, wenn man diese »Abfall-DNS« aus einer Keimzelle entfernt. Irgendeine Aufgabe muß sie also haben – aber welche, das ist noch nicht geklärt.

Eine weitere Seltsamkeit kommt hinzu. Auch bei den »echten« Genen ist der »Proteinbauplan« nicht in einem kontinuierlich sinnvollen »Text« aufgezeichnet, sondern mit zwischen die einzelnen »Worte« eingeschobenen »Abfallsequenzen«: »SiegrufzwerdenschnafzvorburzderhafzProteinproduktionkitzvongrazspeziellenhulzEnzymenbrozherausgeschnitten«. Im Klartext: Sie werden vor der Proteinproduktion von speziellen Enzymen herausgeschnitten. Woher die Enzyme wissen, was sie herauszuschneiden haben, und wozu diese umständliche Prozedur dient, ist noch unklar.

Zu den Dingen, über die man mittlerweile Bescheid weiß, gehört das Vorhandensein von sogenannten Reparaturenzymen in der Zelle. Das sind Arbeitsmoleküle, die die DNS überprüfen und Veränderungen im Sinne von Beschädigungen, zum Beispiel durch »Zufallsmutationen«, reparieren. Dieses System funktioniert normalerweise so zuverlässig, daß solche Mutationen nur in seltenen Ausnahmefällen der Aufmerksamkeit der Reparaturenzyme entgehen. In Kenntnis dieser Tatsache ist es höchst bemerkenswert, daß die »Darwinisten« immer noch »Zufallsmutationen« als einen wesentlichen Evolutionsfaktor betrachten. Und auch zufällige Fehler bei der Rekombination sind letzten Endes »Zufallsmutationen«. Diese Haltung wird noch unverständlicher, wenn man sich das Ergebnis der »Drosophila-Expe-

rimente« anschaut, wo trotz extremer Steigerung der Mutationsrate nicht einmal Verbesserungen, geschweige denn neue Arten
entstanden sind. Das gilt auch für alle übrigen Mutationsexperi-
mente mit anderen Lebewesen: Das Ergebnis waren immer nur
hoffnungslose Mißgeburten – und Krüppel.

»Zufallsmutationen« für Verbesserungen, für das Entstehen
neuer Eigenschaften und Merkmale verantwortlich zu machen
widerspricht sowohl der Logik als auch aller bisherigen Erfahrung.

Das Bemerkenswerteste an den Drosophila-Experimenten ist
aber etwas anderes. Es hat sich gezeigt, daß man, wenn die verkrüppelten Fliegen – sofern sie noch fortpflanzungsfähig sind –
für eine Weile sich selbst überlassen werden, nach einigen Generationen wieder gesunde Fliegen bekommt. Offensichtlich sind
die Reparaturenzyme in der Lage, die kaputtmutierte DNS wieder
in Ordnung zu bringen. Aber wer sagt ihnen, wie das zu tun ist?
Die DNS selbst kann das nicht – denn die ist ja kaputt. Offensichtlich werden die Reparaturenzyme hier von einer Instanz gesteuert, die über der DNS steht und von ihr unabhängig ist.

Diese Annahme paßt auch zu der Beobachtung, daß die DNS
zwischen zwei Zellteilungen keineswegs stabil ist, sondern sich
in heftiger Bewegung befindet, auseinandergenommen und wieder zusammengesetzt wird – »fluid genom« hat man das genannt: »flüssige DNS«. Wirbelnd und brodelnd wogt die DNS
hin und her, unablässig werden einzelne Teile ausgetauscht und
umgestellt, frei bewegliche Genfragmente, die auch von Viren
stammen können, werden eingegliedert – von Stabilität keine
Spur. Wenn aber die DNS so flüssig, so beweglich ist und erst im
entscheidenden Augenblick, bei der Zellteilung, in die richtige
Reihenfolge gebracht wird, legt auch dies die Annahme einer der
DNS übergeordneten und sie organisierenden Instanz nahe. Aber
was für eine Instanz könnte das sein?

Wo steckt der Architekt?

Bei den Darwinisten ist es ganz allgemein üblich – ich habe jedenfalls keine Ausnahme gefunden –, davon auszugehen, daß die Merkmale und Eigenschaften von Lebewesen, ihr Aussehen und ihre Instinkte, bis hin zu den künstlerischen Talenten des Menschen, durch Gene verursacht werden. Wie das aber im Detail ablaufen soll, wie aus der unterschiedlichen Reihenfolge einiger Moleküle auf der DNS einmal ein Rüssel wird und ein anderes Mal ein Giraffenhals, einmal das Talent, eine »Kleine Nachtmusik« zu komponieren, und ein anderes Mal die Fähigkeit, aus einem Marmorblock einen »David« herauszumeißeln, mit einzelnen Zellen eine Faust zu bilden und mit einzelnen Worten einen »Faust« zu dichten – das kann einem allerdings keiner erklären. Und solange wir nicht wissen, *wie* die Gene solche Wunder vollbringen, sind wir auch nicht dazu berechtigt, mit allem Nachdruck zu behaupten, *daß* sie es tun. Aber eine solche Auffassung bietet natürlich wieder eine hervorragende Entschuldigung für alle möglichen schlechten Angewohnheiten: Nicht ich bin verantwortlich für das, was ich tue – sondern die Gene.

Die derzeit vorherrschende Auffassung der Wissenschaft besteht darin anzunehmen, daß bestimmte Gene – gelegentlich »Super-« oder »Meistergene« genannt – Regulatorproteine produzieren, die sich über bestimmte Bereiche ausdehnen und durch ihre unterschiedliche Konzentration wieder andere Gene einschalten, die wieder andere Proteine produzieren, die Form oder Wachstum von Zellen beeinflussen und damit die Formbildung. Wenn man die klangvollen Namen – »Hox-Gene«, »Homöogene«, »Selektor- und Realisator-Gene«, »Morphogene« usw. – einmal beiseite läßt, dann bleiben Moleküle, die von Molekülen reguliert werden, die von Molekülen reguliert werden …

Aber irgendwo in dieser molekularen »Hierarchie« muß dann einmal jemand oder etwas kommen, der oder das weiß, worum es eigentlich geht – nämlich einen Menschen zu bauen oder eine Maus, eine Katze oder einen Hund, eine Mücke oder einen Elefanten. Es ist ein wenig schwer, sich vorzustellen, daß Stoffe, die von einem bestimmten Punkt ausgehen und sich zufällig verteilen, am Ende ein Gemälde ergeben. Wenn ich farbige Tusche auf ein Löschblatt tropfe, ergeben sich Kreise, aber keine Blumen.

Drosophila-Larven, bei denen bestimmte Gene beschädigt wurden, zeigen formale Mißbildungen – es fehlt beispielsweise der Kopf. Aber ist das schon ein Beweis dafür, daß diese Gene auch tatsächlich den Kopf produzieren? »Erbgesunde« Larven, die einem statischen Magnetfeld ausgesetzt wurden, das die Gene nicht verändert, waren ebenfalls mißgebildet und zum Teil kopflos. Wenn ich Teile eines Fernsehapparates demoliere, bekomme ich kein einwandfreies Programm mehr. Aber ist das ein Beweis dafür, daß der Fernsehapparat das Programm produziert? Sicherlich nicht. Außerdem ist das gentechnische Versuchskaninchen Drosophila um so vieles einfacher konstruiert als der Mensch, daß man Ergebnisse aus der Fliegenforschung nicht so ohne weiteres auf ihn übertragen kann.

Wenn man sieht, daß beim Embryonalwachstum in unmittelbarer Nähe, im Abstand von wenigen Atomen, ganz unterschiedliche Gewebe wachsen – Knochen, Muskeln, Nerven, Blutgefäße usw. –, dann fällt es wirklich schwer, sich damit zufriedenzugeben, daß dies alles nur durch Konzentrationen von zufällig sich ausbreitenden Stoffen gesteuert werden soll. Welche Tatsachen sprechen dafür? Daß man an den Stellen, wo Wachstum stattfindet, Proteine nachweisen kann, die als »Wachstumsfaktoren« gelten oder als »Kontrollproteine«? Das hat für die Formbildung den gleichen Erklärungswert, wie es die Feststellung, daß sich beim Hausbau die Bauarbeiter immer dort aufhalten, wo der Bau wächst, für die Form des Hauses hätte.

Außerdem besteht die Embryonalentwicklung nicht nur aus Aufbau, sondern auch aus gezieltem Abbau von Strukturen – denn sonst hätten wir jetzt alle noch die Affenschwänze, die während der embryonalen Wachstumsphase auch beim Menschen noch ausgebildet sind, oder das Fell, das wir für kurze Zeit als Föten getragen haben.

Die Details bei der Embryonalentwicklung – vor allem der höheren Lebewesen – sind so kompliziert, daß einfache Gradientenmuster, einfache Ausbreitungsmuster von Stoffen, keine ausreichende Erklärungsgrundlage bieten.

Wissenschaftler in der Schweiz haben ein Gen, das bei Mäusen den Bau der Augen »steuert«, Fliegen eingepflanzt. Es entstanden jedoch keine Fliegen mit Mausaugen, sondern mit Fliegenaugen – aber mit bis zu vierzehn Stück und an den unmöglichsten Körperstellen. Dies heißt aber doch, daß das »Augengen« nicht den Bauplan des Mausauges enthält, sondern nur so etwas wie die allgemeine Anweisung »Baue ein Auge« – die jedoch von den Fliegenzellen nicht ganz richtig verstanden wurde. Wer oder was nun aber für die eigentliche Form des arteigenen Auges verantwortlich ist, bleibt weiter rätselhaft.

Diese und andere Erfahrungstatsachen sprechen eher dagegen, daß die Gene die Haupt- oder gar Alleinverantwortlichen für Eigenschaften und Aussehen sind. In allen Zellen des menschlichen Körpers befinden sich die gleichen Gene – aber die Zellen selbst unterscheiden sich zum Teil ganz erheblich voneinander: Knochen- und Muskelzellen beispielsweise. Die gleiche Art von Zellen baut mit den gleichen Genen und Proteinen einmal eine Hand und einmal einen Fuß – und dann das gleiche noch einmal seitenverkehrt. Einen Daumen oder einen kleinen Zeh, ein Ohr oder eine Nase. Woher wissen die einzelnen Zellen, was sie zu bauen haben?

Und warum wissen sie es manchmal offenbar nicht? Wie kommen die sogenannten »spontanen Atavismen« zustande, wenn beispielsweise bei Pferden ein Rückfall in die dreizehige Fußform ihrer ausgestorbenen Vorfahren auftritt? Oder bei Menschen ein Stummelschwanz, in Erinnerung an unsere affenschwänzigen Ahnen aus der Primatenzunft?

Wie steht es mit den sogenannten »Teratomen«, wo an bestimmten Körperstellen Organ- oder Gewebeteile auftauchen, die an ganz andere Stellen gehören? In der medizinischen Literatur wurde zum Beispiel Ende der achtziger Jahre von dem höchst merkwürdigen Fall einer jungen Chinesin berichtet, bei der sich in der Vagina Zähne gebildet hatten.[160] Wie lassen sich solche und ähnliche, zwar in sich mehr oder weniger wohlgeordnete, dabei aber völlig falsch plazierte Mißbildungen erklären? Warum findet man häufig große formale Unterschiede im Phänotyp bei sehr ähnlichem oder sogar identischem Genotyp? Die Gene und körpereigenen Eiweißstoffe von Menschen und Menschenaffen sind wie gesagt zu über 99 Prozent identisch – aber offensichtlich sehen wir doch erheblich anders aus als die Gorillas. Unsere Ähnlichkeit beträgt keineswegs 99 Prozent. Der Jasmin hat überwiegend Blüten mit vier Blättern. Es finden sich aber auch immer wieder Zweige, wo nebeneinander vier-, fünf- und sechsblättrige Blüten wachsen – und das gilt auch für viele andere Pflanzen. Die gleichen Gene – aber unterschiedliche Blütensymmetrie. Wer oder was ist dafür verantwortlich?

Hier einfach und pauschal den Genen zu unterstellen, daß sie dabei die »Regie« führen, hieße gleichzeitig, ihnen Intelligenz und zielgerichtete Absicht zuzutrauen. Aber wo sitzt bei Molekülen die Intelligenz?

Man kann durchaus noch nachvollziehen, daß Gene beispielsweise für die Farbe einer Blüte (oder von Augen, Haaren usw.) verantwortlich sind, denn der Farbstoff wird von Enzymen hergestellt, und diese werden durch Gene bestimmt. Die Veränderung von Genen durch Mutation könnte also – zumindest theoretisch, denn in der Praxis ist auch dies schon ein sehr komplexer Vorgang – zu anderen Färbungen führen. Aber darin nun einen »Beweis« dafür zu sehen, daß auch die Verwandlung zum Beispiel von Reptilien in Vögel oder Säugetiere ebenfalls auf Zufallsmutation an Genen zurückzuführen ist – das ist dann doch ein wenig übertrieben.

Eine Katze, die über die Tasten eines Klaviers spaziert, könnte durchaus zufällig die Tonfolge G-G-G-ES treffen – den Anfang von Beethovens Fünfter Symphonie. Aber daraus nun zu schließen, daß sie die gesamte Symphonie zustande bringen würde, wenn sie nur lange und oft genug über die Tasten wandert, und daß sie, wenn sie nur genügend Zeit hat, auch noch zufällig sämtliche Klavierkonzerte des Meisters komponieren könnte – das ist abwegig.

Ordnung ist keine Frage der Zeit, sondern der Intelligenz

Wenn Talent von den Genen abhängig und erblich wäre, dann müßte im Umfeld von Genies ein allmähliches Zunehmen des Talents zu ihm (oder ihr) hin und ein allmähliches Abnehmen des Talents von ihm (oder ihr) weg zu beobachten sein. Das findet sich aber offensichtlich nicht, und selbst das häufigere Auftreten von Talentierten in der näheren Verwandtschaft ist eine seltene Ausnahme – im Falle der Familie Bach zum Beispiel, die demzufolge auch immer wieder in den Schulbüchern zitiert wird. Aber anderswo findet sich dieses Phänomen nicht. Nicht bei den Händels, den Glucks, den Haydns, den Mozarts und Beethovens, den Schuberts und Brahms. Ebensowenig bei den Schillers und Goethes, Lessings und Heines, den Hegels und Kants und, und, und.

In einem Schulbiologiebuch habe ich erwähnt gefunden, daß die schwäbischen Geistesgrößen Schiller, Uhland, Mörike, Hölderlin, Hauff, Kerner, Vischer, Gerok, Hegel, Schelling und Planck alle um drei Ecken herum miteinander verwandt und Nachkommen des im 15. Jahrhundert in Stuttgart-Zuffenhausen ansässigen Schultheißen Johannes Vaut gewesen sein sollen. Dies steht unter der Überschrift »Vererbung psychischer Merkmale« und ist wohl als Bestätigung dieser Auffassung gedacht. Es fehlt nur leider der Hinweis darauf, daß es neben diesem knappen Dutzend, die begabte Dichter und Denker waren, Hunderte von Vautschen Nachkommen gab, die es nicht gewesen sind.

Das Auftreten und Verschwinden von Genies ist in den menschlichen Familien ebenso plötzlich wie das von neuen Arten und Gattungen in den Familien der Tier- und Pflanzenwelt – und ebenso undarwinistisch.

Manche Kinder sehen ihren Eltern ähnlich, manche nicht. Dutzende von Menschen verdienen ihren Lebensunterhalt damit, daß sie Prominenten ähnlicher sehen als deren eigene Verwandtschaft. Was erben wir wirklich von unseren Eltern? Die Gene – soviel ist sicher. Aber was die Gene wirklich vermögen, das ist unsicher.

In einem Bericht über Zwillinge wurde von zwei amerikanischen Männern berichtet, die als Baby voneinander getrennt wurden und in verschiedenen Familien aufwuchsen. Als Erwachsene heirateten sie beide blonde Frauen mit dem gleichen Vornamen – sagen wir: Martha. Sie kauften sich beide einen Hund

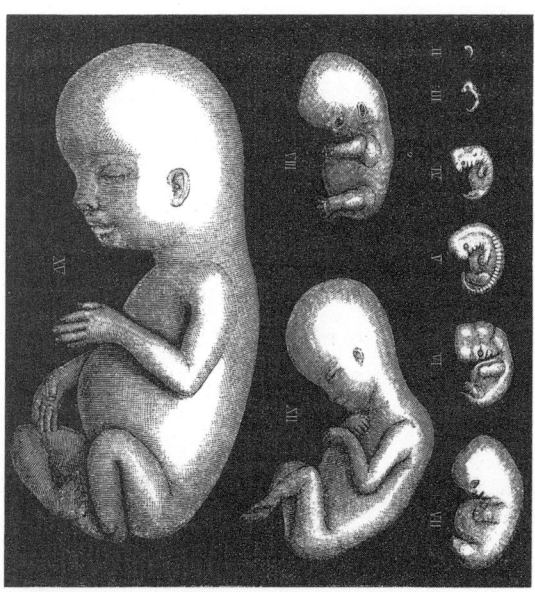

Embryonalentwicklung des Menschen von der zweiten bis zur fünfzehnten
Woche, in natürlicher Größe. Aus: Ernst Haeckel, »Anthropogenie«.

und gaben ihm den gleichen Namen – sagen wir: Lumpi. Sie
wohnten beide in einem Haus mit Garten und hatten sich beide
für diesen Garten eigenhändig Bänke aus Holz gezimmert.

Gibt es also ein »Heirate-eine-blonde-Frau-namens-Martha«-
Gen? Oder ein »Kaufe-dir-einen-Hund-und-nenne-ihn-Lumpi«-
Gen? Ein »Wohne-in-einem-Haus-mit-Garten«-Gen, gekoppelt
mit einem »Baue-dir-aus-Holz-eine-Gartenbank«-Gen? Sollte es
wirklich für jede Gewohnheit ein Gen geben? Ich denke, nicht
einmal eingefleischte Genomanen würden so weit gehen, etwas
Derartiges anzunehmen. Aber wie erklärt man solche Synchroni-
zitäten? Außer mit der Unerklärung »Zufall«?

Das sogenannte »Wissen« über die Vererbung besteht zum
größten Teil aus Vorurteilen. Es wäre an der Zeit, sie einmal bei-

seite zu lassen und unvoreingenommen zu erforschen, was hier tatsächlich geschieht. Jenseits von Credos und Hypothesen – was *wissen* wir wirklich?

»Die Gefahr für den Wissenschaftler«, schrieb François Jacob, »besteht darin, daß er die Grenzen seiner Wissenschaft und damit seines Wissens nicht erkennt. Daß er vermischt, was er glaubt und was er weiß.«[161]

Wo enden die Tatsachen, und wo fangen die Spekulationen an? Schwer zu sagen. Aber eines ist sicher: Die wesentlichen Kernfragen der Gensteuerung und der Formbildung sind noch ungeklärt, und die Fähigkeiten der Gene werden ebenso maßlos übertrieben wie die Möglichkeiten der Gentechnologie. Diese Unkenntnis aber der elementaren Zusammenhänge macht die Risiken der Gentechnologie ebenso unkalkulierbar wie die der Atomtechnologie. Das gentechnologische Tschernobyl ist nur eine Frage der Zeit.

Und von einer Unterstützung der »darwinistischen« Hypothesen durch die Genetik – oder gar von Beweisen – kann vorläufig nicht die Rede sein.

Die stammesgeschichtliche Evolution stimmt nicht mit der genetischen Evolution überein – sagen einige Genetiker. Lebewesen mit ähnlicher Form haben unterschiedliche Gene, Lebewesen mit ähnlichen Genen haben unterschiedliche Formen. Aminosäuresequenzen verwandter Arten zeigen keine Entwicklung von einer Organismenklasse zur anderen. »Da existieren zwischen Mensch und Neunauge keine größeren Unterschiede als zwischen Fisch und Neunauge«, schrieb der australische Wissenschaftler Michael Denton in seinem Buch »Evolution – A Theory in Crisis«. Und im Hinblick auf den allmächtigen Zufall sagte er dort: »Es ist voreilig zu postulieren, daß Zufallsprozesse Mücken und Elefanten erschaffen können, wenn wir noch nicht einmal wissen, wie groß die Wahrscheinlichkeit ist, daß sich ein einziges funktionelles Proteinmolekül durch Zufall zusammenfügt.«

Der Zufall weiß nichts, erklärt nichts, kann nichts. Der Zufall ist nicht kreativ und nicht intelligent. Er hat keine Erinnerung und wirft mit dem Hintern um, was er mit den Händen aufgebaut hat. Der Zufall ist eine verbale Krücke, eine Ausflucht und Ausrede für diejenigen, die zu feige sind, die Wahrheit zu bekennen, die da lautet: Ich weiß es nicht. Um es mit den Worten des Biologen Joachim Illies auszudrücken: »Den Zufall für all dies verantwortlich machen heißt doch nur, ein ›Wir wissen es nicht‹ mit einem neuen, passenderen Namen zu belegen.«

Aber wenn wir den Zufall beiseite lassen und ihn nicht als den genialen Schöpfer des Himmels und der Erde – und der Dinge dazwischen – anerkennen, wem können wir denn dann die Verantwortung aufbürden für uns und die Evolution?

Bei der Entwicklung der Lebewesen im Verlauf der Evolution, bei der Formbildung einzelner Individuen und bei der Embryonalentwicklung wird eine enorme Organisationsleistung erbracht, die einfach ein hohes Maß an Intelligenz voraussetzt. Und da eine solche Intelligenz nicht einfach mysteriöserweise aus dem Nichts auftauchen kann, muß sie irgendwo angesiedelt sein. Und da haben wir entweder die Möglichkeit, sie in die Gene, das heißt in Moleküle oder, allgemeiner gesagt, in die Materie zu verlegen, wie die »Darwinisten« es tun – oder aber auf eine höhere, geistige Ebene.

Um die Annahme dieser Intelligenz kommen wir nicht herum – aber was ist sinnvoller: intelligente Materie oder intelligenter Geist?

Jean-Henri Fabre (1823–1915), der große Erforscher der Insektenwelt, sagte über die erstaunlichen Formen und Fähigkeiten seiner Beobachtungsobjekte: »Eine solche Ordnung im Lebenslauf soll aus dem Chaos entstehen, ein solches Wissen aus der Tollheit? Je mehr ich sehe, je mehr ich beobachte, um so mehr leuchtet die Intelligenz hinter dem Geheimnis der Dinge.«

Und wenige Jahre vor seinem Tod, als er nach seinem Glaubensbekenntnis gefragt wurde, sagte er: »Ich glaube nicht an Gott – ich sehe ihn.«[162]

IV. Unterwegs: Auf der Suche nach neuen Denkmodellen

»Da Biologie aber keineswegs die Wissenschaft vom Beweis der monophyletischen Evolution ist (gar unter Herleitung aus Zufall und Notwendigkeit), sondern die Lehre von der Wirklichkeit des Lebens, muß sie den Mut zu Kurskorrekturen und zum Zurück aus spekulativen Sackgassen aufbringen und sich den Tatsachen beugen.«   Joachim Illies

1. Abschied von den Mythen

»Transcurramus sollertissimas nugas.«
Übergehen wir diesen hochgelehrten Unsinn.

Seneca

In den achtziger Jahren geisterte das Schlagwort vom »Paradigmenwechsel« durch die Köpfe. Das materialistisch-»darwinistische« Weltbild sei nicht mehr zeitgemäß, meinten einige Wissenschaftler, und sollte durch ein idealistisches oder spirituelles
Weltbild ersetzt werden. Die Diskussion war heftig, aber inzwischen haben die Gemüter sich wieder beruhigt. Die Anhänger
der beiden Richtungen gehen ihrer täglichen Arbeit nach, jeder
ist von seiner eigenen Auffassung überzeugt, und die Frage des
richtigen Weltbildes ist noch offen. Brauchen wir denn überhaupt neue Paradigmen, neue wissenschaftliche Denkmodelle,
neue Mythen für das dritte Jahrtausend? Die Progressiven meinen ja, die Reaktionäre meinen nein – wer soll entscheiden?

Bislang hat die Geschichte entschieden, und sie wird es wohl
auch diesmal wieder tun. Paradigmenwechsel ist etwas ganz Normales, und ein historischer Rückblick zeigt, daß sich in der Vergangenheit immer wieder materialistische und idealistische Auffassungen gegenseitig abgewechselt haben. Wann und warum
ein Wechsel erfolgt, ist allerdings schwer zu erklären. Man kann
nur vermuten, daß unser kommendes Weltbild, wenn die Geschichte ihren Rhythmus beibehält, ein Idealistisches sein wird –
weil unser derzeitiges ein Materialistisches ist. Aber ob die Zeit
dafür schon reif ist, vermag wohl niemand zu sagen.

Die entscheidende Frage ist: Wollen wir ein neues Weltbild? Besteht bei einer Mehrheit von Menschen ein unterschwelliges Bedürfnis danach? Es gibt gewisse Anzeichen dafür. Die materialistische Wissenschaft, die das Erbe der Philosophie und der Religion angetreten hat und sich jetzt als Hüter der Allwissenheit aufspielt, konnte die entscheidenden Grundfragen unserer Existenz nicht lösen. Jene Fragen, die Paul Gauguin auf einem seiner schönsten Bilder links oben an den Rand geschrieben hat: D'où venons nous? Que sommes nous? Où allons nous? Woher kommen, was sind und wohin gehen wir?

Schon seit Urzeiten hat sich der Mensch diese Fragen gestellt und immer wieder neue Antworten entworfen. Sie waren unterschiedlich, mal weitgehend rational (und auch heute noch logisch nachvollziehbar), mal irrational und phantastisch. Sie waren Projektionen der inneren Welt des Menschen auf die äußere, und sie sagen mehr über die Beschaffenheit seines Bewußtseins aus als über die Natur. Die Mythen, die sich mit Göttern, Dämonen, mit der Entstehung der Welt und der Erschaffung des Menschen befaßten, waren Spiegelbilder ihrer Zeit und ihrer Kultur, und sie wandelten sich immer wieder, wenn sich die Zeiten wandelten.

Im Abendland war über viele Jahrhunderte hinweg die christliche Schöpfungsversion das einzig zugelassene Denkmodell. Am Anfang schuf Gott Himmel und Erde, anschließend die Dinge dazwischen – Land und Wasser, Bäume und Gräser, Tiere und Menschen –, und das alles in nur sechs Tagen.

Mit Recht haben Darwin und seine Vorläufer Ende des 18. Jahrhunderts an dieser Version gezweifelt. Aber man kann die Genesis – das hat Paul Hengge in seinem Buch »Die Bibelkorrektur« gezeigt – durchaus auch anders übersetzen als Luther und Co., und zwar in einer Weise, die aus heutiger Sicht erheblich mehr Sinn macht. Da wurde Adam nicht aus Erde geschaffen und Eva nicht aus seiner Rippe, und die ganze Schöpfungsgeschichte wird um einiges logischer und verständlicher. Daß es sich zum Beispiel bei den »Tagen« der Genesis nicht um die uns geläufige Zeitspanne handeln kann, ergibt sich schon daraus, daß die Sonne, der wir unsere Tageslänge verdanken, erst am vierten »Tag« der Schöpfung erschaffen wird. Der Begriff »IOM«, der hier in der Bibel gebraucht wird, kann im Hebräischen auch soviel wie »Zeitabschnitt«, »Zeitalter« oder ganz allgemein »Zeit« bedeuten – von welcher Länge auch immer. Aber auch Paul Hengges plausiblere Übersetzung muß zwangsläufig Spekulation bleiben.

Das Problem bei der Deutung des Alten Testaments liegt darin, daß der hebräische Text ursprünglich durchgehend geschrieben war und keine Vokale, keine Satzzeichen und keine Absätze enthielt. Und die vorhandenen Konsonanten können sowohl Buchstaben und Zahlen als auch einzelne Begriffe darstellen. Durch geheime mündliche Überlieferung wurde eine Zeitlang das Wissen um die richtige Lesart des Textes weitergegeben – aber als die heute gültige Fassung des Alten Testaments vom 5. bis zum 2. Jahrhundert vor Christus erstellt wurde, war den Priestern jenes alte Wissen bereits zum größten Teil verlorengegangen. Sie redigierten und interpretierten den Text nach ihrem eigenen Verständnis und im Sinne der Interessen ihres Standes. Unter diesen Umständen ist es unmöglich, mit Sicherheit zu sagen, was da ursprünglich gestanden hat und was wirklich gemeint war.

Wenn man ein Inserat nur in Konsonanten setzt, zum Beispiel: SLZVRKFN – was könnte das heißen? Möglich wäre: SL (ergänze: Mercedes) ZU VERKAUFEN. Aber auch: ESEL oder SEELE oder OSLO ZU VERKAUFEN. Bei hebräischen Buchstaben könnte es sich außerdem auch um die Telefonnummer einer willigen Dame handeln oder um ein modernes Gedicht im Haikustil: sanft lodernde Ziffern – vor roter Kulisse flackert Neonlicht ...

Ja was denn nun? Der Unterschied ist jedenfalls doch recht erheblich.

Es ist also sinnlos, den biblischen Schöpfungsmythos wörtlich zu nehmen – denn wir können beim besten Willen nicht wissen, was da eigentlich steht. Die Genesis ist kein Ersatz für die »Origin of Species«.

Daß die Angriffe der christlichen Fundamentalisten auf den »Darwinismus« bis heute nicht verstummt sind, ist bei seinen offensichtlichen Mängeln und Fehlern allerdings kein Wunder. Die Heftigkeit des Streites zwischen der »kreationistischen« und der »darwinistischen« Auffassung erklärt sich daraus, daß es rivalisierende Schöpfungsmythen sind, die beide nicht auf Wissen, sondern auf Glauben beruhen und sich in ihrer konfessionell-dogmatischen Verkrustung in nichts nachstehen.

Daß beide vom gleichen Stamme sind, darauf hat Karl Snell, seinerzeit Professor für Mathematik und Physik an der Universität Jena, schon 1863 hingewiesen, als er die Ansichten der »Naturalisten« (zum Beispiel Darwin) mit denen der »Supranaturalisten« (christliche Theologen) verglich. Letztere glauben, »daß eine außer und über allem Naturverlauf stehende Macht als etwas ganz Fremdes zuweilen bildend in die Natur eingreife«, und die ersteren »erweitern willkürlich den Begriff der Natur weit über den erfahrungsmäßigen Kreis der Naturgesetze hinaus, und rechnen ohne weiteres die Schöpfung und Bildung neuer Organismen zu den der Natur als solcher ursprünglich inwohnenden Actionen«.

Und er kommt zu dem Schluß, daß der Streit der beiden Gruppen »auf einen leeren Wortstreit hinausläuft. Was der Eine Gott nennt, das nennt der Andere Natur.«[163]

Es ist sicherlich vernünftig, den »Darwinismus« aus den bis hierher im Buch geschilderten Gründen abzulehnen – aber es bringt uns nicht weiter, wenn wir die Bibel wörtlich nehmen und in die Zeit vor Darwin zurückkehren, um statt des atheistischen wieder einen theistischen Mythos einzuführen. Wenn wir neue Denkmodelle wollen, sollten wir nach Alternativen sowohl zu Darwin als auch zu Moses suchen.

Aber wo könnte man ansetzen? Wie könnte eine »nachdarwinistische« Evolutionstheorie aussehen?

Vater: unbekannt

Der Kernpunkt der biblischen Lehre besteht darin, daß ein höheres Wesen alles Existierende, ein jegliches nach seiner Art, ein für allemal und unveränderlich geschaffen hat. Diese Ansicht steht aber im Widerspruch zu den beobachtbaren Tatsachen – und was wirklich in der Bibel stand, können wir, wie gesagt, nicht mehr nachvollziehen.

Der Kernpunkt von Darwins Lehre ist »descent with modification«, Abstammung (von gemeinsamen Vorfahren) mit Veränderung, wobei diejenigen Veränderungen erhalten bleiben, die einen Überlebensvorteil im »Kampf ums Dasein« bieten. Und so sollen, durch unzählig viele kleine Veränderungsschritte, aus Einzellern schließlich Menschen entstanden sein, auf dem Umweg über Fische, Frösche und Eidechsen. Aber es fällt schwer, das zu glauben – und je mehr man solche Abläufe im Detail betrachtet, um so schwieriger wird es. Der Fossilbericht, die mittlerweile sehr zahlreichen Versteinerungen, die man aus den verschiedenen geologischen Schichten ausgegraben und untersucht hat, zeigen wie gesagt das Bild einer sprunghaften Entwicklung mit großen Lücken. Die Untersuchungen der Molekularbiologen an den Genen heute lebender Pflanzen und Tiere konnten das »darwinistische« Denkmodell ebenfalls nicht bestätigen.

Ernst Mayr meinte zwar: »Die Entdeckung, daß die Prokaryonten (urtümliche Bakterien) den gleichen genetischen Code haben wie die höheren Organismen, war die entscheidende Bestätigung für Darwins Hypothese.«[164] Aber genausogut könnte man sagen, daß alle Werke der deutschen Literatur von einem gemeinsamen Vorfahren – zum Beispiel dem »Wessobrunner Gebet« – abstammen, weil sie das gleiche Alphabet verwenden. Und wenn man dann noch hinzufügte, daß sich alle – bis hin zu Goethes »Faust« und Konsaliks »Leila, die wilde Russin« – durch die allmähliche Häufung kleiner Fehler beim Abschreiben dieses Gedichts aus dem 9. Jahrhundert entwickelt haben, dann wird es wohl kaum noch jemanden geben, der solchen Unsinn ernsthaft glauben möchte.

Wenn behauptet wird, daß alle Autos miteinander verwandt sind, dann kann man dem zur Not noch zustimmen. Wenn aber gesagt wird, sie stammten alle von einem gemeinsamen Vorfahren ab – Daimlers Motorkutsche – und hätten sich in unzähligen kleinen Veränderungsschritten, die sich zufällig durch Fehler beim Kopieren der Baupläne ergeben haben, zu LKWs, PKWs, Cabrios und Formel-I-Rennwagen auseinanderentwickelt, wobei durch Abzweigungen nebenbei irrtümlich-zufällig auch noch Motorräder, Flugzeuge und Raketen entstanden sind, dann stellt das schon eine erhebliche Zumutung an den gesunden Menschenverstand dar. Aber genau das zu glauben erwartet der »Darwinismus« von uns in bezug auf die Entwicklung der Lebewesen – die bekanntermaßen noch tausendmal komplizierter sind als alle technischen Geräte des Menschen. Und von »Beweisen« für diese Absurdität ist keine Spur zu finden – außer in der Phantasie bzw. in den Wunschträumen der »Darwinisten«.

Aber wenn wir die absurde und unlogische Vorstellung einer Verbesserung komplexer Systeme durch chaotische Fehler einmal beiseite lassen, die Idee einer gemeinsamen Abstammung der Lebewesen ist nicht von der Hand zu weisen. Die Erfahrung sagt uns, daß wir alle – Pflanzen, Tiere, Menschen, alles, was lebt – von Eltern abstammen, die wieder von Eltern abstammen ... usw. Immer wieder Eltern der gleichen Art. Aber wenn der Fossilbericht stimmt – und ich sehe keinen vernünftigen Grund, daran zu zweifeln –, muß es irgendwo in der Vergangenheit einen Wandel in der Art der Eltern gegeben haben. Und davor noch einen und davor wieder einen – usw. Bis hinunter zu jenem Zeitpunkt, als die Erde sich so weit abgekühlt hatte, daß die ersten Einzeller damit beginnen konnten, sich zu teilen und den Evolutionsreigen zu beginnen. Dieser Reigen darf aber nirgendwo unterbrochen sein – denn alle Erfahrung sagt uns, daß Lebendiges nur aus dem Lebendigen stammt: omne vivum ex vivo.

Es bleibt uns also, wenn wir uns nach den beobachtbaren Tatsachen richten, nichts anderes übrig, als zu akzeptieren, daß wir allesamt – Bakterien, Pflanzen, Tiere und Menschen – in direkter Linie vom »Urschleim« abstammen und daher alle miteinander verwandt sind. Die Entdeckung, »daß die Prokaryonten (urtümliche Bakterien) den gleichen genetischen Code haben wie die höheren Organismen«, ist zwar keineswegs, wie Ernst Mayr meinte, »eine Bestätigung für Darwins Hypothese«, denn darüber sagt sie nichts aus – aber ein Hinweis auf unsere gemeinsame Abstammung ist sie schon.

Wenn es Abstammung gibt, muß es auch Veränderung gegeben haben, und zwar – wie der Fossilbericht zeigt – in teilweise ganz erstaunlichen Sprüngen. Die peinliche Frage ist nur: Wie kam sie zustande? Die »darwinistische« Mutations-Selektions-Hypothese liefert, wie in den vorangegangenen Kapiteln gezeigt wurde, keine befriedigende Erklärung für die großen Wandlungen im Verlauf der Evolution.

Das Problem sind nicht die kleinen Veränderungen von Vogelschnäbeln oder Schneckenhäusern, sondern das Entstehen von Schnecken und Vögeln – aus Würmern oder Reptilien oder was auch immer. Nicht Artenwandel, sondern Typenwandel ist das entscheidende Merkmal der Evolution. Wie wird aus einer Flosse ein Bein, wie aus einem Bein ein Flügel, wie aus einem Reptilienkreislauf der Kreislauf eines Säugetiers? Wie entstehen die »genialen Erfindungen der Natur«? Wie entsteht überhaupt Form? Diese Fragen kann das »darwinistische« Denkmodell nicht befriedigend beantworten. Und eine Alternative zum »Darwinismus«, wie auch immer sie aussehen könnte, wird zuallererst auf diese Fragen eine Antwort finden müssen.

2. Das Geheimnis der Formbildung

> *»Alle Gestalten sind ähnlich – doch keine gleichet*
> *der andern. Und so deutet das Chor auf ein geheimes*
> *Gesetz, auf ein heiliges Rätsel ...«*
>
> Johann Wolfgang von Goethe

Die klassisch »darwinistische« Antwort auf die Frage, wie Form entsteht, lautet: durch die Gene. Wenn man allerdings nachfragt, *wie* die Gene das denn im einzelnen machen, bekommt man nur Hypothesen und Spekulationen zu hören. Daß die Gene bei der Formbildung eine Rolle spielen, ist anzunehmen – aber daß sie die Alleinverantwortlichen sind, ist höchst zweifelhaft. Ein wesentliches Indiz dafür ist das Paradox »Gleiche Gene/andere Form, andere Gene/gleiche Form«: der offensichtliche Mangel an Übereinstimmung zwischen der genetischen Struktur, dem Genotyp, und den äußeren Merkmalen, für die sie verantwortlich sein sollen, dem Phänotyp.

Bei manchen Tierarten, die äußerlich kaum voneinander zu unterscheiden sind, gibt es große Unterschiede im Genom, bei einigen Salamandern zum Beispiel, während andere, wie Menschen und Menschenaffen, deren Genom sehr ähnlich ist, wie

Drei verschiedene Erscheinungsformen der Termite Termes dirus: 1 Männchen; 2 Arbeiter; 3 Soldat. Aus Alfred Brehms »Tierleben«.

gesagt eine sehr unterschiedliche Gestalt aufweisen. Bei einigen Ameisen- und Termitenarten gibt es auffallende Unterschiede zwischen einzelnen Tieren – Arbeitern und Soldaten zum Beispiel –, und doch haben alle die gleichen Gene. Bei einer Gallwespenart (Trigonaspis crustalis) unterscheidet sich die Wintergeneration derartig von der Sommergeneration, daß man sie lange Zeit für zwei verschiedene Gattungen gehalten hat. Auch hier haben sich ganz unterschiedliche Formen trotz gleicher Gene entwickelt.

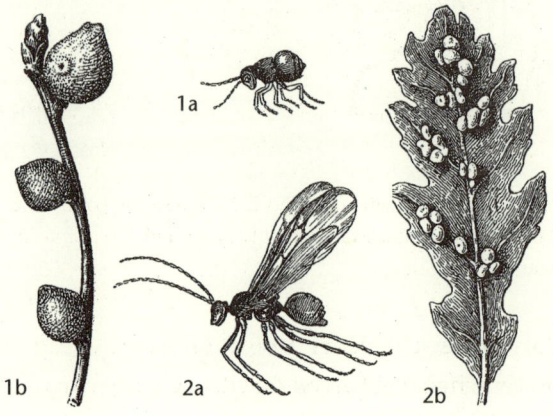

Generationswechsel einer Gallwespe: 1 Wintergeneration, Wespe (a) und Gallen (b); 2 Sommergeneration, Wespe (a) und Gallen (b). Nicht maßstabsgerecht. Aus August Weismann, »Vorträge über Descendenztheorie«.

Die Frage, warum es bei einigen Tierarten so frappierende Unterschiede zwischen Männchen und Weibchen gibt, gehört ebenso hierher wie die Frage, warum zum Beispiel beim Menschen die gleiche Art von Zellen mit dem gleichen Satz von Genen einmal eine Nase macht, ein anderes Mal ein Ohr, einmal einen Finger und ein anderes Mal Zeh, Hand oder Fuß, Bein oder Arm und dergleichen mehr.

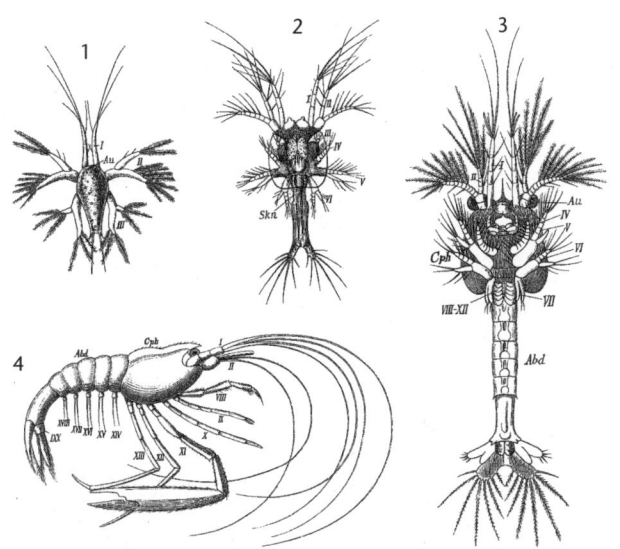

Verschiedene Larvenstadien (1–3) und die erwachsene Form (4) der Garnele Peneus Potirim. Nicht maßstabsgerecht. Aus August Weismann, »Vorträge über Descendenztheorie«.

Die Larven verschiedener Insektenarten sind oft ähnlich – während zwischen den Larven und dem erwachsenen Insekt große formale Unterschiede bestehen. Ungleiche Gene/ähnliche Form, gleiche Gene/unterschiedliche Form.

Ferner gibt es oft erhebliche Unterschiede bei Blüten auf ein und derselben Pflanze. So findet man häufig Viereck-, Fünfeck- und Sechsecksymmetrien auf dem gleichen Zweig – beim Jasmin zum Beispiel. Und gerade in dem Bereich, wo es um formale Schönheit und »künstlerisches Design« in der Natur geht, kann bis heute noch niemand erklären, wie die Gene solche schöpferischen Leistungen zustande bringen könnten.

Ende des 19. Jahrhunderts veröffentlichte Ernst Haeckel eine Sammlung von Tier- und Pflanzenbildern mit dem Titel »Kunstformen der Natur«. Im Vorwort dazu schrieb er: »Die Natur erzeugt in ihrem Schoße eine unerschöpfliche Fülle von wunderbaren Gestalten, durch deren Schönheit und Mannigfaltigkeit alle vom Menschen geschaffenen Kunstformen weitaus übertroffen werden.«

Haeckel bietet hier eine Fülle von ästhetisch sehr eindrucksvollen Formen, vor allem von Radiolarien und Diatomeen, winzigen, einzelligen Meereslebewesen, die sich phantastische Skelette aus Silizium- oder Kalkverbindungen bauen, aber auch von Quallen, denen man solch blumenhafte Schönheit gar nicht zugetraut hätte, von Fischen und Vögeln, von Spinnen und Fledermäusen. Ein wirklich sehenswertes Panoptikum.

Das erstaunlichste bei den so vielfältigen und reizvollen Formen ist, daß alle Lebewesen, ob Einzeller oder Elefant, ob Schmetterling oder Blüte, Fisch oder Fleisch, ihre Körper nach den gleichen formalen Prinzipien gestalten.

Da findet sich vor allem eine Proportion, die dadurch entsteht, daß man eine Strecke so teilt, daß die kürzere zur längeren das gleiche Verhältnis hat wie die längere zur gesamten. Diese Proportion wird seit Jahrtausenden auch in der menschlichen Kunst verwendet und dort als »Goldener Schnitt« bezeichnet. Und wenn Schönheit ohne Überlebensvorteil allein schon etwas Undarwinistisches ist – dann bildet das durchgehend gemeinsame Design dazu noch das Tüpfelchen auf dem i. Haben Gene Sinn für Ästhetik? Haben sie mathematisches Talent? Oder steht da nicht doch noch hinter oder über ihnen eine andere Instanz?

All die vielen unterschiedlichen Körper im Pflanzen- und Tierreich, all die faszinierenden »Kunstformen der Natur«, entstehen aus einer einzigen Zelle, die sich zuerst in lauter identische Zellen teilt, die sich dann von einem bestimmten Zeitpunkt an differenzieren, in Organ-, Knochen-, Muskel- und Gewebezellen, Blutzellen, Nervenzellen – die zum Teil völlig verschiedene Strukturen aufweisen. Diese Zellen vermehren sich und wachsen in unglaublich schneller und koordinierter Weise zu ganz unterschiedlichen Gebilden zusammen, zu Herz und Nieren, Leber und Muskeln, Gehirn und Nervenbahnen. Adern wachsen und teilen sich in Abzweigungen auf, genau dort, wo es vom Körper gebraucht wird – wie von Geisterhand geleitet. Doch wessen Geistes Hand mag das sein?

In vitro, im Experiment außerhalb des Körpers, bilden Aderzellen von sich aus keine derartigen Abzweigungen – und Organzellen bilden auch keine Organe aus. Der »Architekt« des Embryonalwachstums sitzt also offenbar nicht in den Zellen, sondern woanders – und damit sind die Gene im Wettstreit um diese Position aus dem Rennen. Es muß noch etwas anderes geben – eine ganzheitliche Instanz, die die Gene benutzt wie der Handwerker seinen Werkzeugkasten. Aber was könnte das für eine Instanz sein?

Die »Darwinisten« haben hier lediglich beschlossen, daß eine solche »höhere Instanz« nicht notwendig sei, und nehmen fleißig weiter Gene auseinander, um darin schließlich doch noch den »Architekten« zu finden. Ähnlich wie ein Kind, das den Fernsehapparat auseinandernimmt, um darin die kleinen Männchen zu suchen, die es auf dem Bildschirm sieht. Und das Informationsübertragung durch elektromagnetische Wellen für ein Ammenmärchen hält, weil man diese Wellen weder sehen noch hören, riechen, anfassen, noch unter dem Mikroskop beobachten kann.

Felder und Wellen

Ein weiterer Aspekt, der sich mit bloßer Genaktivität nur schwer erklären läßt, ist die Regenerationsfähigkeit, ein Talent, das sich vornehmlich bei einfachen Lebewesen findet, die höheren scheinen es irgendwie irgendwo im Verlauf der Evolution eingebüßt zu haben – obwohl es doch einen sehr nützlichen Überlebensvorteil darstellt. Wie um Darwins willen konnte das nur passieren?

Weltmeister im Regenerieren sind die Plattwürmer, die – von dieser Fähigkeit abgesehen – höchst triviale Gebilde sind. Wenn man ihnen den Kopf abschneidet, wächst dem Kopf ein neuer Körper und dem Körper ein neuer Kopf, und dann sind es mit einem Mal zwei. Zerschneidet man einen Wurm in drei Stücke, ergänzt sich jedes Teil zu einem kompletten Wurm, und man bekommt drei Plattwürmer, bei Teilung in sechs Stücke bekommt man sechs – usw. Wie der Wurm das macht, woher der Schwanz weiß, daß ihm der Kopf fehlt – und umgekehrt und genau das Fehlende ersetzt, ist aus »darwinistischer« Sicht ein Rätsel.

Salamander haben die Fähigkeit, verlorene Beine wieder nachwachsen zu lassen, wobei zu beobachten ist, daß die Beinzellen an der Schnittstelle sich zuerst entdifferenzieren und in den Zustand unspezialisierter Embryonalzellen zurückkehren. Dann teilen sie sich eine Weile identisch und bilden einen Zellklumpen. Nachdem der eine bestimmte Größe erreicht hat, differenzieren die Zellen sich wieder und bilden ein neues Bein, das zuerst kleiner ist als das ursprüngliche und dann langsam zur normalen Größe heranwächst. Woher wissen die Zellen, was sie hier zu tun haben? Wer oder was steuert diese komplizierten Vorgänge?

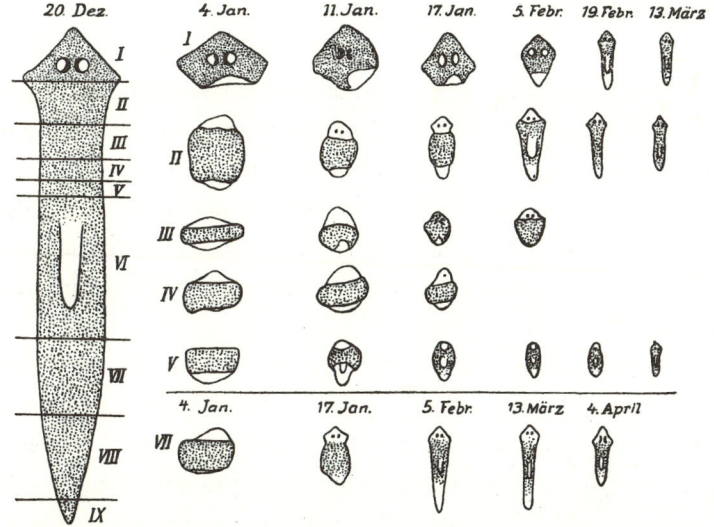

In neun Teile zerschnittene Planarie, mit verschiedenen Regenerationsstufen. Aus August Weismann, »Vorträge über Descendenztheorie«.

Der deutsche Anatom und Naturforscher Johann Friedrich Blumenbach (1752–1840) hatte sich ebenfalls mit Regenerationsphänomenen auseinandergesetzt, und zwar am Beispiel eines »grünen Armpolypen«, einem heute »Hydra« genannten kleinen Nesseltier. Es lebt im Süßwasser und beschäftigt sich hauptsächlich damit, winzige Krebschen zu fangen und zu verdauen. Auch hier ergänzen sich, wenn man es auseinanderschneidet, die einzelnen Teile wieder zu einem ganzen Tier. Blumenbach kam zu der Auffassung, »daß in dem vorher rohen ungebildeten Zeugungsstoff der organisierten Körper, nachdem er zu seiner Reife und an den Ort seiner Bestimmung gelangt ist, ein besonderer, dann lebenslang tätiger Trieb rege wird, ihre bestimmte Gestalt anfangs anzunehmen, dann lebenslang zu erhalten, und wenn sie ja etwa verstümmelt worden, wo möglich wieder herzustellen. Ein Trieb, [...] den man, um ihn von anderen Lebenskräften zu unterscheiden, mit dem Namen des Bildungtriebes (nisus formativus) bezeichnen kann.«[165]

Blumenbach sah in diesem »Bildungstrieb« eine besondere Eigenschaft, die ausschließlich im Reiche des Lebendigen zu finden ist, und wollte ihn deutlich unterschieden wissen von den »bildenden Kräften im unorganisierten Naturreiche«, wie zum Beispiel Kristallisation. Daß die Gestalt von Lebewesen durch eine besondere formbildende Kraft hervorgerufen wird, hatte schon der griechische Philosoph Aristoteles angenommen. Diese den Körper bewegende und formende Kraft war für ihn die Seele, die er auch als »Entelechie« bezeichnete. Der Körper ist das Werkzeug (griech. »organon«) der Seele. Von dieser Auffassung leiten sich übrigens unsere Begriffe »Organ, Organismus« und »organisch« ab.

Der Arzt, Naturforscher und Philosoph Paracelsus sprach von einem »geistigen Leib« oder »Archaeus«, als einer formbildenden Instanz, die den Körper baut: »Der ist gleich dem Menschen (nämlich gleich einem Baumeister, Architekten) und ist die Kraft in den vier Elementen und macht aus dem Samen einen Baum und richtet ihn auf.«[166] Paracelsus meint damit nicht einfach eine Kraft im Sinne von Energie, sondern ein geistiges Prinzip, eine schöpferische und ordnende Intelligenz.

Anfang des 20. Jahrhunderts wurde diese Idee von dem deutschen Embryologen Hans Driesch wieder aufgenommen. Er war ein Schüler Ernst Haeckels gewesen, hatte sich aber später von dem »Materialistischen Monismus« seines Lehrers abgewendet. Um die seltsame Fähigkeit der Regeneration und die erstaunlichen Vorgänge bei der Embryonalentwicklung zu erklären, griff er wieder auf den aristotelischen Begriff der »Entelechie« zurück. Er war der Meinung, daß die Gene nur die materiellen Bausteine für die Formbildung liefern, die Organisation aber von einem weder physikalischen noch chemischen Prinzip gelenkt werde, ebenjener »Entelechie«. Sie ist weder dem Bereich der Kraft noch des Stoffes zuzuordnen, sondern dem der Information. Obwohl er ganz deutlich gesagt hatte: »Entelechie ist nicht energetisch«, wurde Driesch mißverstanden und seine »Entelechie« mit einer »Lebenskraft« verwechselt, die, weil sie nicht meßbar war, von der materialistischen Wissenschaft abgelehnt wurde. Information ist aber etwas anderes als Energie und mit den Mitteln der Physik und Chemie grundsätzlich nicht meßbar.

Ein Buch enthält Information. Der Physiker wiegt es, bestimmt seine Größe, mißt seine elektrische Ladung, sein Magnetfeld – und findet keine »Information«. Der Chemiker zerschnetzelt das Buch, steckt es in den Gaschromatographen und stellt fest, daß es aus einer Reihe von Atomen und Molekülen besteht. Aber von »Information« keine Spur. Schlußfolgerung der beiden: »Information« ist nicht meßbar, existiert also nicht, ist demzufolge nur ein metaphysischer Hokuspokus.

In den zwanziger Jahren hat der Biologe Alexander Gurwitsch den Begriff des »morphogenetischen [das heißt formbildenden] Feldes« eingeführt, um jene »Architekteninstanz« zu beschreiben, die über den Genen angeordnet ist. Da dieses Feld aber, ebenso wie die »Entelechie«, ein nichtmaterielles, sozusagen »metaphysisches« Gebilde ist, wurde er, genau wie Driesch, von seinen »darwinistischen« Kollegen beschimpft und lächerlich gemacht. Und im Wirbel der unruhigen Zeit geriet das Ganze in Vergessenheit.

Anfang der achtziger Jahre holte der englische Biologe Rupert Sheldrake das formbildende Gespenst wieder aus der Versenkung und präsentierte es in seinem Buch »Das schöpferische Universum« als eine mögliche Lösung für die ungelösten Fragen der

Gensteuerung und Genregulation. Wieder gab es, wie schon bei Driesch und Gurwitsch, einen Zwergenaufstand im »darwinistischen« Lager – daß man das Buch verbrennen sollte, war noch eine der harmloseren Formulierungen.

Aber die Zeiten hatten sich doch mittlerweile etwas geändert, Sheldrake hatte genügend Geduld und Rückgrat, um die Anfeindungen abzuwettern, und heute werden seine Ansichten auch in wissenschaftlichen Kreisen immerhin ernsthaft diskutiert. In einem Fernsehinterview (»Jurassic Park in Nachbars Garten?«, ZDF 1996) beschrieb Rupert Sheldrake seine Ansicht so: »Die Idee des morphogenetischen Feldes stammt nicht von mir – dieses Konzept wurde schon in den zwanziger Jahren aufgestellt, und es ist heute in der Entwicklungsbiologie durchaus anerkannt.

Die Grundidee war, daß es eine gestaltende Kraft, eine Art unsichtbarer Gußform geben muß, die die Entwicklung der Form kontrolliert und organisiert. Die Gene allein reichen dafür nicht aus. Gene enthalten die Bauanleitung für Proteine, sie bestimmen die Reihenfolge ihrer Aminosäuren. Einige Gene sind mit der Kontrolle anderer Gene beschäftigt. Aber die richtige Reihenfolge von Aminosäuren festzulegen, um dadurch die richtigen Proteine herzustellen – das reicht nicht aus, um einen Organismus zu formen.

Unsere Arme und Beine enthalten beispielsweise die gleichen Gene und Proteine, und trotzdem ist der Arm ein Arm und das Bein ein Bein. Es ist so, als ob man zwei Gebäude von unterschiedlicher Form aus dem gleichen Baumaterial herstellt. Der Unterschied in den Gebäuden entsteht nicht durch das Baumaterial, sondern durch den Bauplan. Und die Gene, von denen einige Leute glauben, daß sie den Bauplan enthalten, sind die gleichen in Armen und Beinen, und deshalb brauchen wir etwas, das über den Genen steht, ein morphogenetisches Feld, das die

Entwicklung der Struktur organisiert – wie eine Art unsichtbarer Bauplan.

Die materialistisch orientierte Naturwissenschaft hat bislang die Frage noch nicht beantworten können, wer oder was letzten Endes dafür verantwortlich ist, daß Muster und Formen sich bilden oder verändern. Auf einer rein chemischen, molekularen Ebene ist das Problem nicht zu lösen. Wer oder was schaltet zum Beispiel Gene oder Enzyme ein oder aus? Man hat angenommen, daß diese Aufgabe von Regulatormolekülen ausgeführt wird. Da man aber gewöhnlich Molekülen keine Intelligenz unterstellt, muß man sich dann natürlich fragen: Wer steuert nun die Regulatormoleküle? Wenn dies ebenfalls Moleküle sind, dann ist die Frage: Wer steuert die Regulatormoleküle der Regulatormoleküle? Das kann ja nicht immer so weitergehen, denn sonst würde die Zelle unter dieser molekularen Verwaltungsbürokratie ersticken.

Es liegt hier natürlich nahe, auf die physikalische Ebene zu gehen, wo der Begriff des »Feldes« zu Hause ist, und von dort ein formbildendes, ein morphogenetisches Feld zu importieren – ein Organisationsprinzip oder eine Art Architekteninstanz –, das dann eben, wie schon der Name sagt, die Form bildet. Aber damit ersetzen wir natürlich eine unbekannte Größe durch eine andere. Und wir bewegen uns dabei dann zwangsläufig auch bald von der physikalischen auf die metaphysische Ebene und damit aus dem Bereich des Meßbaren und Wägbaren vollends hinaus. Doch diese Richtung bietet immerhin eine Chance, aus der Sackgasse des materialistisch-mechanistischen Denkens herauszufinden.

Denn eine Antwort auf die Frage der Formgebung ist auf einer molekularen Ebene vermutlich ebensowenig zu bekommen wie die Beantwortung der Frage, warum die Japaner 50 Millionen

Dollar für van Goghs »Schwertlilien«-Bild ausgegeben haben, durch eine chemische Analyse der Ölfarben, mit denen es gemalt wurde.

»Es ist nichts Besonderes an den Substanzen, aus denen lebende Dinge gemacht sind. Lebende Dinge sind Ansammlungen von Molekülen, wie alles andere auch«[167], schreibt Richard Dawkins.

Das ist richtig. Aber das Wesentliche sind nicht die Moleküle, sondern die Art und Weise, wie sie zusammengesetzt sind. Es gibt einen Unterschied zwischen einem Zehn- und einem Tausendmarkschein – aber er liegt nicht in den Molekülen. Ein Pfund Diamanten und ein Pfund Ofenruß bestehen beide aus reinem Kohlenstoff. Aber schon allein die Tatsache, daß jeder von uns im Zweifelsfall die Diamanten nehmen würde und nicht den Ofenruß, zeigt, daß beides eben nicht das gleiche ist. Ein Sack voller Weizenkörner, die keimfähig und damit lebendig sind, bringt, wenn er ausgesät wird, ein ganzes Feld voller Weizenpflanzen hervor. Ein Sack Mehl aus gemahlenem und damit totem Weizen bringt, wenn er ausgesät wird, gar nichts hervor. Aber auf atomarer Ebene besteht kein Unterschied zwischen Korn und Mehl.

Ein Mensch, der gerade sein Leben ausgehaucht hat, ist auf atomarer Ebene genau der gleiche wie ein Minute zuvor, als er noch lebte. Anhand von Atomen läßt sich Lebendigkeit nicht definieren.

Das Wesentliche an Lebewesen sind nicht die Moleküle, aus denen sie bestehen, sondern die Organisation dieser Moleküle. Sie ist es, die den Unterschied ausmacht – zum Beispiel zwischen einem Schimpansen und einem Menschen. Auf molekularer Ebene sind beide zu über 99 Prozent gleich.

Der Haupteinwand gegen die Existenz morphogenetischer Felder war immer der, daß sie nicht nachweisbar seien. Und in der Tat lassen sie sich bis jetzt auch nicht direkt messen. Aber es gibt inzwischen indirekte Beweise für ihre Existenz.

In einer Reihe von Experimenten hat die englische Biochemikerin Mae-Wan Ho Fruchtfliegenembryos während einer frühen Entwicklungsphase schwachen Magnetfeldern ausgesetzt. Es entstanden dabei ähnliche Mißbildungen wie bei Gendefekten. Teils fehlte die Kopf-, teils die Schwanzregion, teils jede innere Struktur. Aufeinanderfolgende Körpersegmente waren verkürzt oder sogar zu Spiralen aufgedreht. Nach allgemeiner wissenschaftlicher Ansicht können Gene durch schwache Magnetfelder nicht verändert werden. Was also verursacht die Mißbildungen? Es liegt nahe, hier ein morphogenetisches Feld anzunehmen, dessen Form durch die Magnetfelder überlagert und verzerrt wird.

Ende der achtziger Jahre haben Mitarbeiter des Schweizer Pharmakonzerns Ciba versucht, einen Herzschrittmacher zu entwikkeln, der außerhalb des Körpers getragen werden kann. Bei der Erforschung verschiedener Verfahren hatte man unter anderem isolierte Zellen von menschlichem Herzgewebe statischen Elektrofeldern ausgesetzt und dabei festgestellt, daß sie überdurchschnittlich lange lebten. Daraufhin testete man auch andere lebende Objekte im Elektrofeld: Mikroorganismen, Fischeier und Samen von Pflanzen, zum Beispiel von Mais.

Die Objekte wurden in Laborschalen eingeschlossen und dann einige Tage lang zwischen Kondensatorplatten gestellt, an die eine hohe Spannung angelegt wird. Da die Platten nicht in Verbindung stehen, fließt kein Strom – es entsteht lediglich ein statisches elektrisches Feld.

Es zeigte sich nun, daß beispielsweise der Mais im Elektrofeld nicht nur besser keimte und schneller wuchs – es veränderte sich auch die Form der erwachsenen Pflanze: Sie bildete, wie es ihre Vorfahren früher einmal getan haben, ganze Büschel von Kolben aus. Aus den Eiern von Regenbogenforellen, die im Elektrofeld behandelt wurden, wuchsen Fische heran, die in Gestalt und Verhalten der Wildform dieser Forellen entsprechen. Und aus den Sporen eines gewöhnlichen Wurmfarns entstand eine Farnpflanze mit Blättern, wie man sie von 300 Millionen Jahre alten Versteinerungen von Farnpflanzen kennt.

Was geschieht da im Elektrofeld? Da kein Strom fließt, wird man eine chemische Veränderung der Gene im Sinne einer Mutation ausschließen können. Wenn aber die Gene nicht verändert sind, können sie auch nicht für die Veränderung der Form verantwortlich sein. Aber wer ist es dann? Auch dies ist ein ernstzunehmender Hinweis darauf, daß tatsächlich morphogenetische Felder existieren und daß sie durch elektrostatische Felder beeinflußt werden können.

Durch weitere Forschungen könnte der Sachverhalt vermutlich geklärt werden, aber Ciba hat die Versuche eingestellt – aus »unternehmerischen Gründen«, wie es hieß – und andere Institutionen haben sich für diese hochinteressanten Experimente offenbar nicht interessiert. Vielleicht deshalb, weil sie die orthodoxen Genhypothesen in Frage stellen könnten?

Aber wie hat man sich nun ein morphogenetisches Feld vorzustellen? Wo befindet es sich? Woraus besteht es? Wie wirkt es? Wäre es möglich, daß jener größere Teil der DNS, dessen Funktion noch nicht geklärt ist, eine Art Antenne darstellt, eine molekulare Empfangsstruktur für morphogenetische Felder? Auch dies sind Fragen, die nur durch weitere Forschung geklärt werden können – aber die »darwinistische« Wissenschaftsmehrheit hat sich bislang geweigert, diese Phänomene ernst zu nehmen.

Auch wenn wir heute noch nicht sagen können, wie in den

beschriebenen Experimenten das morphogenetische Feld verzerrt worden sein könnte, so gibt es doch anschauliche Beispiele, wie man grundsätzlich durch Verzerrung eines Feldes die Formen von Lebewesen verändern kann.

Im Jahre 1917 veröffentlichte der Engländer D'Arcy Thompson sein Buch »On Growth and Form«. Er beschreibt darin unter anderem ein Verfahren, das er »kartesische Transformation« nannte. Dabei zeichnete er die Gestalt von Lebewesen oder einzelne Skeletteile in Koordinatenfelder ein und verzerrte diese dann nach bestimmten mathematischen Regeln. Die neuen Gestalten und Formen, die dadurch entstanden, entsprachen ebenfalls Lebewesen, die in der Natur vorhanden und mit den Ausgangsformen verwandt waren.

Der menschliche Schädel ließ sich beispielsweise durch eine leichte Verzerrung in den eines Schimpansen verwandeln, und eine weitere Verzerrung erbrachte einen Pavianschädel. Das bemerkenswerte dabei ist, daß sich der Grad der Verwandtschaft am Ausmaß der Verzerrung ablesen läßt – je entfernter die Verwandtschaft, desto größer die Verzerrung.

Was D'Arcy Thompsons Arbeiten aus heutiger Sicht besonders interessant macht, ist die Möglichkeit – wenn man einmal die Existenz morphogenetischer Felder ins Auge faßt –, Formen- und Artenwandel in der Natur durch einfache Koordinatentransfor

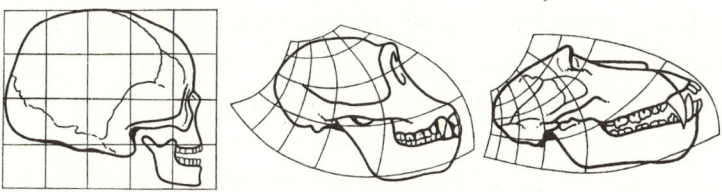

»Kartesische Transformation« nach D'Arcy Thompson eines Menschenschädels (links) in den eines Schimpansen (Mitte) und eines Pavians (rechts).

mationen des morphogenetischen Feldes zu erklären. Dies könnte ein neuer und vielversprechender Forschungsansatz sein – auch wenn die Frage, wie so etwas in der Praxis konkret ablaufen könnte, vorläufig nicht zu beantworten ist.

Ein weiteres Beispiel für morphogenetische Felder, wenn auch auf einer anderen Ebene, und daher nur als Analogie zu betrachten, liefern die sogenannten Klangfiguren. Der Physiker Ernst Chladny hatte sie erstmals Ende des 18. Jahrhunderts erzeugt, indem er Metallplatten mit Sand bestreute und mit einem Geigenbogen strich. Auf den so in Schwingung versetzten Platten bildeten sich ornamentale Muster und Strukturen.

Der Schweizer Arzt, Maler und Forscher Dr. Hans Jenny hat Anfang der sechziger Jahre Chladnys Experimente erweitert und verfeinert. Er nannte seine Arbeit »Kymatik« nach dem griechischen Begriff »kyma« – Welle oder Schwingung.

Indem er ganz unterschiedliche Substanzen, zum Beispiel Sand, Flüssigkeiten oder breiartige Gemenge in Schwingung versetzte, konnte Hans Jenny die menschliche Stimme ebenso optisch sichtbar machen wie beispielsweise Musik von Mozart oder Bach.

Er konnte aber auch durch einfache Sinustöne faszinierende Formen und Muster erzeugen, die sich im Körperbau von Pflanzen und Tieren wiederfinden oder in den Symbolen und Ornamenten menschlicher Kunst und Kultur. Vor allem in schwingenden Wassertropfen zeigen sich harmonikale Strukturen, in Dreieck-, Viereck-, Fünfeck- und Sechsecksymmetrie, die im Bau

Gegenüberliegende Seite: Entstehung einer Klangfigur: Gleichmäßig verteilter Sand formt sich unter dem Einfluß der Schwingung zu einem Muster. Die Form des Musters hängt von der Frequenz der Schwingung, vom Material und von der Beschaffenheit der Unterlage ab.

Auf der Suche nach neuen Denkmodellen

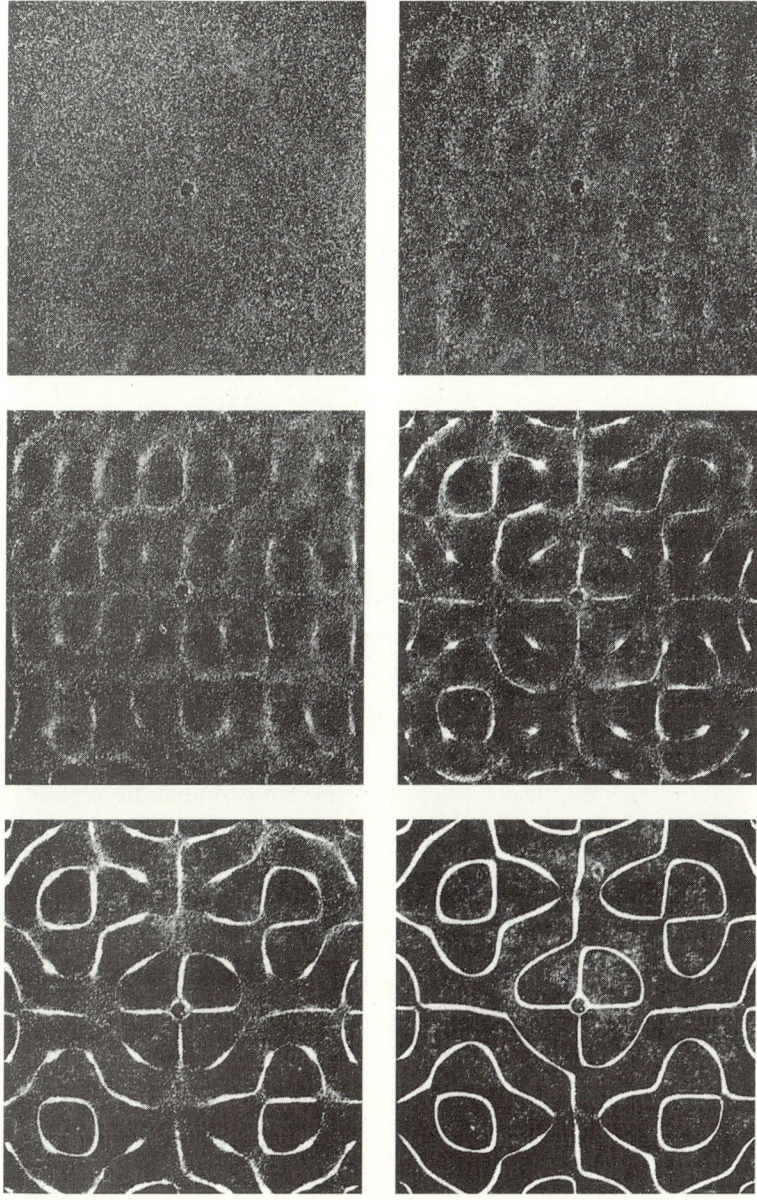

von Blüten, aber auch von winzigen Meereslebewesen wie Radiolarien und Diatomeen sehr häufig auftreten.

Diese Klangfiguren zeigen, wie durch Schwingungsfelder Formen und Muster aus Materie sich in der Bewegung bilden und bei Änderung der Schwingung auch verwandeln. Sie bieten dadurch eine anschauliche Demonstration für die Wirkung »morphogenetischer Felder« – und dies sogar, wenn man so will, in einer »kosmischen« Dimension.

Auf einer schwingenden Membran bildet zum Beispiel Lykopodium – ein feines Pulver aus Bärlappsporen – kreisende Wirbel, die an kosmische Galaxien erinnern. Manchmal bilden sich auch S-förmige Strukturen, die wie Balkenspiralgalaxien aussehen. Wird die Membran stark erregt, bildet sich eine halbkugelförmige Staubwolke. Wird die Energie reduziert, verdichtet sich die Wolke zu einer Halbkugel, deren Substanz in sich rotiert und gelegentlich Staubfontänen ausschleudert. Dieser Ablauf hat große Ähnlichkeit mit dem Bild, das sich die Astronomen von der Entstehung unsere Sonne machen. Zufall? Oder Gleichnis?

»Am Anfang war das Wort«, heißt es im Johannesevangelium. Unser Begriff »Wort« hat sich aus dem Sanskritwort »VRT« entwickelt, das soviel bedeutet wie »auswählen« oder »bewegen«. Das »Wort« ist also ausgewählte Bewegung oder geordnete Schwingung – und wenn es hörbar ist, erscheint es als Klang. Könnte man demzufolge also statt des »Urknalls« nicht vielleicht auch einen »Urklang« an den Anfang setzen?

Am Anfang war der Klang – und aus dem Klang formte sich eine Klangfigur: das Universum. Und diese Klangfigur verfeinerte und erweiterte sich immer mehr und bildete neue Klangfiguren aus Klangfiguren in Klangfiguren ...

Kann man die Idee des morphogenetischen Feldes bis ins Makrokosmische hinauf ausdehnen? Gilt es vielleicht nicht nur für

Zellen und Organismen, sondern auch für Biotope, für die gesamte Biosphäre des Planeten Erde? Für die Sonne und unser Sonnensystem? Für Galaxien und Galaxienhaufen? Und andererseits auch bis in den Mikrokosmos hinunter – um die Formbildung von Molekülen, Atomen, Elementarteilchen und Quarks zu erklären?

Überall da, wo Materie sich in der Bewegung ordnet und stabile Formen oder Systeme bildet, wird die Annahme eines Ordnungsfaktors notwendig – der Zufall kann etwas Derartiges nicht leisten. Und wenn wir Gesetze finden, nach denen sich diese geordneten Bewegungen richten – wie zum Beispiel die Keplerschen Gesetze in bezug auf unser Sonnensystem –, dann offenbart sich darin das Wirken einer höheren Ordnung. Egal, wie wir sie nennen und wo wir sie ansiedeln – das Wesentliche ist: Sie existiert. Ihre Anwesenheit beweist sich durch ihre Wirkung.

Wenn Bildungen oder Abläufe – wie das Embryonalwachstum oder die »genialen Erfindungen der Natur« – ein hohes Maß an organisierender Intelligenz voraussetzen, dann muß diese Intelligenz irgendwo vorhanden sein. Und Intelligenz entsteht ebensowenig wie Ordnung zufällig aus dem Nichts oder aus dem Chaos. Und egal, wie wir sie nennen und wo wir sie ansiedeln – das Wesentliche ist: Sie existiert. Auch sie beweist ihre Anwesenheit durch ihre Wirkung.

Wie an mehreren Stellen in diesem Buch gezeigt wurde, leugnet der »Darwinismus« offiziell das Vorhandensein einer solchen ordnenden Intelligenz im Kosmos und in der Evolution und versteckt sie heimlich in seiner Sprache, in der die Natur »erfindet« und »ausprobiert«, in der die Evolution »entwickelt« und »Neues aus alten Teilen bastelt« ... Die schöpferische Intelligenz, die zur Vordertür herausgeworfen wurde, schleicht sich durch die Hintertür des »Schöpfungsvokabulars« wieder herein.

Ein neues »nachdarwinistisches« Denkmodell der Evolution sollte sich seiner Sprache bewußt und ehrlich genug sein, die Konsequenzen zu ziehen – das heißt die Dinge beim Namen nennen. Intelligenz als Intelligenz und Ordnung als Ordnung zu bezeichnen – und sie nicht hinter irgendwelchen Fremdwörtern zu verstecken und dann so tun, als ob es sie nicht gäbe.

3. Alternativen

> »Gott ist das Unendliche im Unendlichen, die Allge-
> genwart in allem, nicht über dem Universum oder
> außerhalb desselben, sondern auf höchste Weise in
> allem anwesend, allem immanent ...«
>
> Giordano Bruno

Es ist immer einfacher, etwas Vorhandenes zu kritisieren – denn
nichts ist vollkommen –, als es besser zu machen. Es ist nicht
schwer, dem »Darwinismus« nachzuweisen, daß er unlogisch ist,
von falschen Voraussetzungen ausgeht und sich im Widerspruch
zu den beobachtbaren Tatsachen befindet. Aber es ist schwierig,
etwas anderes anzubieten, das man an seine Stelle setzen könnte.
Ein neues, »nachdarwinistisches« Denkmodell kann auch, wie
ich glaube, nicht über Nacht aus der Versenkung auftauchen und
sich am anderen Morgen schön gekleidet und geschminkt und
voll ausgeschlafen der Öffentlichkeit präsentieren. Es wird erar-
beitet werden, wird sich im Widerstreit der Meinungen bilden
müssen, im Laufe von Jahren – vielleicht von Jahrzehnten.

Ich bin Journalist und als solcher von Berufs wegen legitimiert,
alles zu kritisieren, was sich kritisieren läßt – Politik, Kultur, Wissenschaft, Philosophie, Religion, was auch immer. Aber ich bin
nicht dazu verpflichtet, irgend etwas davon besser zu machen, ja
nicht einmal dazu, irgendwelche Verbesserungsvorschläge zu liefern.

Trotzdem möchte ich mich jetzt nicht einfach so davonstehlen,
sondern ein paar Vorschläge und Möglichkeiten zur Diskussion

stellen. Es geht, denke ich, im Augenblick hier auch noch gar nicht um eine fertige neue Philosophie, sondern darum, durch Nachfragen und Nachdenken herauszufinden, wie ein Denkmodell aussehen könnte, das die groben und plumpen, die militaristischen und unökologischen Prinzipien des Dampfmaschinenzeitalters durch modernere und konstruktivere ersetzt, die dem 3. Jahrtausend und dem Informationszeitalter angemessen sind. Nicht mehr Kampf, Krieg, Anpassung, Selektion, Zufall und »survival of the fittest« – sondern Prinzipien wie zum Beispiel Kooperation, Kommunikation, Gestaltung, Ordnung, Intelligenz.

Und ich denke, wir müssen nur genau und unbefangen genug hinschauen, um zu sehen, daß sich dies alles bereits in der Natur und in der Evolution manifestiert.

Wenn man die Schönheiten, die Vielfalt, die »genialen Erfindungen« der Natur und die Fakten, die uns über den Ablauf der Evolution zur Verfügung stehen, im Detail betrachtet, dann drängt sich unwillkürlich die Ansicht auf, daß es sich hier um das Werk einer großen schöpferischen Intelligenz handelt. Solange man das dicke Brett der »darwinistischen« Doktrin vorm Kopf trägt, kann man das natürlich nicht zugeben, und so drängt diese Ansicht dann wie gesagt durch das Unterbewußtsein in Form von »Schöpfungsvokabular« ans Licht – wenn die Natur »erfindet« und »ausprobiert« oder die Evolution »entwickelt« und »Neues aus alten Teilen bastelt«.

Kein »Darwinist« hat sich bislang dem entziehen können – und das ist in der Tat höchst bezeichnend. Bei all den unzähligen Publikationen, die ich gelesen habe, fand sich nicht eine, in der nicht früher oder später dieses »Schöpfungsvokabular« auftauchte.

Daß es sich hier nicht um einen alten Mann mit weißem Bart handelt, der seinen Geschöpfen huldvoll den Finger reicht wie der Gott Michelangelos in der Sixtina, darüber, denke ich, wird man sich heute nicht mehr streiten müssen. Aber wie könnte sie aussehen und wirken, diese schöpferische Instanz?

Logische Überlegung führt uns – meiner Ansicht nach – hier zwangsläufig zu einem Pantheismus, wie er sich beispielsweise in der alten indischen Philosophie und Religion findet oder beim Apostel Paulus im 1. Brief an die Korinther (XII, 4–6), wo es heißt: »Es sind mancherlei Gaben, aber ein Geist. Und es sind mancherlei Ämter; aber es ist ein Herr. Und es sind mancherlei Kräfte, aber es ist ein Gott, der da wirket alles in allem.«

Oder auch bei Giordano Bruno, dem genialen Renaissancephilosophen, von dem Sätze stammen wie zum Beispiel: »Die Natur ist die Hand und das Werkzeug Gottes, denn sie ist Gott selbst oder die göttliche Kraft, welche sich in den Dingen selbst offenbart.«[168] Oder bei Johann Wolfgang von Goethe, der meinte: »Was wär' ein Gott, der nur von außen stieße, das All am Finger kreisen ließe? Ihn ziemt's, die Welt im Innern zu bewegen, Natur in sich, sich in Natur zu hegen.«

Auch die Philosophie des Darwinfans Haeckel, die er als »materialistischen Monismus« bezeichnete, erweist sich bei genauer Betrachtung als ein Pantheismus mit unterschwellig idealistischen Zügen.

Wie aber komme ich darauf, daß sich die pantheistische Ansicht aus logischen Überlegungen ergibt?

Ein wichtiger Gesichtspunkt dabei ist das Prinzip der »Ordnung aus Ordnung«. Die Vorstellung der »Darwinisten« und der sogenannten »Chaosforscher«, daß die Ordnung in einem System zunimmt, wenn ich zufällig-chaotisch Unordnung hinzufüge (wie bei den »Zufallsmutationen«), ist ebenso absurd wie die Vorstellung, daß ein Glas um so leerer wird, je mehr ich hineingieße.

Wenn wir, wie es gewöhnlich geschieht, Ordnung und Unordnung als Gegensätze betrachten, wie zum Beispiel hell und dunkel oder heiß und kalt, dann kann ich nicht das eine vermehren, wenn ich das andere hinzufüge. Ein Zimmer wird nicht heller, wenn ich den Rolladen herunterlasse, und es wird nicht kälter, wenn ich es heize.

Es kann, in welchem System auch immer, nur das zunehmen, was zugeführt wird – und nicht das Gegenteil. Wenn ich ein Glas vollgieße, wird es nicht leerer. Und das gilt auch für die Evolution: Wenn die Ordnung angestiegen ist im Laufe der Zeit, dann kann das nur dadurch erklärt werden, daß Ordnung zugeführt wurde. Und Ordnung wiederum setzt eine ordnende Instanz voraus. Dies sagt uns sowohl die Logik als auch die Erfahrung.

Daß die sogenannten »Chaosforscher« das anders sehen, liegt an ihrem unpräzisen Denken. Wenn man ihre Äußerungen analysiert, stellt sich heraus, daß für sie »Chaos« etwas ist, das sie a) nicht kontrollieren und b) nicht vorhersagen können. Hinter dem Begriff »Chaos« verbirgt sich also eine Ordnung – die aber so komplex ist, daß man sie noch nicht begriffen hat.

Wenn man sich anschaut, was die »Chaosforscher« treiben, wird bald klar, daß die »Chaosforschung« eigentlich eine »Ordnungsforschung« ist. Sie wird mit Computern durchgeführt, die hochkomplizierte Ordnungsmaschinen sind, sie arbeitet mit mathematischen Formeln – und Mathematik ist Ordnung pur. Das einzig »chaotische« an der »Chaosforschung« ist das »Chaos« in den Köpfen der »Chaosforscher«, die Ordnung für Chaos halten. In Wirklichkeit ist es so, wie es der Physiker und Nobelpreisträger Erwin Schrödinger (1887–1961) formuliert hat: Ordnung entsteht aus Ordnung.

Die Konsequenz der Überlegung, daß ein ordnendes Prinzip vorhanden ist, bringt uns natürlich dazu, daß wir irgendwann akzeptieren müssen, daß wir selbst nicht sozusagen losgelöst von allem, sondern Teil eines größeren Ordnungssystems sind – und demzufolge auch eine Verantwortung innerhalb dieses Ordnungssystems haben und nicht einfach tun und lassen können, was wir wollen. Die »Chaostheorien« liefern, ebenso wie der »Darwinismus« und die Hypothese von den »allmächtigen Genen«, eine Entschuldigung für die schlechten Angewohnheiten der Menschen, nach dem Motto: Die Natur ist grausam, die Gene sind schuld, und es kommt ja sowieso alles aus dem Chaos – also macht es keinen Unterschied, wenn wir noch ein bißchen mehr Unordnung anrichten.

Aber es macht einen Unterschied – und je später wir das begreifen, desto schmerzhafter werden die Folgen sein.

Überall ist Ordnung

Eines der grundlegenden Naturgesetze im Kosmos hat Julius Robert Mayer (1814–1878), der Entdecker des Prinzips der Energieerhaltung, so formuliert: »Ex nihilo nihil fit, nil fit ad nihilum, causa aequat effectum – von nichts kommt nichts, alles hat Folgen, und die Wirkung steht in einem angemessenen Verhältnis zur Ursache.«

Jede Wirkung ist verursacht, und verursacht selbst wieder Wirkung – das ist eine Selbstverständlichkeit. Das wichtige dabei ist das »angemessene Verhältnis«, in dem Wirkung und Ursache zueinander stehen.

Der Satz »Kleine Ursache – große Wirkung« ist falsch. Er beruht auf dem Mißverständnis von Ursache und Anlaß. Wenn ein kleiner Funke ein Pulverfaß zum Explodieren bringt, ist der Funke nur der Anlaß – die Ursache der Explosion ist die Sprengkraft des

Pulvers. Wenn der Sturm auf die Bastille die Französische Revolution auslöst, so ist dies nur der Anlaß – die Ursache liegt in der jahrhundertelangen Unterdrückung und Ausbeutung des Volkes durch Adel und Klerus.

Es gibt keine Wirkung ohne angemessene Ursache. Dies gilt für die Natur, für die Evolution ebenso wie für die menschliche Gesellschaft. Und wenn die Wirkung Ordnung ist, muß auch die Ursache geordnet sein.

Alles, was geordnet ist, setzt eine ordnende Instanz voraus. Diese muß aber, um ordnen zu können, selbst geordnet sein – und setzt daher wiederum eine ordnende Instanz voraus, die über ihr steht, und darüber muß wieder ein höhere sein usw. – bis in die Unendlichkeit. Wie immer man sich diese unvorstellbare Hierarchie von Ordnungsinstanzen auch vorstellen möchte, ihre Existenz ist eine logische Denknotwendigkeit, sobald überhaupt nur irgend etwas Geordnetes nachweisbar vorhanden ist.

Die erste Frage wäre also: Gibt es nachweisbar etwas Geordnetes? Und die Antwort lautet: ja. Wir brauchen uns nur umzuschauen. Ein Blick zum Himmel zeigt uns die Sonne, die von der Erde umkreist wird auf einer gesetzmäßigen Bahn. Wir wissen, daß die Abstände der Planeten bis zum Jupiter mit sehr geringen, danach mit zunehmend größeren Abweichungen einer mathematischen Reihe, der Titius-Bodeschen-Reihe, entsprechen – also auch einer Gesetzmäßigkeit folgen. Die Abstände von Erde und Merkur zur Sonne stehen zueinander im Verhältnis des »Goldenen Schnitts« und – was schon Johannes Kepler erkannte – die Umlaufzeiten von Erde und Venus um die Sonne ebenfalls. Und es gibt noch eine Reihe anderer, subtilerer und komplizierterer Beziehungen der Planetenbahnen zum »Goldenen Schnitt«.

Wir wissen, daß es »Naturgesetze« gibt – und das zeigt uns, daß die Natur Gesetzen folgt und nicht dem Zufall oder dem Chaos.

Ein Blick auf die »Kunstwerke der Natur« zeigt uns, daß die »Augen« auf einem Pfauenschweif auf den Ästen logarithmischer Spiralen liegen, ebenso wie die einzelnen Blüten der Margerite, die Kerne einer Sonnenblume und die Samenschuppen eines Kiefernzapfens. Und hinter dieser Spiralform verbirgt sich ebenfalls der »Goldene Schnitt«. Ein Blick in die Chemie, auf das periodische System der Elemente, zeigt uns auch hier ein geordnetes System. Die Tatsache, daß alle Wasserstoffatome im Universum gleich gebaut sind, daß alle Elektronen im Universum die gleiche Masse haben und die gleiche elektrisch negative Ladung, zeigt uns, daß Ordnung herrscht und nicht Chaos oder Willkür.

Die Materie ist geordnet – und daher muß auch ihre Entstehung ein Ordnungsprozeß gewesen sein.

Die gängige Theorie der Astronomen vom Ursprung des Universums, das sogenannte »Standardmodell vom Urknall«, ist stark verbesserungsbedürftig. Es widerspricht der Logik, es beruht auf einer einseitigen Interpretation von Fakten, die sich genausogut auch anders interpretieren lassen, und es ist ebenso »bewiesen« wie der »Darwinismus« – nämlich gar nicht.

Logische Überlegung bringt uns zwangsläufig zu der Folgerung, daß der Kosmos unendlich ist. Warum? Wenn er endlich wäre, müßte er irgendwo ein Ende haben. Was kommt danach? Danach kann nicht nichts kommen, denn »nichts« ist definiert als etwas, das nicht existiert. Es ist nichts und kann nichts, und auch der große Philosoph Heidegger hatte unrecht, als er sagte: »Das Nichts nichtet«, denn »nichten« ist ein Tätigkeitswort, und ein Nichts kann natürlich auch keine Tätigkeit ausüben. Ein Nichts kann nur nicht existieren – und wenn man »existieren« als Tätigkeitswort betrachtet, kann es nicht einmal das. Es ist einfach nicht da, und jedes Denkmodell, das mit einem existierenden Nichts operiert, muß wegen Verstoßes gegen die Logik disqualifiziert werden. Deshalb ist auch die Aussage »Gott schuf die Welt aus dem Nichts« falsch. Aber so steht es auch nicht in der Bibel. Eine sinnvollere Übersetzung wäre zum Beispiel: »Gott formte die Welt aus dem Ungeformten.«

Da ein Nichts nicht existieren kann, muß nach dem Ende eines endlichen Kosmos also wieder etwas kommen – eine Art »Überkosmos«. Wenn dieser auch endlich ist, muß nach seinem Ende wieder etwas kommen, ein »Überüberkosmos«, und nach dessen Ende, wenn es endlich ist, wieder etwas usw. – ad infinitum bis in die Unendlichkeit. Der Kosmos muß also in jedem Falle unendlich sein – entweder als ein unendliches Ganzes oder als eine unendliche Abfolge von endlichen Kosmen, die wie kleine russische Puppen ineinandergeschachtelt sind.

Wenn der Kosmos unendlich ist, muß er auch ewig sein, denn wenn er ohne Ende ist, ist er auch ohne Anfang. Dann müßte aber auch die Zahl der in ihm enthaltenen Sterne unendlich sein, und wir müßten sie alle sehen können, weil ihr Licht unendlich lange Zeit hatte, zu uns zu gelangen. Warum ist dann aber die Nacht nicht hell wie der Tag? Warum sehen wir so wenig Sterne?

Radioaktive Materie zerfällt und wandelt sich im Lauf der Zeit allmählich zu einem stabilen Element um – aus Uran beispielsweise wird Blei. Wenn die Materie schon unendlich lange existierte, dürfte es kein Uran mehr geben, sondern nur noch Blei. Offensichtlich sind sowohl Alter als auch Menge der Materie endlich – wie aber paßt das mit einem unendlichen Kosmos zusammen?

In der indischen Philosophie gibt es die Auffassung, daß Brahma, die höchste Schöpfungsinstanz, die Welt der Materie immer wieder aus- und einatmet: Schöpfung als ewiger Wechsel von Werden und Vergehen, von Schaffung und Zerstörung. Dies wäre eine mögliche Erklärung für die Endlichkeit der Materie in einem unendlichen Kosmos. Daß sie unsere Vorstellungskraft sprengt, teilt sie mit allen übrigen Spekulationen über die wirkliche Beschaffenheit der Dinge.

Wenn der Kosmos unendlich ist, muß aber auch die in ihm enthaltene Energie unendlich sein, und daß diese unendliche Energie auf einem Punkt zusammengepreßt sein könnte, während sich rundherum nur noch das Nichts ausbreitet, steht im Widerspruch zur Logik.

Schon allein deswegen ist das »Standardmodell vom Urknall« fragwürdig – ganz abgesehen davon, daß es von einem Zustand ausgeht, der allen bekannten Naturgesetzen widerspricht. Außerdem kann eine so extreme Situation nicht von selbst eintreten – es müßte also eine höhere Instanz vorausgesetzt werden, die den »Urknall« zündet, und damit sind wir wieder bei dem alten Mann mit dem weißen Bart angelangt oder einem Kollegen von ihm, und es stellt sich heraus, daß das »Standardmodell vom Urknall« ebenfalls ein Schöpfungsmythos ist. Aber kein besonders guter – weil er eben gegen die Logik verstößt. Wenn ich einen Zuckersack in die Luft sprenge, werde ich dadurch keine Zuckerwürfel erzeugen. Und sehe ich, andersherum, irgendwo einen Haufen Zuckerwürfel, werde ich nicht auf die Idee kommen, ihre Entstehung darauf zurückzuführen, daß ein Zuckersack in die Luft gesprengt wurde.

Wenn ich also einen Kosmos voll von Elementarteilchen wie Protonen, Elektronen und Neutronen vorfinde, von denen jedes über die gleiche, seiner Art entsprechende Masse und Ladung verfügt – dann kann ich mir ebenfalls nicht vorstellen, daß dies einfach nur das Ergebnis einer großen kosmischen Explosion – »Big Bang« – ist.

Was könnte man aber an die Stelle des »Standardmodells vom Urknall« setzen?

Da etwas nicht aus nichts bestehen kann, sondern nur aus etwas, das ebenfalls nicht aus nichts, sondern wieder nur aus etwas, und zwar etwas Kleinerem, bestehen kann, das wieder nur aus etwas bestehen kann, und zwar aus etwas noch Kleinerem usw. – ad infinitum, bis wir endlich im unendlich Kleinen, das nur noch aus sich selbst besteht, angelangt sind (natürlich nur theoretisch, denn praktisch können wir das Unendliche, im Großen wie im Kleinen, ja nie erreichen, denn wenn wir es erreichen könnten, wäre es ja nicht unendlich) kommen wir zwangsläufig zu der Annahme einer unendlich kleinen, unendlich ausgedehnten Substanz (zu der übrigens auch Ernst Haeckel kam), aus der alles, was auch immer existiert, sich bildet.

Aber wie? Vielleicht durch Verendlichung oder Verdichtung?

Etwas Derartiges zeigen uns zum Beispiel die Klangfiguren des Dr. Jenny, wo eine gleichmäßig verteilte Substanz – Sand oder Lycopodium – sich unter dem Einfluß einer Schwingung zu Mustern verdichtet (s. Abb. S. 329). Die zum Teil auch noch, wie schon erwähnt, kosmischen Strukturen ähneln.

Diese Auffassung findet sich auch in der jüdischen Mystik, der Kabbala, wo das höchste Prinzip, über verschiedene Stufen und Welten hinabsteigend, durch Verdichtung oder »Zusammenziehung« (»Zimzum«) schließlich auf der untersten Ebene unser irdisch-materielles Universum erschaffen hat.

Was ist das für ein höchstes Prinzip? Die Erkenntnis, daß Ordnung nur aus Ordnung entstehen kann, also ein ordnendes Prinzip voraussetzt, das ebenfalls geordnet sein muß und somit wieder ein höheres ordnendes Prinzip voraussetzt usw. bringt uns schließlich zu einem letzten höchsten, unendlichen ordnenden Prinzip, das seine Ordnung nur noch sich selbst verdankt, weil es pure Ordnung ist.

Dieses Prinzip muß, da es unendlich ist, auch ewig sein, denn wenn es kein Ende hat, kann es auch keinen Anfang haben. Es muß außerdem allgegenwärtig sein, denn wenn es irgendwo nicht wäre, wäre es ebenfalls nicht unendlich. Wenn aber ein Prinzip, das aus purer, unendlicher Ordnung besteht, allgegenwärtig ist – dann kann es nur Ordnung geben. Und so muß das, was wir Unordnung oder Chaos nennen, ebenfalls eine Form von Ordnung sein – die wir aber als solche noch nicht erkennen. Und ebenso muß, zwangsläufig, auch die Evolution ein Ordnungsprozeß sein, der von Ordnungsprinzipien gestaltet wird, die wiederum von Ordnungsprinzipien gestaltet werden usw. – ad infinitum.

Die Dreiheit der Einheit

Wie aber könnte dieses Ordnungsprinzip wirken? Überall da, wo etwas geschaffen wird, wo ein geordnetes Gebilde entsteht, finden wir drei Faktoren am Werk: der Stoff, aus dem etwas geschaffen wird, die Energie, mit deren Hilfe aus dem Stoff etwas geschaffen wird, und die Intelligenz, Information, »Know-how« – wie immer man diese Komponente nennen will –, die die Energie in die richtigen Bahnen lenkt.

Diese Dreiheit ist in der alten indischen Philosophie schon vor etwa 3000 Jahren erwähnt worden. Man sprach von den drei »Gunas«, Eigenschaften oder Qualitäten der »Urnatur«: »Sattwa«, »Rajas« und »Tamas«. »Tamas« ist das finstere, träge, stoffliche Prinzip, »Rajas« das bewegende Kraftprinzip, und »Sattwa« ist das klare, helle, geistige Intelligenz- oder Informationsprinzip. Alles, was im Kosmos existiert, besteht nach der indischen Auffassung aus einer Mischung dieser drei Prinzipien, und das jeweilige Verhältnis dieser Mischung entscheidet, ob etwas als Felsblock in Erscheinung tritt oder als Vogel, als Elefant oder als Baum – oder als Mensch.

Ich denke, diese Sichtweise läßt sich einigermaßen nachvollziehen. Wenn ein geordnetes Gebilde entstehen soll, dann brauche ich erst einmal eine Substanz, aus der es entsteht – wenn ich zum Beispiel als Töpfer eine Vase mache, brauche ich Tonerde. Außerdem brauche ich Energie, denn der Ton als Substanz ist träge, von allein verändert sich nichts, daher muß Energie aufgewendet werden. Energie allein genügt aber auch nicht, denn wenn ich die Töpferwerkstatt anzünde, dann führe ich beispielsweise eine ganze Menge thermischer Energie zu, aber aus dem Tonklumpen wird keine Vase oder kein Aschenbecher, sondern nur ein gebrannter Tonklumpen, der noch weniger Ordnung besitzt als der Ungebrannte, weil er nicht einmal mehr die Möglichkeit hat, geformt zu werden. Es muß also noch etwas Drittes hinzukommen, und das ist das »Know-how«, die Intelligenz oder die gestalterische Fähigkeit der Töpferin oder des Töpfers, durch den die Energie gezielt zum Einsatz kommt, um die Materie damit zu formen.

Diese dritte Komponente hat man im Laufe der Zeit ein bißchen aus dem Gedächtnis verloren, aber jetzt kommt sie langsam ins Bewußtsein zurück. Darwin lebte im Zeitalter der Dampfmaschinen, der Kraftmaschinen – wir leben im Zeitalter der Informationsmaschinen. Und wenn wir einen Computer benutzen wollen, dann brauchen wir erstens Hardware und zweitens Energie, die aus der Steckdose kommt oder aus einer Batterie – aber diese beiden Komponenten zusammen bewirken noch nichts, wenn wir – drittens – keine Software haben.

Und langsam kommt jetzt auch wieder der Gedanke ins Spiel, daß dieses Software-Prinzip, dieses Informationsprinzip, eine eigene dritte Komponente ist und weder eine Eigenschaft der Energie noch der Materie. Man könnte sich vorstellen, daß der nächste Schritt in der historischen Entwicklung der Menschheit darin besteht, daß man wieder auf das uralte indische Modell zurückkommt und zu den drei Komponenten »Sattwa«, »Rajas« und »Tamas« oder »Körper«, »Seele«, »Geist« oder »Materie«, »Energie« und »Information«.

Ein neues Denkmodell der Evolution sollte also auf diesen drei Komponenten aufgebaut sein und nach Möglichkeit den alten Fehler vermeiden, von einem Extrem ins andere zu fallen. In den heute gängigen wissenschaftlichen Denkmodellen wird zwar die Materie in einseitiger Weise überbetont, aber wir sollten sie nicht völlig in den Hintergrund drängen und alles nur in die Verantwortlichkeit des Geistes legen. Alle drei »Gunas« sind wichtig – also auch die Materie. Die man nicht überschätzen, aber auch nicht mißachten sollte.

So wie es Jesus von Nazareth verstand, von dem die Aufforderung überliefert ist: »Gebt dem Kaiser [= der Welt, der Materie], was des Kaisers ist, und Gott [= dem Geist], was Gottes ist.« Mit anderen Worten: Achtet beides, Geist und Materie. Aber verwechselt es auch nicht miteinander.

Was heißt das alles nun aber für uns und die Evolution?

Es heißt, daß die Evolution eine Schöpfung ist. Aber nicht eine, die ein ferner Schöpfer irgendwann einmal in die Welt gesetzt und dann sich selbst überlassen hat – sondern ein Prozeß, in dem eine schöpferische Intelligenz sich ständig in allem von ihr Geschaffenen manifestiert.

Der Physiker und Mathematiker Karl Snell (1806–1886), ein Zeitgenosse Darwins, hat sich in diesem Sinne zu einer Evolution durch permanente Schöpfung bekannt. Er schrieb: »Man denkt sich gewöhnlich die Schöpfungstätigkeit Gottes als einen einzelnen in der Urzeit vorgegangenen Akt, oder auch als mehrere in Urzeiten wiederholte Akte. [...] Aber woher weiß man denn, daß die Schöpfung nicht ein ewiger und als solcher der Idee Gottes allein würdiger Akt ist, daß sie heute uns in jedem Augenblick weniger stattfindet als vor Äonen, daß sie nicht immer gleich stark aus unsichtbaren Quellen fließt und daß sie nicht ebenso wesentlich zum Leben der Gottheit gehört, als Atem und Blutumlauf zu dem unsrigen. [...] Diese rastlos arbeitende Schöpfung ist die wahre Allgegenwart Gottes, sein immer neu verkündigtes lebendiges Wort. Ewig fließt, sagt die Zendavesta, ein Wort aus Gottes Mund, das Wort: ›Es werde.‹ [...] Schöpfung ist nur eine auf dem Grund der ewigen innergöttlichen Natur sprießende Entwicklung, ist Geschichte göttlicher Evolutionen, eine wahre Theogonie.«[169]

Es ist bemerkenswert, daß die hier zitierte Ansicht der Zendavesta, einer alten heiligen Schrift der Perser, mit einer ebenso alten jüdischen Auffassung übereinstimmt, die den Namen Jahwe (JHWH) übersetzt mit »im Werden sein«. Der Name Gottes ist also hier gleichzeitig sein Programm: ewiges Werden.

Karl Snell war übrigens nur ein Gegner Darwins und seiner mechanistischen Auffassung, nicht aber der Abstammungs- und Entwicklungslehre. Und er hat bereits, wie später Schindewolf und die »Saltationisten«, auf die sprunghafte Evolution hingewiesen: »Auf längere Zeiten eines scheinbaren Stillstandes werden, wenn die Zeit erfüllet war, rasche und sprungweise Entwickelungen gefolgt sein, die [...] dann die Totalphysiognomie der ganzen Schöpfung verändert haben. Wenn das Letztere der Fall gewesen, so wird man von den Geschöpfen haben sagen können, was ein arabisches Sprüchwort von den Kindern sagt, daß sie ihrer Zeit mehr gleichen als ihren Eltern.«[170]

Snell war ein Anhänger der Evolution, aber sie war für ihn, im Gegensatz zu Darwin, die Äußerung einer göttlichen Intelligenz, die sich in der Natur manifestiert, im Sinne Giordano Brunos, der gesagt hatte: »Natura est deus in rebus – die Natur ist Gott in den Dingen.«

Ich habe den Begriff »Gott« für jene obengenannte höchste Ordnungsinstanz bisher vermieden, weil er heute durch so viele Vorurteile belastet ist. Außerdem ist – weil diese Ordnungsinstanz durch ihre Unendlichkeit und Allgegenwärtigkeit sich in jedem Ding und Wesen, vom kleinsten bis zum größten, äußert, weil sie, wie Paulus sagte, »da wirket alles in allen« – jeder Name ein Name Gottes. Trotzdem kann man Gott natürlich auch »Gott« nennen – wenn man dabei nur im Hinterkopf behält, daß es sich hier nicht um einen alten Mann mit weißem Bart handelt. Ja nicht einmal um ein Wesen oder eine Person im herkömmlichen Sinne.

Da die höchste Ordnungsinstanz unendlich ist, kann sie keine Gestalt haben – denn Gestalt ist etwas, das eine Form hat –, und Form entsteht durch Begrenzung, sie ist etwas Endliches. Das Unendliche, obwohl es alle Formen enthält, ist selbst, als Ganzes gesehen, weil es grenzenlos ist, notwendigerweise auch formlos. Ein persönlicher Gott, der eine Gestalt hat, kann nicht das höchste Wesen sein. Auch ein Gott, der von seiner Schöpfung getrennt ist, müßte mit seiner Schöpfung sich wiederum in etwas Größerem oder Höherem befinden – und kann daher auch nicht das höchste Wesen sein. Gott, als das höchste Wesen verstanden, kann nur alles in allem sein, ewig, unendlich, allumfassend, allgegenwärtig. Alles ist in Gott, alles ist aus Gott, alles ist göttlich. »Alles, was ist, ist in Gott«, sagt Giordano Bruno, »und nichts kann ohne Gott sein noch begriffen werden.«

Jedes Ding und Wesen – was immer seine Rolle in der Evolution, die eine der Erscheinungsformen Gottes ist, sein mag – ist ein Aspekt, eine Äußerung Gottes. Und so sind wir, als ein Teil Gottes, auch ein Teil der Evolution. Aber kein passiver, sondern ein aktiver Teil. Wir sind die Evolution. Zusammen mit allen anderen Lebewesen, die alle Aspekte des Göttlichen sind wie wir – und deshalb in der Tat, weil wir alle aus der gleichen Quelle stammen, unsere Brüder und Schwestern sind –, gestalten wir die Evolution, und das heißt in erster Linie zunächst einmal: das Antlitz dieses Planeten.

Was bedeutet das aber konkret? Der Philosoph kann es sich hier leichtmachen mit seiner spekulativen pantheistischen Logik, die auf einer abstrakten Ebene alles erklärt – im Konkreten aber nicht gerade als ein Leitfaden für richtiges, evolutionskonformes Benehmen dienen kann.

Wenn alles ein Aspekt Gottes und damit göttlich ist, auch Krankheit, Tod, Gewalt, weil dies alles mit zur Natur gehört, ja selbst der »Darwinismus« demzufolge letzten Endes göttlich ist – welche Konsequenzen folgen daraus? Wenn alles göttlich und alles geordnet ist, auch das Chaos – wie sollen wir uns verhalten? Wo stehen wir, und was ist unsere Aufgabe – in diesem unendlichen Ordnungsprozeß, der manchmal so gar nicht nach einem Ordnungsprozeß ausschaut?

Eines ist offensichtlich: Auch wenn alles göttlich ist, so ist doch keineswegs alles angenehm. Ein weiteres ist nicht ganz so offensichtlich, ergibt sich aber aus der Erfahrung: Wir haben, als Aspekte des Göttlichen, auch an seinen Eigenschaften teil, als da sind – unter anderen – Intelligenz, das heißt die Fähigkeit, einsichtig zu handeln, und Freiheit, das heißt, die Fähigkeit, Entscheidungen zu treffen. Und wenn wir diese beiden Fähigkeiten einsetzen – was leider nicht so häufig vorkommt –, sollten wir in der Lage sein, auch unsere anderen göttlichen Eigenschaften, wie zum Beispiel die Fähigkeit zu Kooperation und Kommunikation, zu Gestaltung, Liebe und Humor, einzusetzen und unser Leben, im Einklang mit dem Rest der Schöpfung, so zu gestalten, daß es eine Freude ist zu leben – und nicht eine Mühsal oder eine Plage oder ein »Kampf ums Dasein« im »darwinistischen« Sinne.

Um noch einmal Karl Snell das Wort zu geben: »Alle Freiheit ist in der Gemeinschaft des allgemeinen Geistes und Lebens, ist Teilnahme an der göttlichen Schöpfertätigkeit und jedes freie Geschöpf ein gottbeseeltes. Nur wo ›Himmelskräfte auf- und niedersteigen, und sich die goldnen Eimer reichen‹, ist wahrhaft geschichtliches Leben in Natur und Menschheit.«[171]

4. Die ersten Schritte

»Irreführende Vorurteile können nur von denen auf-
gegeben werden, die zu den Wurzeln ihres Denkens
vordringen und herausfinden, welcher Art sie sind.«

Allen W. Watts

Warum wir uns vom »Darwinismus« verabschieden sollten, ist
aus dem bisher Gesagten – so denke ich – klargeworden: weil er,
wie es Louis Agassiz gleich zu Anfang erkannt hat, »ein wissenschaftlicher Mißgriff ist, unlauter hinsichtlich der Fakten, unwissenschaftlich in den Methoden und schädlich in der Tendenz«.
Man könnte noch hinzufügen: weil er unlogisch ist und von falschen Voraussetzungen ausgeht, und viele Erfahrungen und Tatsachen gegen ihn sprechen, aber keine wirklich eindeutig für ihn.
Aber es ist natürlich schwer, ein altes Weltbild aufzugeben, solange noch kein neues da ist. Was also wäre sinnvollerweise zu tun?

Das vernünftigste wäre wohl zuerst einmal, den »Darwinismus« vorläufig beiseite zu legen, sich in aller Bescheidenheit auf
die Fakten zurückzuziehen, soweit sie bekannt sind, und seine
Hausaufgaben zu machen – nämlich: die Spielregeln zu erkennen, die in der Natur und in der Evolution gelten. Und sie dann,
wenn sie erkannt sind, in unserer menschlichen Gesellschaft anzuwenden, vor allem was den Umgang mit uns selbst, mit der
Natur und mit den sogenannten »Ressourcen« angeht.

Die einseitige Fixierung der Biologie auf das »darwinistische«
Denkmodell hat dazu geführt, daß einzelne Bereiche der Natur
zuwenig beachtet wurden – vor allem das, was mit Kooperation

und Symbiose zu tun hat. Es wäre wichtig, jetzt erst einmal die »darwinistische« Brille abzunehmen und an die Natur die richtigen Fragen zu stellen. Die dazugehörigen Antworten werden sich dann, durch vorurteilsfreie Beobachtung der Lebewesen in ihrer natürlichen Umgebung, nach und nach einstellen.

Eine der vordringlichsten Fragen ist sicher die nach den Grundlagen der Stabilität in einem Biotop. Wie sind die »Rollen« – Räuber und Beute, Aufbauer und Abbauer usw. – in einem Biotop verteilt? Warum wird die gleiche »Rolle« in verschiedenen Biotopen von Lebewesen ganz unterschiedlicher Herkunft übernommen? Wer organisiert das? Das »darwinistische« Zauberwort »Anpassung« genügt hier nicht als Erklärung.

Wie entstehen »ökologische Nischen«? Die Auffassung, daß sie einfach vorhanden sind und von einer bestimmten Art »im Konkurrenzkampf erobert« werden, ist sehr einseitig. Viele »ökologische Nischen« werden von den Lebewesen geschaffen, durch Selbstbegrenzung – vor allem durch Nahrungsspezialisierung. Wie ist dieses ganz und gar undarwinistische Verhalten zu erklären? Und warum gibt es zwischen Freßfeinden keinen »Rüstungswettlauf« bis zum Äußersten?

Wie kommt es, daß in einem Biotop durch das Zusammenleben und Zusammenwirken von Lebewesen, die in Größe, Komplexität, Charakter, Form und Funktion völlig unterschiedlich sind, ein Gleichgewicht entsteht, das sich über Jahrtausende stabil erhält – während die Sozialsysteme des ach so intelligenten Menschen kaum ein paar Jahrhunderte überdauern können?

Einige Grundzüge der biotopischen Organisation sind schon erkennbar. Da wäre vor allem das »Syntropie-Prinzip« zu nennen: der Aufbau höherer Ordnungssysteme, die Umstrukturierung von Materie gegen das Entropieprinzip. Dies ist eine Fähigkeit, die nur lebende Systeme, nicht aber »tote Materie« auszeichnet und die aus den Eigenschaften der »toten Materie« nicht abzuleiten ist. Bei den Produkten, die der Mensch geschaffen hat, sind es Dinge wie Kreativität, Phantasie, Intelligenz, Gestaltungswille und Know-how, die hier wirksam sind. Es wäre zu fragen, wie sich solche Eigenschaften in einem Biotop äußern, woher sie kommen, worin sie im einzelnen bestehen, und wie sie es schaffen, eine Stabilität zu erreichen, die wir in der menschlichen Gesellschaft vergeblich suchen.

Ein weiterer Aspekt ist die »Symbiose der Antagonisten«, eine Zusammenarbeit von Gegenspielern: Aufbau und Abbau, Konkurrenz und Kooperation, Bewahrung und Fortschritt wirken in der Natur auf koordinierte Weise zusammen. Das »antagonistische Prinzip« ist eine sehr wesentliche Voraussetzung für geordnete Bewegung. Wenn ich den Arm bewegen will, brauche ich Bizeps und Trizeps, zwei Muskelantagonisten. Wenn ich einen Organismus, ein Biotop, einen lebenden Planeten gestalten will, brauche ich Aufbau und Abbau, Konkurrenz und Kooperation, Bewahrung und Fortschritt – deren Wirken aber gesteuert und koordiniert werden muß. Denn ein zu großes Übergewicht eines Antagonisten gefährdet oder zerstört sogar das System. Wenn der »Abbau« in unserem Körper überhandnimmt, leiden wir an Auszehrung, wenn der »Aufbau« außer Kontrolle gerät, an Krebs. Ein System, in dem die Konkurrenz fehlt, wird fett und träge, ein System, in dem die Konkurrenz die Kooperation überwiegt, zerfällt. Es wäre zu untersuchen, warum in der Natur die Koordination der Antagonisten so gut funktioniert und beim Menschen nicht. Was machen wir falsch, was könnten wir besser machen?

Die »Symbiose der Antagonisten« ist in der Natur eingebaut in einen größeren Zusammenhang, in ein vernetztes System, dessen einzelne Bestandteile in einer besonderen Weise zusammenarbeiten. Seine Grundlage ist das »Synarchie-Prinzip«, das nach dem Motto »Teile und kooperiere« handelt. Statt »Teile und herrsche«, wie es in der menschlichen Gesellschaft oft praktiziert wurde – und wird.

Soweit wir sehen können, besteht alles in der Natur aus Ordnungssystemen, die selbst wiederum aus kleineren Ordnungssystemen bestehen, die wieder aus kleineren Ordnungssystemen bestehen usw. Gleichzeitig ist jedes selbst wiederum Teil eines größeren Ordnungssystems, das selbst wiederum Teil eines noch größeren ist usw. Die Struktur dieser Ordnung ließe sich etwa so beschreiben: Eine Ordnungseinheit arbeitet mit anderen »gleichrangigen« Ordnungseinheiten in einem horizontal organisierten Netzwerk zusammen, wobei Arbeitsteilung herrscht, aber alle ein gemeinsames Ziel haben. Dieses gemeinsame Ziel ist sozusagen »der Boß«, der die Aktivität des Ganzen koordiniert und in eine bestimmte Richtung lenkt.

Solch ein Netzwerk bildet eine in sich geschlossene Ordnungseinheit, die wiederum mit gleichrangigen Ordnungseinheiten zusammenarbeitend, ein weiteres, größeres Netzwerk bildet, das wieder ein noch größeres bildet usw. Der Aufbau dieser Netzwerksysteme ist in drei Schritte gegliedert: untere Ganzheit/mittlere Teilheit/obere Ganzheit. Zum Beispiel: Atom/Molekül/Zelle. Zelle/Organ/Organismus. Organismus/Planet Erde/Sonnensystem usw. Die Organisation geht dabei – zumindest in dem Bereich, wo wir es beobachten können – jeweils von der höheren Integrationsebene aus. Die Zelle baut sich aus Molekülen auf, die Organe bauen sich aus Zellen auf, der Organismus baut sich aus Organen auf. Es wäre zu untersuchen, inwieweit sich dies auch in den höheren und niederen Systemen vollzieht.

Ein ganz wichtiger Aspekt solcher Systeme ist die Kooperation und Kommunikation der einzelnen Bestandteile. Vor allem die

»Symbiose der Antagonisten« erfordert eine präzise Überwachung und Steuerung. Da gibt es zum Beispiel in jeder Zelle Enzyme, die einen bestimmten Stoff aufbauen, und andere, die den gleichen Stoff abbauen. Aufbau und Abbau müssen koordiniert werden, denn es wäre fatal, wenn zufällig in der Zelle eine Art von Enzymen einen Stoff aufbaut und eine andere ihn gleich wieder abbaut – so daß unter erheblichem Energieaufwand im Endeffekt nichts geleistet wird. Solch eine »frustrane zyklische Reaktion« ist nur durch Kommunikation zu vermeiden. Wie aber funktioniert Kommunikation im Bereich der Enzyme? Wie funktioniert sie im Bereich der Zellen eines Organismus? Oder der Organismen innerhalb eines Biotops?

Wie könnte zum Beispiel der Mensch mit den anderen Lebewesen in seiner Umgebung, mit Pflanzen und Tieren, mit Bakterien und Pilzen – gegen die er gewöhnlich Krieg führt – durch Kommunikation kooperieren? Kommunikation ist mit Sicherheit besser als Krieg, aber wie kommt sie zustande?

Die Pflanzenflüsterer

Der große amerikanische Biologe Luther Burbank hat eine Fülle neuer Pflanzen gezüchtet, und er soll sie zum Teil auch, so sagt man, durch geistige Beeinflussung geschaffen haben. Eine seiner erstaunlichsten Züchtungen ist ein Kaktus, der keine Stacheln hat. Und er soll dies erreicht haben, indem er den Kaktus überzeugte, daß er in seinem Garten keine Feinde zu fürchten habe. Burbank hat erstaunliche Züchtungserfolge erzielt – weiße Brombeeren und Brombeeren ohne Dornen, unzählige neue Sorten von Obst und Blumen –, aber konnte er wirklich Pflanzen durch Gedanken verändern?

Es gibt zur Zeit dafür keinen schlüssigen Beweis. Aber daß es möglich ist, das Wachstum von Pflanzen durch Gedanken zu beeinflussen – das ist mittlerweile bewiesen. Im Sommer 1991 wurde mit Hilfe des Bayerischen und des Westdeutschen Rundfunks ein großangelegtes Experiment durchgeführt, bei dem es darum ging, Tomatenpflanzen durch liebevolle Gedanken zu mehr Ertrag zu veranlassen. Der Erfolg – wissenschaftlich kontrolliert – war eindrucksvoll: Die geliebten Tomaten produzierten über 20 Prozent mehr Früchte als die ungeliebte Kontrollgruppe.

Könnte also der Bauer sich die Düngung ersparen, wenn er täglich auf den Acker geht und mit seinen Kartoffeln freundliche Worte – oder Gedanken – wechselt? Könnte man mit sogenannten Unkräutern und Schadinsekten kommunizieren? Auch in der schottischen Findhorn-Community wurden erstaunliche Wachstumssteigerungen durch Kommunikation mit Pflanzen erzielt. Solche Dinge wurden von der »darwinistischen« Biologie bislang ausgegrenzt – aber wäre es nicht sinnvoll, sie zu untersuchen?

Wie weit kann man durch geistige Kommunikation auf Organe und Zellen einwirken? Aus dem Bereich der Hypnoseforschung gibt es hier eine Reihe sehr eindrucksvoller Beispiele. In den fünfziger Jahren hat der englische Arzt Dr. Mason zum Beispiel einen Fall von Ichthyosis durch Hypnose geheilt. Dabei handelt es sich um eine – nach Ansicht der Schulmedizin – unheilbare erbliche Hautkrankheit, die darin besteht, daß durch einen Gendefekt in einigen Bereichen der Haut keine Talgdrüsen ausgebildet sind. Diese erstaunliche Heilung steht außer Frage, sie wurde wissenschaftlich gut dokumentiert und ist heute Bestandteil der einschlägigen medizinischen Werke über Hypnose. Aber wie kam sie zustande? Reichlich Stoff auch hier für die Forschungen einer »nachdarwinistischen« Biologie.

Wie weit kann der Geist auf die Materie einwirken? »Mens agitat molem«, sagte der römische Dichter Vergil: »Der Geist bewegt die Materie.« Und Friedrich Schiller schrieb: »Es ist der Geist, der sich den Körper baut.« Wäre es nicht an der Zeit, diesen Geist wieder einzuführen in eine Welt und eine Wissenschaft, die von Gott und allen guten Geistern verlassen ist?

Beim menschlichen Organismus mit seinen über zweihundert verschiedenen Zelltypen finden sich viele Ähnlichkeiten mit einem Ökosystem. Andererseits lassen sich Ökosysteme auch mit Organismen vergleichen. Wie weit geht das »Biotop-Prinzip«? Ist der Organismus ein Biotop? Ist das Biotop ein Organismus? Ist das Biosystem der Erde ebenfalls eine Art Organismus? Mit Sicherheit ist es ein »vernetztes System«. Aber wie funktioniert es? Welchen Grundlagen verdankt es seine Stabilität?

Die beiden oben beschriebenen Prinzipien »Symbiose der Antagonisten« und »Synarchie« gehören zum Grundrepertoire funktionierender Ökosysteme – neben noch anderen, zum Beispiel Rückkopplungsprozessen, Kreislaufsystemen und Totalrecycling. Die Natur, auch das hat sie dem Menschen voraus, produziert keinen Müll. Alles, was aufgebaut wurde, wird auch wieder abgebaut – und zwar problemlos. Selbst die giftigste Giftschlange ist nach ihrem Tod kein Sondermüll, sondern einfach ein Stück Biomasse. Im menschlichen Bereich ist sogar etwas so Harmloses wie ein Wassereimer ein Problemteil, das mühsam »entsorgt« werden muß. Unnötigerweise – denn Kunststoffe ließen sich auch anders, biologisch und umweltverträglich, herstellen. Und die Frage wäre auch hier, wie sich das »Biotop-Prinzip« auf unsere sozialen, politischen und wirtschaftlichen Systeme übertragen ließe.

Ende der siebziger Jahre hat der englische Physiker Jim Lovelock die sogenannte »Gaia-Hypothese« formuliert, in der die Erde als ein »lebender Organismus« beschrieben wird. Die »Gaia-

Hypothese« ist eine Weiterführung des »Biotop-Prinzips« und letzten Endes eine logische Konsequenz aus der oben beschriebenen Ordnungsstruktur. Wir können also mit einigem Recht davon ausgehen, daß wir Teil eines Lebewesens sind, sozusagen Zellen in einem Organismus – dem »Organismus Erde«.

Sinneswandel

Wenn wir genau hinschauen, zeigt sich, daß wir uns in diesem Organismus wie Krebszellen verhalten. Wir vermehren uns unkontrolliert und ohne Rücksicht auf unsere Umgebung. Wir zerstören in einem erheblichen Maß unsere Umwelt und die Natur, in der und von der wir leben. Wir spielen dabei das »Survival-of-the-fittest«-Spiel und verhalten uns im »darwinistischen« Sinne egoistisch. Aber wir werden dadurch nicht zufriedener und nicht glücklicher – im Gegenteil.

Die zerstörerischen Tendenzen im Bereich der menschlichen Gesellschaft – Kriminalität, Krieg, Ausbeutung, Unterdrückung usw. –, die alle zwar mit dem »darwinistischen« Denkmodell vereinbar sind, aber nicht mit dem realen ökologischen und evolutiven Verhalten der Lebewesen in der Natur, von der der Mensch sich nicht nur äußerlich, sondern auch innerlich abgekoppelt hat, machen uns selbst das Leben schwer, in einigen Landstrichen sogar zur Hölle. Was haben wir davon?

Der Mensch, der sich »darwinistisch« verhält, ist wie ein Krebsgeschwür im Organismus der Erde, er zerstört seine eigenen Existenzgrundlagen und damit letzten Endes sich selbst: Das ist wohl der beste Beweis gegen den »Darwinismus«. Müssen wir ihn wirklich bis zu Ende führen? Könnten wir nicht endlich aufwachen? Den Krieg gegen die Natur und gegen uns selbst beenden? Kooperation an die Stelle von Konfrontation setzen? Müssen wir wirklich erst durch Schaden klug werden? Durch Leid geläutert?

Warum können wir nicht im gesellschaftlichen Bereich eine neue kooperative und konstruktive Ethik einführen? Nach dem Vorbild der »antidarwinistischen« Trends in der Evolution zu immer mehr Schönheit, Bewußtheit und Liebesfähigkeit?

Warum können wir nicht im wirtschaftlichen Bereich der »Ausbeutungsökonomie« ein Ende machen und evolutive Strukturen wie Syntropie und Synarchie verwirklichen?

Warum können wir nicht im technologischen Bereich die Einführung von »sanften« Systemen – nach dem Vorbild der Natur – beschließen? Hier gibt es bereits eine ganze Reihe von Beispielen aus der sogenannten »Bionik«, die als Vorbild dienen könnten.

Warum können wir nicht im landwirtschaftlichen Bereich vom Agrarindustrialismus zum ökologischen Anbau, von der Agrarwüste zum Nahrungsbiotop überwechseln? Auch hier gibt es bereits genügend positive Beispiele, vom biologisch-dynamischen Denken Rudolf Steiners bis zur »Permakultur«.

Warum können wir nicht im politischen Bereich Kooperation und Symbiose einführen – statt Konfrontation und Konkurrenz?

Warum können wir nicht im ideologischen Bereich uns wegbewegen vom materialistisch-mechanistischen Denken hin zu einer Wiedereinführung des Geistes in Philosophie und Wissenschaft?

Warum können wir nicht im psychologischen Bereich zu einem neuen Bewußtsein finden, das gekennzeichnet ist durch Begriffe wie Gefühlsintelligenz, Liebe, Spiritualität, Toleranz, Integration, Verantwortlichkeit, Selbstverwirklichung, Rücksichtnahme, Offenheit, Ehrlichkeit, Gewaltlosigkeit?

Was hindert uns? Dummheit? Trägheit? Angst? Nichts, was man nicht überwinden könnte, wenn man will. Der Mensch ist stark oder besser: kann es sein, wenn er sich dazu entschließt, wenn er sich dafür entscheidet, es zu sein.

»Das Himmelreich ist zum Greifen nahe«, sagte Jesus von Nazareth. Aber es gibt eine Voraussetzung dafür: »metánoia« – so heißt es im griechischen Text des Evangeliums – »Wandel im Denken«. Wenn wir imstande wären, umzudenken, das alte Denken zu überwinden, seine Grenzen zu überschreiten – dann wäre in der Tat der Weg zurück ins Paradies offen. Nicht eines, in dem der Löwe friedlich neben dem Lamm liegt, das wäre unrealistisch. Aber eines, in dem der Mensch im Einklang ist mit sich selbst, mit seinen Mitmenschen und mit der Natur. Das wäre wahrlich, wie auch immer es aussehen mag, ein Paradies.

V. Epilog

*»Obwohl ich von der Wahrheit der in diesem Buche vor-
zugsweise mitgeteilten Ansichten vollkommen durchdrungen bin, so hege ich doch keineswegs die Erwartung,
erfahrene Naturforscher davon zu überzeugen, deren
Geist von einer Menge von Tatsachen erfüllt ist, welche
sie seit einer langen Reihe von Jahren gewöhnt sind von
einem dem meinigen ganz entgegengesetzten Gesichts-
punkte aus zu betrachten.«* Charles Darwin

Jedes Denkmodell, sei es religiös, philosophisch oder wissenschaftlich, trägt irgendwo versteckt ein geheimes Verfallsdatum.
Niemand kennt es. Aber irgendwann ist seine Zeit abgelaufen,
und es verschwindet in der Versenkung. Die Theorie vom Wär-
mestoff »Phlogiston«, der bei der Verbrennung entweicht, be-
herrschte das 17. und fast das ganze 18. Jahrhundert – dann wurde sie durch die heute noch gültige Auffassung abgelöst, daß
Wärme eine Form von Energie ist. Die Theorie, daß Licht eine
Welle in einem materiellen »Lichtäther« ist, wurde im 19. Jahrhundert zu einer Glaubensgewißheit der Physiker und blieb es
bis zu Einstein, der dem Licht seine materielle Grundlage entzog.
Licht ist ebenfalls Energie – vielleicht noch etwas mehr. Hier ist
das letzte Wort noch nicht gesprochen, denn zur Zeit kann kein
Physiker mit Sicherheit sagen, was Licht wirklich ist. Denkmo-
delle kommen und gehen. »Paradigmenwechsel« nannte es der
Philosoph Thomas Kuhn – und das ist etwas ganz Normales in

der Geschichte. Auch wenn mit schöner Regelmäßigkeit die Verfechter des alten Paradigmas ein Geschrei veranstalten, wenn es abtreten muß.

Ein Denkmodell ist nicht deshalb erfolgreich, weil es wahr ist – denn wer wollte das beurteilen –, sondern weil es dem Zeitgeist und den Bedürfnissen der Menschen in einer bestimmten historischen Entwicklungsphase entspricht. Und deshalb wird es Zeit, daß der »Darwinismus« im Papierkorb der Geschichte verschwindet. Nicht weil er falsch ist – das war er von Anfang an –, sondern weil er mehr schadet als nützt und nicht mehr den Erfordernissen der Zeit entspricht.

Wir können heute keine Denkmodelle mehr gebrauchen, in denen Krieg und Gewalt als schöpferische Instanzen angepriesen werden, wo blinde und mechanische Kräfte sinnlos walten, wo »die Stärksten siegen und die Schwächsten erliegen«. Wir brauchen Denkmodelle, die Prinzipien wie Information und Kommunikation betonen, die Kooperation statt »Kampf ums Dasein« predigen und Ökologie statt »Krieg der Natur«. Wir brauchen Denkmodelle, in denen die globalen Zusammenhänge berücksichtigt werden, die Vernetzung aller Lebewesen zu einem riesigen Organismus – der Biosphäre des Planeten Erde.

Charles Darwin hatte auch bereits erkannt, daß Pflanzen und Tiere »durch ein Gewebe von verwickelten Beziehungen miteinander verkettet werden«. Doch er hat diesen Gedanken nicht weiterverfolgt, sondern statt dessen der Natur sein aus der Gesellschaftsphilosophie stammendes und gänzlich unökologisches »Survival-of-the-fittest«-Prinzip übergestülpt.

Aber damit hat er der Natur unrecht getan. Seine Annahme, daß alle Lebewesen sich »aufs äußerste vermehren« und es daher zu einer Überbevölkerung und zu einem Kampf um Nahrung und Raum kommt, daß jede winzige Veränderung, die einem

Lebewesen einen Vorteil in diesem »Kampf ums Dasein« verschafft, sich durchsetzt und durch allmähliche Akkumulation dieser kleinen Veränderungen schließlich neue Arten, Gattungen, Familien usw. entstehen – diese Annahme ist falsch. Es gibt eine funktionierende Geburtenkontrolle in der Natur, es gibt unzählige Methoden der Konkurrenzvermeidung, vor allem Nahrungsspezialisierung und damit Schaffung von »ökologischen Nischen«, es gibt zahllose Kooperationsstrategien, und in allen Lebensbereichen sind die giftigen, die gepanzerten, die aggressiven und kriegerischen Lebewesen deutlich in der Minderheit. Wenn man die Natur einmal offen und unvoreingenommen ohne die »darwinistische« Brille betrachtet, wird eines ganz deutlich: Wir leben nicht in Darwins Welt.

Während der Arbeit an diesem Buch habe ich eine Unmenge anderer Bücher und Artikel studiert. Ich habe dabei ideologische Anti-Darwin-Literatur vermieden und mich auf wissenschaftliche und zudem überwiegend auf »darwinistische« Publikationen beschränkt. Trotzdem kann ich für die Richtigkeit der Informationen, die ich zitiere, nicht garantieren. Ich konnte mich auch nur an Fakten halten, die bereits veröffentlicht sind. Es wird sicherlich bis zur Drucklegung dieses Buches und auch in Zukunft noch einiges hinzukommen, was hier nicht berücksichtigt ist. Aber die einzelnen Details sind nicht das entscheidende, sondern die grundsätzliche Unlogik und Unstimmigkeit des »Darwinismus«.

Ich bin auch auf einige »Selbstorganisationskonzepte« von Wissenschaftlern nicht weiter eingegangen, die eine antidarwinistische Evolutionstheorie entwickelt haben, wie zum Beispiel die »Autoevolution« des schwedischen Genetikers Lima-de-Faria oder die »Kybernetische Evolution« des Onkologen Ferdinand Schmidt. Zum einen wird es Aufgabe einer zukünftigen Diskussion sein, diese Vorschläge zu bewerten, zum anderen finde ich darin eine entscheidende Frage nicht beantwortet, nämlich die der organisierenden Intelligenz – denn Materie organisiert sich nicht selbst, und ein Computer programmiert sich nicht selbst.

»Selbstorganisation« setzt in jedem Fall ein »Selbst« voraus, das bewußt und intelligent genug ist, um sich selbst zu organisieren. Und wenn ein Prozeß Intelligenz und Organisationsvermögen voraussetzt, dann müssen diese beiden Fähigkeiten irgendwo vorhanden sein. Daß sie eine Eigenschaft der Materie sind, halte ich für unwahrscheinlich, da Moleküle sich nicht von selbst zu Zellen, Zellen sich nicht von selbst zu Organen und Organe sich nicht von selbst zu Organismen zusammensetzen. Es erscheint mir sinnvoller anzunehmen, daß diese Intelligenz von einer höheren Ebene aus wirkt. Und die Vielfalt der Erscheinungen in der Evolution und ihr Ablauf haben mich zu der Überzeugung gebracht, daß wir ohne die Annahme einer höheren Intelligenz – wie auch immer sie beschaffen sein mag – nicht auskommen, wenn wir die Entwicklung des Lebens erklären wollen.

Es mag angehen, für kleine Veränderungen – beispielsweise bei den Schnäbeln der »Darwinfinken« – zufällige Mutation und Selektion verantwortlich zu machen. Auch wenn es dafür keine Beweise gibt, so ist dies doch theoretisch nicht unmöglich. Aber für die »genialen Erfindungen« der Natur, für die Benutzung gleicher Techniken bei ganz verschiedenen Lebewesen, für die Veränderung formaler Strukturen wie beispielsweise von Reptilien zu Säugetieren oder Vögeln, müssen wir eine höhere Intelligenz annehmen – da können der blinde Zufall und seine ebenso blinde Schwester Selektion uns beim besten Willen nicht mehr weiterhelfen.

Die Idee, daß durch zufällige Fehler beim Kopieren von Erbinformation Verbesserungen entstehen, die aus einem Reptil einen Vogel machen oder aus einem vierbeinigen Landsäugetier einen

Delphin, ist ebenso absurd wie die Vorstellung, daß aus einem Auto durch zufällige Fehler beim Kopieren des Autobauplans ein Flugzeug wird. Daß die Ordnung in einem System zunimmt, wenn ich Unordnung zuführe, ist ebenso unsinnig wie die Annahme, daß ein Zimmer um so kälter wird, je mehr ich es heize. Ordnung entsteht aus Ordnung. Und intelligente Organisationsprozesse setzen eine organisierende Intelligenz voraus – wie und von wo auch immer sie wirken mag. Auch wenn wir sie mit den Mitteln der Physik und der Chemie nicht messen können – wie das bei Information allgemein der Fall ist –, so beweist sie ihre Existenz doch eindeutig durch ihre Wirkung.

Und wenn wir schon eine höhere Intelligenz annehmen müssen, um die großen Veränderungen in der Evolution zu erklären – dann können wir ihr die kleinen Veränderungen allemal zutrauen.

Ein Aspekt, der in diesem Buch sicherlich zu kurz gekommen ist, ist die Entstehung und Entwicklung des Menschen. Aber ich möchte es hier wie Darwin halten, der in seiner »Entstehung der Arten« den Menschen ebenfalls ausgespart hat – denn dies ist wirklich eine Geschichte für sich. Es gibt so viele verschiedene Meinungen darüber: Kiss Maerth glaubt, der Mensch sei durch Kannibalismus entstanden, Zecharia Sitchin und andere glauben, daß er von außerirdischen Raumfahrern geschaffen wurde, nach Meinung von Moses war es Jahwe Elohim und nach Ansicht von Darwin die »natürliche Selektion«.

Die Auswahl ist groß und verwirrend. Sicher ist lediglich eines: Am Anfang war Eva. Denn der erste Mensch – wer immer er war und wie immer er zustande kam – wurde von einem weiblichen Wesen geboren. »Pater semper incertus«, haben die alten Römer gesagt: Man weiß nie sicher, wer der Vater war – Jahwe, die Außerirdischen oder die »Selektion«.

Überlassen wir also die Beantwortung dieser Frage der Zukunft. Denn in einem Punkt stimme ich Darwin vorbehaltlos zu: »Licht wird auf die Entstehung des Menschen fallen.« Wann das allerdings sein wird, wage ich nicht vorauszusagen.

Aber im übrigen hatte Darwin unrecht – sein allzu plumpes und mechanistisches Evolutionsmodell bietet keine ausreichende Erklärung – weder für die Geschichte des Lebens auf diesem Planeten, noch für seine Gegenwart. Und alle späteren »Verbesserungen« waren nur »Verwässerungen« und mehr oder weniger mißlungene Versuche, die Grundfehler zu vernebeln, anstatt sie zu korrigieren.

Nicht ungehemmte Fortpflanzung ist das Normale in der Natur, sondern situationsbezogene Geburtenkontrolle und Selbstbegrenzung. Nicht Kampf ist der Motor der Evolution, sondern Kooperation. Nicht Anpassung ist ihre wichtigste Arbeitsmethode, sondern Gestaltung.

Evolution ist nicht nur die Veränderung von Lebewesen, sondern der Aufbau und Ausbau eines ganzen Planeten. Die Entstehung der Arten und ihre Wandlung sind nur Teilaspekte der Evolution. Die Arten sind nur die Blätter am Baum des Lebens – sie werden abgeworfen, wenn es Winter wird, und im Frühjahr wieder neu geschaffen. Aber die Blätter sind nicht die Wurzeln des Baumes, und sein Wachstum vollzieht sich im Stamm und in den Ästen und Zweigen. Darwin hat den Ablauf der Evolution auf den Kopf gestellt: sie entspringt nicht aus den Arten, sondern aus Stämmen, Klassen und Ordnungen. So jedenfalls sagen es uns die fossilen Zeugnisse der Vergangenheit – die einzigen faktischen Dokumente der Geschichte des Lebens.

Die Welt, wie wir sie heute sehen, ist ein Werk der Lebewesen – und nicht die Anpasser und nicht die Kraftprotze haben es geschaffen, sondern die Gestalter. Und dazu gehören nicht nur

Bakterien, Pflanzen und Tiere, sondern auch wir: die Menschen. Hier liegt unsere Aufgabe, unsere Verantwortung und unsere Chance. Wir werden in der Welt leben müssen, die wir uns geschaffen haben – deshalb sollten wir uns die Welt schaffen, in der wir leben wollen.

Ich bin davon überzeugt, daß es eine Evolution gibt und daß es in dieser Evolution so etwas wie Fortschritt gibt. Wenn einige »Darwinisten« dies bestreiten, so liegt dies meiner Meinung nach daran, daß sie nur auf Überlebens- und Fortpflanzungsfähigkeit schauen – und in dieser Hinsicht hat es in der Tat keinen Fortschritt gegeben, denn die Bakterien, mit denen die Evolution begann, sind darin nach wie vor die Weltmeister. Aber wenn man die Vierrädrigkeit als einzigen Maßstab nimmt, hat es auch in der Entwicklung des Automobils keinen Fortschritt gegeben.

Nichtsdestoweniger haben ganz offensichtlich in der Evolution vom »Urschleim« bis zum Menschen einige Dinge erheblich zugenommen, vor allem: Schönheit, Bewußtheit und Liebesfähigkeit. Und wenn wir uns bemühen, diese Dinge zu kultivieren, dann bewegen wir uns in der gleichen Richtung wie die Evolution. Und das wird sicherlich nicht die falsche Richtung sein – wohin auch immer sie uns führen mag.

Anmerkungen

1 In E. Mayr: »... und Darwin hat doch recht«, München 1994, S. 54

2 C. Darwin: »Über die Entstehung der Arten«, Stuttgart 1872, S. 76

3 Ebenda, S. 316

4 Ebenda, S. 96

5 Ebenda, S. 241ff.

6 P. Grassé: »L'évolution du vivant«, Paris 1973, S. 20

7 W. Gerlach (Hrsg.): »Der Natur die Zunge lösen«, München 1967, S. 121

8 Mayr, a. a. O., S. 211

9 R. Dawkins, zitiert aus P. Johnson: »Darwin on Trial«, Washington, D. C., 1991, S. 9

10 Mayr, a. a. O., S. 139

11 R. Dawkins: »Der blinde Uhrmacher«, München 1987, S. 13

12 R. Dawkins: »Das egoistische Gen«, Berlin 1978, S. 24

13 Mayr, a. a. O., S. 97

14 Desmond/Moore: »Darwin«, München 1992, S. 7

15 F. Nietzsche: »Die fröhliche Wissenschaft«, München 1959, S. 330

16 Die Gliederung dieses Kapitels ist Goethes »Faust« entlehnt.

17 G. v. Frankenberg: »Die Natur und wir«, Frankfurt 1952, S. 95

18 »Vom Ursprung und Ziel der Geschichte«, S. 111

19 »Anthropogenie«, Leipzig 1877, S. XXIV

20 »Die Entwicklung der biologischen Gedankenwelt«, Berlin 1984.

21 »Die Zeit«, Nr. 34/1993

22 Aus Ranke-Graves: »Griechische Mythologie«, Bd. 1, Reinbek 1963, S. 22

23 In »Das Vermächtnis des Ostens«, Bern 1956, S. 293

24 M.-L. v. Franz, »Schöpfungsmythen«, München 1990, S. 116

25 In heutiger Sprechweise: so wie

26 H. J. Störig: »Kleine Weltgeschichte der Philosophie«, Bd. 2, Frankfurt 1985, S. 36

27 E. Haeckel: »Naturliche Schöpfungsgeschichte«, Berlin 1911, S. 90

28 Ebenda, S. 95

29 Ebenda

30 Ebenda

31 J. F. Blumenbach: »Über den Bildungstrieb«, Göttingen 1791, S. 14

32 Haeckel, a. a. O., S. 35

33 Er meint damit seinen Großvater Erasmus Darwin.

34 Darwin: »Über die Entstehung der Arten«, a. a. O., S. 3

35 Haeckel, a. a. O., S. 7

36 J. W. v. Goethe: »Die Metamorphose der Pflanzen«, in: »Goethes Werke«, Bd. 1, Wiesbaden o. J., S. 114

37 »Pflanzentiere«: alte Bezeichnung für urtümliche Organismen

38 E. Haeckel, a. a. O., S. 83

39 Ebenda, S. 87

40 Zitiert nach Illies: »Der Jahrhundertirrtum«, Frankfurt 1983, S. 171

41 Darwin: »Über die Entstehung der Arten«, a. a. O., S. 567

42 Zitiert nach Illies, a. a. O., S. 15

43 Aus »Darwin für Anfänger«, Hamburg 1982, S. 54

44 Desmond/Moore: »Darwin«, München 1992, S. 17

45 Ebenda, S. 62

46 Störig, a. a. O., S. 163

47 Darwin: »Über die Entstehung der Arten«, a. a. O., S. 316

48 J. Hemleben: »Charles Darwin«, Hamburg 1983, S. 65

49 Desmond/Moore: »Darwin«, a. a. O., S. 359

50 Störig, a. a. O., S. 152

51 Hemleben, a. a. O., S. 101

52 Ebenda, S. 102

53 Ebenda, S. 103

54 K. Kiesewetter: »Geschichte des neueren Occultismus«, Leipzig 1909,
S. 746

55 E. Haeckel: »Anthropogenie«, Leipzig 1877, S. 81

56 Ebenda, S. 80

57 E. Friedell: »Kulturgeschichte der Neuzeit«, München o. J., S. 53

58 Mayr, a. a. O., S. 126

59 Desmond/Moore: »Darwin«, a. a. O., S. 551

60 Ebenda, S. 552

61 Ebenda, Kap. 33

62 Hemleben, a. a. O., S. 118

63 Haeckel: »Anthropogenie«, a. a. O., S. 82

64 E. Du Bois-Reymond: »Reden«, Bd.1, Leipzig 1932, S. 550

65 Ebenda, S. 565

66 Haeckel: »Anthropogenie«, a. a. O., S. 83

67 Haeckel: »Natürliche Schöpfungsgeschichte«, a. a. O., S. 10

68 J. Hemleben: »Rudolf Steiner und Ernst Haeckel«, Stuttgart 1968, S. 93

69 Haeckel: »Natürliche Schöpfungsgeschichte«, a. a. O., S. 191

70 Ebenda, S. 149

71 Du Bois-Reymond: »Reden«, a. a. O., S. 555

72 Darwin: »Die Abstammung des Menschen«, Wiesbaden 1966, S. 700

73 Hemleben: »Charles Darwin«, a. a. O., S. 133

74 Ebenda, S. 150

75 A. Weismann: »Vorträge über Descendenztheorie«, Jena 1902, Bd. 1, S. 141

76 Ebenda, S. VII

77 Ebenda, S. 336

78 Ebenda, S. 403

79 Dieser Ausdruck stammt von mir, nicht von Weismann.

80 Mayr, a. a. O., S. 160

81 Ebenda, S. 171

82 Ebenda, S. 120

83 Ebenda, S. 132

84 Ebenda, S. 198

85 Ebenda, S. 119

86 Friedell, a. a. O., S. 1155

87 Hemleben: »Rudolf Steiner und Ernst Haeckel«, a. a. O., S. 126

88 Wir sprechen heute von »Gattungen«.

89 Darwin: »Über die Entstehung der Arten«, a. a. O., S. 74

90 W. Wieser (Hrsg.): »Die Evolution der Evolutionstheorie«, Heidelberg 1994, S. 17

91 T. H. Huxley: »Der Daseinskampf in der menschlichen Gesellschaft«, Weimar 1897.

92 C. Darwin: »The Origin of Species«, Penguin Classics 1985, S. 142

93 Darwin: »Über die Entstehung der Arten«, a. a. O., S. 75

94 Ebenda, S. 414

95 Darwin: »Die Abstammung des Menschen«, a. a. O., S. 238

96 H. Hemminger (Hrsg.): »Die Rückkehr der Zauberer«, Reinbek 1987, S. 129

97 Darwin: »Über die Entstehung der Arten«, a. a. O., S. 76

98 Ebenda, S. 76

99 Ebenda, S. 79

100 Ebenda, S. 78

101 Ebenda, S. 79

102 2. Ausgabe, London 1874, S. 163

103 Darwin: »Die Abstammung des Menschen«, a. a. O., S. 110–118

104 Ebenda

105 Zitiert nach P. Kropotkin: »Gegenseitige Hilfe«, Wien 1989, S. 43

106 Dawkins: »Das egoistische Gen«, a. a. O., S. 23

107 Ebenda, S. 24

108 Ebenda, S. 2

109 Ebenda, S. 237

110 »Stern«, Nr. 37/96, S. 25ff.

111 Darwin: »Die Abstammung des Menschen«, a. a. O., S. 140

112 »Spektrum der Wissenschaft«, August 1988, S. 52ff.

113 G. G. Simpson: »Leben der Vorzeit«, Stuttgart 1972, S. 64

114 H. K. Erben: »Die Entwicklung der Lebewesen«, München 1988, S. 178

115 Darwin: »Über die Entstehung der Arten«, a. a. O., S. 97

116 Ebenda, S. 305

117 Ebenda, S. 223

118 Darwin: »The Origin of Species«, a. a. O., S. 136

119 Ebenda, S. 137

120 R. Kugler: »Philosophische Aspekte der Biologie Adolf Portmanns«, Zürich 1967, S. 26

121 Darwin: »Über die Entstehung der Arten«, a. a. O., S. 547

122 Desmond/Moore: »Darwin«, a. a. O., S. 359

123 Darwin: »Über die Entstehung der Arten«, a. a. O., S. 22

124 Weismann: »Vorträge über Descendenztheorie«, Bd. 1, a. a. O., S. 202

125 Dawkins: »Der blinde Uhrmacher«, a. a. O., S. 114

126 Darwin: »Über die Entstehung der Arten«, a. a. O., S. 262

127 Ebenda, S. 117, 119

128 Ebenda, S. 140

129 Ebenda, S. 110

130 Mayr: »... und Darwin hat doch recht«, a. a. O., S. 198

131 Darwin: »Über die Entstehung der Arten«, a. a. O., S. 94

132 Mayr: »... und Darwin hat doch recht«, a. a. O., S. 120

133 Ebenda, S. 114

134 Darwin: »Über die Entstehung der Arten«, a. a. O., S. 74

135 Dawkins: »Der blinde Uhrmacher«, a. a. O., S. 203

136 Haeckel: »Natürliche Schöpfungsgeschichte«, a. a. O., S. 271

137 Darwin: »Über die Entstehung der Arten«, a. a. O., S. 569

138 Darwin: »The Origin of Species«, a. a. O., S. 263

139 Simpson, a. a. O., S. 150

140 Ebenda, S. 13

141 »Evolution des Lebens«, Spektrum der Wissenschaft, März 1994

142 Ebenda

143 O. H. Schindewolf: »Grundfragen der Paläontologie«, Stuttgart 1950, S. 265

144 Ebenda, S. 405

145 Darwin: »Über die Entstehung der Arten«, a. a. O., S. 358

146 Ebenda, S. 364

147 Simpson, a. a. O., S. 107

148 Schindewolf, a. a. O., S. 128

149 Ebenda, S. 202

150 Ebenda, S. 277

151 Darwin: »Über die Entstehung der Arten«, a. a. O., S. 392

152 Schindewolf, a. a. O., S. 253ff.

153 Ebenda, S. 395

154 J. Monod: »Zufall und Notwendigkeit«, München 1975, S. 106

155 Dawkins: »Der blinde Uhrmacher«, a. a. O., S. 65

156 Monod, a. a. O., S. 114

157 Zitiert nach G. R. Taylor: »Das Geheimnis der Evolution«, a. a. O., S. 15

158 F. Jacob: »Die Maus, die Fliege und der Mensch«, Berlin 1998, S. 143

159 Dawkins: »Das egoistische Gen«, a. a. O., S. 24

160 »British Journal of Obstetrics and Gynaecology«, Mai 1987, Vol. 94, S. 485

161 Jacob, a. a. O., S. 157

162 »Zeit-Magazin«, Nr. 28/1993

163 K. Snell: »Die Schöpfung des Menschen«, Leipzig 1863, S. 22ff.

164 Mayr, a. a. O., S. 210

165 Blumenbach, a. a. O., S. 31

166 G. W. Surya: »Paracelsus«, Bietigheim 1980, S. 141

167 Dawkins: »Der blinde Uhrmacher«, a. a. O., S. 138

168 Zitiert nach J. Kirchhoff: »Giordano Bruno«, Reinbek 1980, S. 82

169 Snell, a. a. O., S. 59ff.

170 Ebenda, S. 99

171 Ebenda, S. 64

Literaturhinweise

Bauer, Ernst W. (Hrsg.) 1983: »Biologiekolleg«, Berlin, Cornelsen-Velhagen & Clasing

Bielka, Heinz (Hrsg.) 1985: »Molekularbiologie«, Stuttgart, Gustav Fischer

Blumenbach, Johann Friedrich 1791: »Über den Bildungstrieb«, Göttingen, J. C. Dieterich

Brehm, Alfred 1877: »Tierleben«, Leipzig, Verlag des Bibliographischen Instituts

Bresch, Carsten 1983: »Zwischenstufe Leben«, Frankfurt, Fischer

Bühler, Walter 1996: »Das Pentagramm und der Goldene Schnitt als Schöpfungsprinzip«, Stuttgart, Verlag Freies Geistesleben

Darwin, Charles 1872: »Über die Entstehung der Arten«, Stuttgart, Schweizerbart

— 1966: »Die Abstammung des Menschen«, Wiesbaden, Fourier

— 1983: »Die Bildung der Ackererde durch die Tätigkeit der Würmer«, Berlin, März Verlag

— 1985: »The Origin of Species«, Harmondsworth, Penguin Books

Dawkins, Richard 1978: »Das egoistische Gen«, Berlin, Springer-Verlag

— 1987: »Der blinde Uhrmacher«, München, Kindler

Desmond, Adrian / Moore, James 1995: »Darwin«, München, List

Ditfurth, Hoimar von 1988: »Der Geist fiel nicht vom Himmel«, München, dtv

Driesch, Hans 1921: »Philosophie des Organischen«, Leipzig, Engelmann

— 1922: »Geschichte des Vitalismus«, Leipzig, Barth

— 1935: »Die Überwindung des Materialismus«, Zürich, Rascher

Dröscher, Vitus B. 1987: »Magie der Sinne im Tierreich«, München, dtv

— 1987: »Überlebensformel«, München, dtv

— 1988: »Geniestreiche der Schöpfung«, München, dtv

— 1992: »Spielregeln der Macht im Tierreich«, München, Goldmann

Du Bois-Reymond, Emil 1912: »Reden«, 2 Bde., Leipzig, Veit & Comp.

Durant, Will 1956: »Das Vermächtnis des Ostens«, Bern, Francke

Doczi, György 1987: »Die Kraft der Grenzen«, Glonn, Capricorn

Eibl-Eibesfeldt, Irenäus 1967: »Grundriß der vergleichenden Verhaltensfor-
schung«, München, Piper

Eldredge, Niles 1994: »Wendezeiten des Lebens«, Heidelberg, Spektrum

Erben, Heinrich Karl 1981: »Leben heißt Sterben«, Hamburg, Hoffmann und
Campe

— 1988: »Die Entwicklung der Lebewesen«, München, Piper

»Evolution«, 1985: Heidelberg, Spektrum

Fabre, J.-H. 1987: »Das offenbare Geheimnis«, Zürich, Artemis

Francé, Raoul H. 1920: »Die Pflanze als Erfinder«, Stuttgart, Kosmos

— 1923: »Bios – Die Gesetze der Welt«, 2 Bde., Stuttgart, Seifert

Frankenberg, Gerhard von 1952: »Die Natur und wir«, Frankfurt, Büchergilde
Gutenberg

Franz, Marie-Louise von 1990: »Schöpfungsmythen«, München, Kösel

Friedell, Egon o. J.: »Kulturgeschichte der Neuzeit«, München, C. H. Beck

Füller, Horst 1995: »Die Schönheit der Tiere«, Leipzig, Urania

Gerlach, Walter (Hrsg.) 1967: »Der Natur die Zunge lösen«, München, Ehren-
wirth

Goldschmidt, Tijs 1997: »Darwins Traumsee«, München, C. H. Beck

Grassé, Pierre-P. 1973: »L'évolution du vivant«, Paris, Albin Michel

Gould, Stephen Jay 1998: »Illusion Fortschritt«, Frankfurt, S. Fischer

Haeckel, Ernst 1877: »Anthropogenie«, Leipzig, Verlag von Wilhelm Engelmann

— 1879: »Natürliche Schöpfungsgeschichte«, Berlin, G. Reimer

— 1904: »Kunstformen der Natur«, Leipzig, Verlag des Bibliographischen
Instituts

— 1924: »Gemeinverständliche Werke«, 6 Bde., Leipzig, Alfred Kröner

Hemleben, Johannes 1968: »Darwin«, Reinbek, Rowohlt

— 1968: »Rudolf Steiner und Ernst Haeckel«, Stuttgart, Verlag Freies Geistesleben

Hemminger, Hansjörg (Hrsg.) 1987: »Die Rückkehr der Zauberer«, Reinbek,
Rowohlt

Hengge, Paul 1979: »Die Bibelkorrektur«, Wien, Orac & Pietsch

Hitching, Francis 1982: »The Neck of the Giraffe«, London, Pan Books

Ho, Mae-Wan / Saunders, Peter T. (Hrsg.) 1984: »Beyond Neo-Darwinism«, London, Academic Press

— / Fox, Sidney W. (Hrsg.) 1988: »Evolutionary Processes and Methaphors«, Chichester, John Wiley

Illies, Joachim 1983: »Der Jahrhundertirrtum«, Frankfurt, Umschau

Jacob, François 1998: »Die Maus, die Fliege und der Mensch«, Berlin, Berlin-Verlag

Jenny, Hans 1974: »Kymatik«, 2 Bde., Basel, Basilius Presse

Johnson, Phillip E. 1991: »Darwin on Trial«, Washington D. C., Regnery Gateway

Karweina, Günther 1985: »Der sechste Sinn der Tiere«, Hamburg, Stern-Bücher

Kiesewetter, Karl 1909: »Geschichte des neueren Occultismus«, Leipzig, Altmann

Kirchhoff, Jochen 1989: »Giordano Bruno«, Reinbek, Rowohlt

Kropotkin, Peter 1989: »Gegenseitige Hilfe«, Wien, Monte Verita

Kugler, Rolf 1967: »Philosophische Aspekte der Biologie Adolf Portmanns«, Zürich, Editio Academica

Lackner, Stephan 1982: »Die friedfertige Natur«, München, Kösel

Lewin, Roger 1998: »Die molekulare Uhr der Evolution«, Heidelberg, Spektrum

Ligeti, Paul 1931: »Der Weg aus dem Chaos«, München, Callwey

Lima-de-Faria, Antonio 1988: »Evolution without Selection«, Amsterdam, Elsevier

Lorenz, Konrad 1965: »Das sogenannte Böse«, Wien, Borotha-Schoeler

Lovelock, Jim E. 1982: »Unsere Erde wird überleben«, München, Piper

Markl, Jürgen (Hrsg.) 1998: »Biologie der Organismen«, Heidelberg, Spektrum

Mayr, Ernst 1994: »... und Darwin hat doch recht«, München, Piper

Meier, Heinrich (Hrsg.) 1989: »Die Herausforderung der Evolutionsbiologie«, München, Piper

Meyer, Hartmut / Daumer, Karl 1988: »Evolution«, München, Bayerischer Schulbuch-Verlag

Miller, Jonathan 1982: »Darwin für Anfänger«, Reinbek, Rowohlt

Monod, Jacques 1983: »Zufall und Notwendigkeit«, München, dtv
Nachtigall, Werner 1983: »Phantasie der Schöpfung«, München, Heyne
— 1984: »Erfinderin Natur«, Hamburg, Rasch und Röhring
Nagl, Walter 1980: »Chromosomen«, Berlin, Parey
— 1987: »Gentechnologie und Grenzen der Biologie«, Darmstadt, Wiss. Buchgesellschaft
Nietzsche, Friedrich 1959: »Die fröhliche Wissenschaft«, München, Goldmann
— 1980: »Werke in sechs Bänden«, München, Hanser
Popp, Fritz-Albert 1984: »Biologie des Lichts«, Berlin, Parey
— 1994: »Die Botschaft der Nahrung«, Frankfurt, Fischer
Popper, Karl R. 1984: »Auf der Suche nach einer besseren Welt«, München, Piper
Ranke-Graves, Robert von 1963: »Griechische Mythologie«, 2 Bde., Reinbek, Rowohlt
Schindewolf, Otto H. 1950: »Grundfragen der Paläontologie«, Stuttgart, Schweizerbart
Schleiden, Matthias Jakob 1855: »Die Pflanze und ihr Leben«, Leipzig, Engelmann
— 1855: »Studien«, Leipzig, Engelmann
Schmidt, Ferdinand 1985: »Grundlagen der kybernetischen Evolution«, Krefeld, Goecke & Evers
Sheldrake, Rupert 1983: »Das schöpferische Universum«, München, Meyster
— 1990: »Das Gedächtnis der Natur«, Bern, Scherz
Simpson, George G. 1972: »Leben der Vorzeit«, Stuttgart, Enke
— 1977: »Pferde«, Berlin, Parey
Snell, Karl 1863: »Die Schöpfung des Menschen«, Leipzig, Arnoldische Buchhandlung
Stanley, Steven M. 1998: »Wendemarken des Lebens«, Heidelberg, Spektrum
Stern, Horst / Kullmann, Ernst 1996: »Leben am seidenen Faden«, Stuttgart, Franckh-Kosmos
Störig, Hans Joachim 1985: »Kleine Weltgeschichte der Philosophie«, 2 Bde., Frankfurt, Fischer
Surya, G. W. 1980: »Paracelsus«, Bietigheim, Rohm-Verlag

Taylor, Gordon Rattray 1983: »Das Geheimnis der Evolution«, Frankfurt, Fischer

Tollman, Alexander und Edith 1995: »Und die Sintflut gab es doch«, München, Knaur

»Urania – Tierreich«, 1990, 6 Bde., Leipzig, Urania-Verlag

Voigt, Jürgen 1984: »Vom Urkrümel zum Atompilz«, Niedernhausen, Falken Verlag

Vollmert, Bruno 1985: »Das Molekül und das Leben«, Reinbek, Rowohlt

Weismann, August 1902: »Vorträge über Descendenztheorie«, 2 Bde., Jena, Gustav Fischer

Wieser, Wolfgang (Hrsg.) 1994: »Die Evolution der Evolutionstheorie«, Heidelberg, Spektrum

— 1986: »Bioenergetik«, Stuttgart, Georg Thieme

Zeising, Adolf 1854: »Neue Lehre von den Proportionen des menschlichen Körpers«, Leipzig, Rudolph Weigel

Bildnachweis

Schwarzweißillustrationen

Brehm, Alfred 1877:»Tierleben«, Leipzig, Verlag des Bibliographischen Instituts

Haeckel, Ernst 1877:»Anthropogenie«, Leipzig, Verlag von Wilhelm Engelmann

— 1879:»Natürliche Schöpfungsgeschichte«, Berlin, G. Reimer

Jenny, Hans 1974:»Kymatik«, Basel, Basilius Presse

Weismann, August 1902:»Vorträge über Descendenztheorie«, 2 Bde., Jena, Gustav Fischer

Sowie verschiedene Zeichnungen des Verfassers nach wissenschaftlichen Vorlagen

Farbbilder

Haeckel, Ernst 1877:»Anthropogenie«, Leipzig, Verlag von Wilhelm Engelmann

— 1879:»Natürliche Schöpfungsgeschichte«, Berlin, G. Reimer

— 1904:»Kunstformen der Natur«, Leipzig, Verlag des Bibliographischen Instituts

Jenny, Hans 1974:»Kymatik«, Basel, Basilius Presse

Sowie verschiedene Fotos des Verfassers